Evolución: del árbol de Darwin al telar de la vida

Ensayo sobre la Filosofía natural de la información biológica

Alfonso Ogayar Serrano

Evolución: del árbol de Darwin al telar de la vida
Ensayo sobre la Filosofía natural de la información biológica

Primera edición: 2024

ISBN: 9788410191037
ISBN eBook: 9788410143951

© del texto:
Alfonso Ogayar Serrano

© del diseño de esta edición:
Caligrama, 2024
www.caligramaeditorial.com
info@caligramaeditorial.com

Impreso en España – Printed in Spain

A mi familia y a mis amigos,
el crisol de lo que soy.

«Todo ha sido ya pensado.
El problema es pensarlo de nuevo»

J. W. von Goethe.

Índice

1.ª PARTE:
LA NECESIDAD Y LA CONTINGENCIA
EN EL TELAR DE LA VIDA

2.ª PARTE:
CÉLULAS Y VIRUS. LA URDIMBRE Y
LA TRAMA DE LA VIDA

Agradecimientos

En la elaboración de este libro, agradezco especialmente el aliento y apoyo continuo que he recibido de tres amigos: Manuel Sosa Alonso, Quintín Garrido y Fermín Rodríguez Castro.

Manuel —al que conocí como compañero profesor de biología— es también un magnífico escritor y crítico literario al que debo, además de sus siempre animosos comentarios críticos, la primera revisión ortotipográfica y el prólogo.

Quintín es una *rara avis*, un descubrimiento excepcional en el mundo de la divulgación científica, ya que su genuino entusiasmo y su cultura científica lo facultan para valorar aportaciones teóricas de orígenes muy diversos e integrarlas en sus libros electrónicos colectivos. Gracias, Quintín, por acogerme en tres de ellos.

Fermín es un profesor de Filosofía con el que, en los dos últimos años, he mantenido vivas y provechosas discusiones sobre el papel del azar, la necesidad y la contingencia en la evolución.

También quiero agradecer a dos investigadores y profesores de la UAM, Ricardo Amils Pibernat y Armando González Martín, que generosamente dedicaron parte de su tiempo a escuchar mis interpretaciones teóricas y a animarme en darles continuidad y profundización.

Es un placer dar las gracias a un amigo y compañero de paseos montañeros, Enrique Agudo Mora, por plasmar artísticamente mi primera idea de portada.

Para no hacer más larga esta lista ni ser redundante, mi más cordial agradecimiento a todos los científicos y amigos que aparecen citados en la introducción y el texto de esta obra, así como a todas las personas que han leído partes del borrador del libro y me han animado a terminarlo.

Prólogo:
Lanzarote y el árbol de la vida

Cuando Alfonso Ogayar me confió el título de su trabajo y el privilegio de redactar este prólogo, a mi mente acudió la prevalencia del mito de Aracne en algo de apariencia tan distante a los héroes y dioses clásicos como un libro de biología. El símbolo para ilustrar el proceso de la vida es, desde Darwin, el árbol: un único origen y una ramificación progresiva que lleva hasta los organismos actuales. En estas páginas, Alfonso Ogayar se apoya en otro mucho menos direccional: un telar, aquello que Aracne, la tejedora de este mito, maneja en competencia con Atenea para lograr el tapiz más bello. En esa famosa historia, Aracne tiende la urdimbre sujeta al enjulio y, entre sus hilos, va metiendo la trama con los dedos para así hacer crecer un paño decorado con veintidós infidelidades cometidas por las deidades olímpicas. Lo que avanza con el trabajo de este personaje o de cualquier hilandera, y lo que Ogayar desarrolla para describir la evolución biológica, es una historia tensionada por el error o acierto de cada hilo introducido y también por el propio tiempo, es decir, un proceso, un verbo, tal y como también es la vida; pero, sin embargo, esas historias se encuentran contenidas en una estructura, en un sustantivo, el propio tapiz que llena de celos a Atenea o, en este libro, los propios seres vivos.

La elección de la metáfora del telar esconde, sin embargo, el fiel seguimiento de la figura de Darwin por el autor de esta obra, quien nunca pierde ocasión de recurrir a las reflexiones de este naturalista para ahondar en una discusión científica o mostrar su incomodidad hacia muchos de los que en el siglo XX se quedaron con el nombre del inglés en el área de la biología evolutiva. Para la tan heterodoxa como poco neodarwinista Lynn Margulis, la vida es «un proceso físico que cabalga sobre la materia como una ola extraña y lenta; es un caos controlado y artístico, un conjunto de reacciones químicas abrumadoramente complejas». Es precisamente ella quien alega que la clásica pregunta de «¿qué es la vida?» incurre en un planteamiento erróneo basado en una limitación del lenguaje para explicar la realidad física, ya que presupone que su respuesta es un sustantivo, cuando la vida para Margulis es una acción dinámica, es decir, un verbo. A ello se aproxima Alfonso Ogayar al describir en estas páginas a los organismos como diferentes estados de sucesos informativos —distintas versiones del telar—, lo que no sería en sí una novedad, puesto que también la biología es hoy una ciencia de la información, si no fuera porque esta no es solo genética y epigenética, sino también conformacional pregenética y, por tanto, con origen en un ambiente que el neodarwinismo o teoría sintética ignoró maravillado por el descubrimiento de la expresión del mensaje genético. Ante ello, este biólogo pone como clave de bóveda de su pensamiento la adaptabilidad y versatilidad de algunas proteínas para adquirir distintas estructuras determinadas más por el entorno donde actúan que por la secuencia génica de la que proceden.

En ese sentido, Ogayar sorprende cuando, reescribiendo a Jacques Monod, sostiene que en la biología sigue imperando una

16

suerte de teleología basada en el determinismo informativo de las secuencias del ADN que el sabio francés llama, sin embargo, «teleonomía», quizá tratando de disimular que esta proyección finalista de sus ideas pone en entredicho la objetividad del método científico. En el fondo, este debate, tan complejo y sutil como necesario, habitualmente se ha librado en otro *ring* entre los dos términos que hizo célebres Monod, azar y necesidad, como púgiles enfrentados y con biólogos de uno y otro lado apostando sus carreras investigadoras a si la vida es un hecho del todo azaroso o del todo necesario. En ese combate, Ogayar introduce a un nuevo boxeador en el último asalto que da coherencia a los distintos capítulos de su libro: la contingencia, el hecho de que cualquier suceso natural no sea necesario, pero sí posible como concatenación, más o menos probable, de fenómenos físicos y químicos elementales, estos sí necesarios. Dicho concepto le permite concebir la unicidad de los seres vivos no como una esencia permanente e invariable, sino como una serie de singularidades adquiridas de forma accidental, cuya presencia o ausencia no afecta a la naturaleza esencial de los mismos. Así, mientras Monod otorga prioridad a la invariancia reproductiva obtenida por azar, en una suerte de bingo cósmico que hace de la vida en la Tierra un suceso único, Ogayar considera prioritaria la interacción material de la evolución del universo que deviene en función biológica.

Lo que, en cierta medida, se desprende de este y otros debates es que el espectacular desarrollo que han tenido las ciencias de la vida en las últimas décadas se sostiene sobre unos supuestos teóricos y epistemológicos cuanto menos difusos y materializados en un centrismo que prioriza la estructura respecto a la función. Un objetivo de la ciencia es la universalidad y ni siquiera sabemos si la vida es un hecho particular. A diferencia de otras disciplinas, la biología es pobre en grandes teorías, salvo la celular y la evolución por selección natural. Esta última constituye lo más parecido que tenemos a una teoría general de los seres vivos, pero su cariz unificador entre organismo y ambiente, según Ogayar, ha sido en gran medida olvidado en favor de una visión mecanicista de los seres vivos que los concibe como un mero producto de la información genética secuencial. La física, en la que tantas veces se mira la biología con complejo de inferioridad, logró sus grandes avances gracias a la unificación de teorías parciales que explicaban fenómenos de la naturaleza aparentemente independientes entre sí, tales como la unión de mecánica terrestre y celeste por Newton o de la geometría del espacio-tiempo y la teoría de la gravitación por Einstein. Ogayar argumenta que el desarrollo de la biología molecular del siglo XX y sus múltiples aplicaciones han ignorado a su gran unificador, Darwin, perdiéndose en su casi infinita diversidad que, además, entra en contradicción con una metodología de validación del conocimiento basada en un verificacionis que a todas luces será siempre incompleto, precisamente por esa diversidad. Sería el caso de la validez del dogma central de la biología molecular cuando, por ejemplo, el sistema inmune de los vertebrados, del que tanto habla este científico, presenta muchas excepciones a la universalidad que Francis Crick quiso darle en 1970. Sin embargo, es en todas estas indefiniciones donde, en gran medida, residen el atractivo y la belleza de esta disciplina que, por mucho que avance, siempre genera la sensación de que atesora todavía más por descubrir.

Por todo ello, puede parecer que las ciencias de la vida tal y como las conocemos actualmente tienen pies de barro, unos cimientos débiles que hacen parcial e inconsistente lo que gracias a ellas conocemos. Edward O. Wilson sostiene que el concepto de especie es el santo grial de la biología, todo el mundo lo busca y nadie lo encuentra; pero, sin duda, esta disciplina esconde muchos más griales, tales como el «qué es la vida» de Margulis y otros muchos pensadores, la posición sistemática de virus y resto de formas acelulares, el origen de los seres vivos y un largo etcétera cubierto por convenciones tácitas en el mundo académico que resultan útiles para investigar, publicar o enseñar, pero que restan rigor y veracidad al conjunto de esta ciencia. Como Lanzarote del Lago, el más célebre de los caballeros de la Mesa Redonda, Ogayar se lanzó hace muchos años en pos de algunos de estos griales, contando como principales armas con la reflexión filosófica y la reinterpretación teórica. Sus valientes pesquisas, su vuelta a los textos clásicos y no tan clásicos de la biología tienen como fruto las páginas a las que ahora nos disponemos a enfrentarnos. No creo que haya encontrado el grial, pero sí que deja abiertos muchos caminos teóricos en las espesas florestas de la ciencia que otros caballeros deberían seguir después valiéndose de nueva experimentación. Resultaba necesario sacudir el árbol de la vida y Alfonso Ogayar lo ha hecho con honestidad, arrojo e independencia. Ahora les toca a ustedes leer sus frutos.

Manuel Sosa

Introducción:
La letra y la música de la vida

Aproximación al problema del origen, naturaleza y evolución de la información biológica

Las proteínas son dos veces proteicas

Siempre me han fascinado las proteínas por su estructura espacial, pero, además, está su omnipresencia como agente fundamental en todas las funciones vitales y en cualquier fenómeno o proceso biológico del nivel molecular, aunque a veces parece que de forma clandestina. Cuando decimos que el ADN se expresa, se replica, se transcribe y se traduce..., allí también están actuando las proteínas. La palabra «proteína» deriva del griego *protos,* que significa 'primero' o 'principal' (los prótidos o primeras formas) y denota prioridad. De esta raíz también deriva proteínico/a y proteico/a, en referencia a la naturaleza de dichas moléculas. El término proteico, en relación con las proteínas, se confunde frecuentemente con su primera acepción, que alude al dios mitológico Proteo, el cual se podía metamorfosear a voluntad, y, en algunos textos, la confusión llega hasta el punto de concluir que «proteína» deriva del nombre de esta deidad. Por extensión, proteico se aplica al que o a lo que cambia de forma, de aspecto, de ideas o se puede presentar de muchas maneras. Así, puede decirse que las proteínas son doblemente proteicas, ya que adoptan una gran variedad de estructuras espaciales, cada una de ellas con una función específica distinta. En este sentido, los anticuerpos son especialmente ilustrativos, por ser proteínas que exhiben un proceso muy rápido de adaptación al antígeno —las moléculas ajenas a la funcionalidad del organismo que generan la producción de anticuerpos—, constituyendo un ejemplo de evolución molecular en tiempo real. Efectivamente, los anticuerpos parecen comportarse como ese dios griego: el sistema inmunitario produce millones de ellos con formas y cargas complementarias a las de la totalidad del nivel molecular, que facilitan la unión estereoespecífica con los determinantes antigénicos. Pero, además, la inmunología ha ido presentando a lo largo de su historia algunas paradojas frente a algunos de los dogmas de la biología molecular y evolutiva como, por ejemplo, la adaptación molecular rápida que acabamos de señalar —en esa unión específica entre lo ajeno y lo propio (los anticuerpos generados)—, cuando en muchos casos estos antígenos nunca han tenido contacto alguno ni con los individuos inmunizados ni con ningún miembro de su especie. Entonces, ¿cuáles son las bases moleculares y evolutivas de esta respuesta adaptativa rápida que, aparentemente, no exige el contacto prolongado y ni siquiera previo con el medio? Aquí están presentes tres de las preocupaciones y frentes de interés iniciales que han conducido al alumbramiento de este libro: las proteínas, su origen, naturaleza y evolución; el sistema inmunitario como modelo de evolución molecular adaptativa y el papel del medio en la evolución biológica.

De manera más o menos consciente, mis primeros contactos con biólogos que ya tenían una trayectoria de trabajo acreditada siempre giraron alrededor de estos problemas. Entre los grandes científicos de la historia, los más conocidos en aquella época y con alguna relación con estos temas, podemos destacar a Oparin y sus trabajos sobre la prioridad de las proteínas en el origen de la vida como constituyentes de sus coacervados; los experimentos complementarios de Miller y Urey sobre la formación de biomoléculas en la atmósfera prebiótica; las investigaciones posteriores de Fox sobre los proteinoides termales, integrantes de las microesferas que llevan su nombre; y, como referente universal de la evolución, no podía faltar Darwin, quien —para rizar el rizo— se planteó un origen de la vida centrado en las proteínas:

> *Pero si... pudiéramos imaginar un pequeño estanque cálido, con toda clase de sales fosfóricas y amoniacales, calor, luz, electricidad, etcétera, en el cual se formara químicamente un compuesto proteico, capaz de experimentar cambios aún más complejos, en la actualidad esa materia sería devorada o absorbida instantáneamente, lo que no habría sido el caso antes de que los seres vivos aparecieran.*

El sistema inmunitario funciona cacheando y destripando las proteínas

Mi primera aproximación al darwinismo coincidió con el inicio de una fructífera relación con el biólogo evolucionista Faustino Cordón y con su inseparable colaborador, Eloy Terrón, en la Fundación para la Investigación en Biología Evolucionista (FIBE). En aquel momento, Cordón había llegado a proponer la existencia de un nivel básico de ser vivo subcelular, que primero denominó individuo protoplásmico y posteriormente basibión, a partir de sus observaciones anteriores de ciertos fenómenos inmunológicos (aumento en la detección de determinantes antigénicos), que él interpretó como de automultiplicación proteica (Cordón, 1954). En este momento, en la inmunología se enfrentaban varias teorías sobre la formación de los anticuerpos, además, agrupadas como lamarckianas o darwinianas, en plena crisis sobre el modelo evolucionista neodarwinista. Entre las primeras, destaca la teoría del molde directo de L. Pauling y K. Landsteiner (1940), donde el antígeno debía actuar como un molde sobre el cual las moléculas de anticuerpo inmaduras —más o menos desordenadas— se plegarían hasta adquirir la forma globular madura (Landsteiner, 1962). Entre las darwinianas, denominadas selectivas, la primera es la teoría de la selección natural (Jerne, 1955), donde se postula que los anticuerpos de todas las especificidades ya se producen en pequeñas cantidades antes de la entrada del antígeno. Este selecciona y estimula la producción de su anticuerpo específico, que actúa fijándose a él. Como iremos viendo a lo largo del libro, muchos hechos relativos a la plasticidad fenotípica frente al medio —fundamentalmente, en las denominadas proteínas o regiones proteicas intrínsecamente desordenadas—, no solo aproximan estas teorías inmunológicas, sino también las concepciones respectivas que Lamarck y Darwin tenían sobre el papel del medio en la evolución de los seres vivos.

Esta problemática inicial activó mi interés creciente por las proteínas, la inmunología y la evolución. De mi paso por la FIBE aprendí a estructurar la realidad en niveles de integración energético-materiales interconectados, y a valorar la importancia del medio en el proceso evolutivo, no solo como mero ambiente físico y químico, sino entendido como coevolución integrada de los seres vivos. Por otra parte, la importancia de la historia y la filosofía de la ciencia para abordar cualquier problema científico, que me transmitieron mis maestros Cordón y Terrón, se vio reforzada académicamente por mi profesor de Historia de la Biología, Joaquín Fernández. Tras nuestras jubilaciones, hemos retomado el hilo de las preocupaciones científicas de antaño y, gracias a él, compartir amistad con el excelente matemático y mejor persona,

Ernesto García Camarero, recientemente fallecido. Las siempre animosas tertulias en su casa me dejan el recuerdo de su inteligencia, su universalidad y, sobre todo, su generoso acogimiento.

Dentro de la FIBE, quiero resaltar mi relación, tanto científica como de amistad, con el entonces estudiante de Medicina, Alberto Rábano, destacado neuropatólogo, actualmente en la Fundación CIEN. Años más tarde, después de trazar cada uno su trayectoria profesional, volvimos a coincidir en problemática, esta vez alrededor de las fascinantes propiedades de los priones como proteínas propagadoras de información conformacional. Además de mantener vivas y compartir todas las inquietudes pasadas, actualmente coincidimos en la búsqueda del enfoque filosófico adecuado para entender el origen, la naturaleza y la evolución de los seres vivos, aunque él de una forma mucho más sistemática y profunda que la mía.

Mis contactos iniciales con jóvenes inmunólogos —doctorandos algo mayores que yo— vino de la mano de aficiones montañeras compartidas con José Antonio López de Castro y Juan Pablo Albar, que por aquel entonces estaban realizando sus respectivas tesis en la Fundación Jiménez Díaz. Además, ambos trabajaban en química de proteínas. Nunca olvidaré los buenos momentos compartidos y las apasionantes discusiones científicas con ellos. Un recuerdo especial a Juan Pablo, que nos dejó prematuramente. Conocedor de mi pasión por los problemas teóricos, José Antonio me puso en contacto con Carlos Martínez Alonso —en el momento en el que su grupo iba a trasladarse del Hospital Puerta de Hierro al Centro de Biología Molecular Severo Ochoa—, un inmunólogo que, entre otros lugares, había trabajado en el célebre Instituto de Inmunología de Basilea junto a Antonio Coutinho, discípulo del premio nobel N. K. Jerne, director del instituto. Entre otras aportaciones, recibió el Nobel por su contribución teórica al concepto de sistema inmunitario, principalmente con su ya citada *Teoría de la selección natural sobre la formación de los anticuerpos* (1955), y su *Teoría de la red idiotípica* (Jerne, 1974). La primera era una teoría selectiva anterior a la más conocida de la selección clonal, de Burnet, Talmage y Lederberg (1959); la segunda ofrecía una visión integradora, pero muy compleja, del sistema inmunitario como una red en equilibrio de interacciones idiotípicas, estereoespecíficas, entre los idiotopos de los dominios variables de los anticuerpos de un individuo. En el conjunto de idiotopos de un individuo, o idiotipo, estaría representado el conjunto de determinantes antigénicos posibles o epítopos del mundo exterior. Esto representaba ni más ni menos que el sistema inmunitario ofrecía la imagen interna de todas las formas del universo molecular, y la entrada de un antígeno —con múltiples epítopos— provocaría la ruptura del equilibrio de la red e impulsaría una respuesta inmunitaria autorregulada. Así pues, cada epítopo —fuese cual fuese la naturaleza molecular de estos determinantes antigénicos— tendría su imagen interna en los idiotopos de los anticuerpos —como sabemos, de naturaleza exclusivamente proteica—. Cada idiotopo es reconocido específicamente con distintos grados de afinidad por otros anticuerpos del organismo —y estos serán antiidiotípicos del primero—, pero, a su vez, deben ser reconocidos por otro grupo que será antiantiidiotípico de ellos, y así sucesivamente. No hace falta que manifieste el enorme entusiasmo que despertaron en mí todos estos fenómenos relacionados con las proteínas y sus explicaciones teóricas. Pasaba mucho tiempo con Carlos y su grupo del CBM, también en la bien nutrida biblioteca de la planta sexta, de la que saqué una interesante colección de artículos, y, sobre todo, con mi incorporación activa a sus seminarios semanales, de alto nivel científico. En uno de estos conocí a Paco Leyva Cobián, un interesante inmunólogo clínico que volvía al Hospital Ramón y Cajal tras una estancia en Estados Unidos. Paco, también fallecido prematuramente, era una persona afable y muy acogedora con la que compartí frecuentes y largas charlas sobre el macrófago y la presentación antigénica a las células (o linfocitos) T, hasta su marcha al Hospital de Valdecilla, donde fundó el Servicio de Inmunología. En la Washington University había trabajado en el grupo de Emil Unanue, uno de los más destacados en este tema.

La problemática asociada a la presentación del antígeno —previamente troceado— al receptor de los linfocitos T, en forma de péptidos embutidos en las proteínas de histocompatibilidad del individuo, supuso un antes y un después en la historia de la inmunología. Para mí, era la pieza que faltaba en el puzle de la estructura de las proteínas. Si la red idiotipo-antidiotipo, con su enorme variabilidad, representaba el universo de interacciones moleculares estereoespecíficas, la presentación antigénica nos metía en el mundo de los empaquetamientos internos que constituyen el núcleo (*core*) de las proteínas y sus posibles plegamientos estructurales.

Durante los cursos de doctorado y la obtención de la suficiencia investigadora del programa del tercer ciclo, conocí, entre otros profesores, a Miguel Sánchez Pérez y a Agustín Zapata. Con ellos, comencé una tesis teórica relacionada con el sistema inmunitario como paradigma evolutivo. En ella, me proponía entender el origen, la naturaleza y la evolución de este, alrededor de la enorme variabilidad estructural que exhiben las proteínas que funcionan como receptores antigénicos: las moléculas del complejo principal de histocompatibilidad (MHC, por sus siglas en inglés), los receptores de las células T (TCR) y los receptores de las células B (BCR). El director principal de la tesis era Miguel, también fallecido muy prematuramente, y la irrupción brutal de su enfermedad fue la causa principal de la no continuación de esta. Me quedan el recuerdo de su amistad, el valiente acogimiento de mis heréticas proposiciones y su aliento para que las desarrollara.

Algunas publicaciones, anteriores y posteriores al periodo dedicado a la tesis doctoral, recogen el hilo argumental de la problemática aquí expuesta. En línea con las mentalidades libres de prejuicios que he tenido la suerte de encontrar, es para mí una gran satisfacción haber podido participar en el blog del muy animoso dinamizador de científicos Quintín Garrido, *Divulgación científica de científicos*, así como en sus magníficos libros electrónicos junto a otros muchos autores. Gracias a la mediación amistosa de uno de ellos, el muy prolífico científico y divulgador Bernardo Herradón —ejemplo de mente abierta desde el rigor experimental y la perspectiva histórica y filosófica de todos los campos de la ciencia—, tuve la ocasión de ponerme en contacto con Quintín. Mi primera colaboración con él fue en el libro *Ciencia, y yo quiero ser científico*, donde todos los participantes debíamos narrar el origen y desarrollo de nuestras respectivas problemáticas científicas. Concretamente, en mi «Y yo quiero ser...», elegí biólogo evolucionista. Mi segunda participación fue sobre Darwin en el libro *Un gran paso para la humanidad*. Aquel primer relato podría ser parte de la «letra» de la vida en esta introducción, complementaria de lo ya escrito. Mi tercera contribución a un libro de Quintín, *Ciencia, y el «Cosmos» del siglo XXI* —un homenaje al *Cosmos* de Carl Sagan en su 40 aniversario—, puede hacer las veces de la «música». Me permito esta licencia alentado, además, por el título del capítulo del libro de Sagan en el que participo: «Una voz en la fuga cósmica», en referencia a la música de la vida.

¿Quiénes somos? La letra de la vida

¿Quiénes somos? ¿Cuál es nuestra naturaleza y la de los demás seres vivos? ¿Cómo funcionamos? Partiendo de las principales conquistas de la biología en el siglo XIX —la teoría celular, la teoría evolucionista de la selección natural y las leyes de Mendel de la herencia genética—, podríamos esbozar una primera respuesta diciendo que los seres vivos somos individualidades constituidas por células (organismos uni o pluricelulares), que a su vez integramos una incesante actividad molecular, tanto inorgánica como orgánica. Entre el primer tipo de moléculas destaca el agua y del segundo las proteínas y los ácidos nucleicos, consideradas, ambas últimas, moléculas informativas. Pero, a partir de esta definición genérica, caben muchas posibles interpretaciones. Por una parte, Darwin da en su teoría evolucionista una importancia crucial al medio: a la coherencia entre el ser vivo y sus condiciones de existencia. Pero, posteriormente, la denominada teoría sintética o nueva síntesis, así llamada por realizar una síntesis (forzada) entre darwinismo y genética, devalúa enormemente la influencia del medio y, de forma inmanente, deposita toda la información biológica en la información contenida en la secuencia de bases del ADN. Así, el objeto de la selección natural va pasando del fenotipo —la estructura física y la fisiología del individuo que interacciona con el medio— al genotipo —sus genes—. La nueva síntesis representa la denominada herencia genética dura: ni los caracteres somáticos adquiridos ni las influencias ambientales se heredan. Este planteamiento no solo entra en contradicción con el del mismo Darwin, sino con un número creciente de paradojas que la biología acumula en sus distintos niveles de complejidad: desde las moléculas a los organismos o las poblaciones. En este sentido, el denominado dogma central de la biología molecular (DCBM) niega taxativamente cualquier posibilidad de generación y propagación de información conformacional proteica: toda la información biológica es genética y va unidireccionalmente desde las secuencias de bases del ADN a las secuencias de aminoácidos de las proteínas, consideradas su estructura primaria y que, a su vez, determinará las estructuras secundaria y terciaria (tridimensional globular) sobre las que descansará una única función específica. Pero cada vez se descubren más hechos que implican la plasticidad intrínseca de las proteínas frente al medio y su capacidad de generar, almacenar y transmitir información biológica estructural mediante cambios conformacionales. Si, de acuerdo con Darwin, ponemos al fenotipo en el centro de la selección natural, el de las proteínas está condicionado —pero no determinado— por su secuencia de aminoácidos. La estructura tridimensional y la función de estas moléculas es mucho más versátil de lo que dicta el dogma central. Por otra parte, no está probado que exista un gen que posea alguna capacidad especial que lo haga distinto de cualquier otro. No conocemos, en rigor, genes que posean propiedades intrínsecas que los diferencien de otros genes: todos están formados por secuencias de nucleótidos que sirven de plantilla informativa para la síntesis de un polipéptido. Realmente, no hay genes «reguladores», sino genes que codifican proteínas reguladoras, según sea la posición de estas en determinadas rutas de la fisiología celular.

La discriminación entre lo propio y lo ajeno nos da algunas claves de la evolución proteica

Como ya he comentado, algunos fenómenos inmunológicos, donde se ponían de manifiesto el enorme dinamismo y la variabilidad de las proteínas, me animaron a iniciar una tesis doctoral relacionada con el sistema inmunitario y la plasticidad proteica. Desde una perspectiva evolutiva, como base de mis hipótesis, interpreté que la discriminación entre lo propio y lo ajeno —característica de este sistema— pudiera elevarse sobre la base de lo común y lo diferencial en la evolución de estas moléculas. El reconocimiento de lo ajeno recae sobre los receptores antigénicos específicos (TCR y BCR), pero, como vimos anteriormente, las células T reconocen el antígeno en forma de péptidos presentados por las proteínas del MHC. Tras el análisis de los datos relativos a estos receptores, planteé sendas hipótesis:

- Por una parte, que estos podrían proceder evolutivamente de proteínas intracelulares implicadas en el mantenimiento de la homeostasis intracelular, como las de choque térmico (HSP, por sus siglas en inglés), entre las que se encuentran las proteínas acompañantes, denominadas chaperones o chaperonas.

- Por otro lado, también propuse que en la evolución proteica lo común son los módulos estructurales básicos, relativamente pocos y posiblemente seleccionados en la etapa prebiótica; y lo diferencial, la enorme diversidad en la secuencia de aminoácidos generada durante la evolución biológica. La parte común, de origen ancestral, guardaría relación con los péptidos presentados a los linfocitos T. En mi hipótesis, estas porciones del antígeno formarían un empaquetamiento estable, en una suerte de puzle conformacional, con la hendidura que constituye el sitio de unión de las proteínas de histocompatibilidad de cada individuo, la cual actuaría como la pieza maestra que pudiese interaccionar con cualquier péptido del universo proteico (Ogayar, A. 1991). Los TCR reconocen este epítopo mixto, ya que tiene una parte propia (el MHC) y otra ajena (el péptido antigénico). Por su lado, los BCR reconocen porciones de la superficie globular de las proteínas. Ambos tipos de discriminación recapitularían la selección de péptidos y proteínas desde la etapa prebiótica.

El huevo y la gallina. ¿Qué fue primero, la forma funcional o la codificación secuencial?

La hipótesis del puzle conformacional nos lleva a un posible escenario de evolución proteica en dos etapas:

1. La primera, de evolución prebiótica conformacional, donde, a partir de secuencias formadas al azar, se produciría el moldeamiento y la selección de un corto número de conformaciones.
2. En la segunda, la evolución de la información conformacional sigue llevando la batuta, pero permitiendo una evolución secuencial coherente y respetuosa con las conformaciones seleccionadas previamente.

Respecto al surgimiento de la información biológica en el origen de la vida, más que dilucidar la prioridad entre ARN y proteínas —en el clásico dilema del huevo y la gallina—, debemos plantearnos el problema en otros términos: ¿qué fue antes, la información secuencial codificada o la conformacional de origen funcional?

En el planteamiento clásico, por una parte, tenemos que el descubrimiento de las ribozimas —ARN autocatalítico— supuso la inclusión de esta molécula en el mundo de cierta actividad enzimática, además de su ya conocida capacidad replicativa, lo que propició la irrupción del llamado *mundo de ARN* en el escenario prebiótico de las teorías sobre el origen de la vida. Por otra parte, el descubrimiento de los priones en determinadas patologías —donde en la propagación de determinados fenotipos proteicos la conformación se impone a la secuencia— ha supuesto el reconocimiento de que algunas proteínas son capaces de almacenar y transmitir información biológica conformacional. Así pues, los dos tipos de moléculas podrían, en principio, reclamar la prioridad en el mundo prebiótico. Además, aunque debemos tener en cuenta que tanto ribozimas como priones exhiben información espacial, lo que podría haber facilitado una coevolución previa a la aparición de la información secuencial, varias razones me inclinan a pensar —sin

excluir, en mayor o menor medida, la coevolución— que las proteínas son prioritarias en el origen y la evolución de la vida.

- Por una parte, los sorprendentes fenómenos inmunológicos anteriormente expuestos, que encierran algunas «huellas» o claves moleculares de la evolución proteica.

- Por otra, que, además del descubrimiento de los priones como agente infeccioso en determinadas enfermedades neurode-generativas de mamíferos (Prusiner, 1982), donde una pro-teína (el prion) se comporta como un virus, estas moléculas también actúan en determinados procesos, tradicionalmente considerados como herencia no mendeliana, donde la proteí-na priónica se comporta aparentemente como un gen. Para diferenciar estos últimos procesos de los patológicos, propuse el término «conformón», ya que en ellos se propaga fisiológi-camente información conformacional.

Todo ello me animó a considerar al alza el papel de las proteínas en la evolución biológica, en una posición crítica hacia el paradig-ma genocéntrico actual. En esta perspectiva, las proteínas aparecen como prioritarias tanto en el origen de la vida desde lo inorgánico como en la evolución molecular que subyace a la evolución celular y pluricelular. Dentro de este modelo, los priones-conformones apli-carían su información estructural a la selección y propagación de conformaciones proteicas. Como veremos posteriormente, otras proteínas, como las de choque térmico (HSP) —entre las que se encuentran los chaperones— y las proteínas intrínsecamente des-ordenadas (IDP) (Tompa 2002, Uversky 2014), tendrían también un papel destacado, junto a los priones, en la información y heren-cia conformacional pregenética.

A favor de mi hipótesis de **un mundo de proteínas-confor-mones primigenio** (Ogayar y Sánchez-Pérez, 1998) está también su notable presencia, mayor resistencia y estabilidad, en comparación con el ARN, frente a ambientes hostiles como los que se pudieron encontrar en la Tierra primitiva: los priones son muy resistentes al calor, a los ácidos y a las radiaciones ionizantes y UV; se adhieren muy bien y durante mucho tiempo a las arcillas y, además, es frecuente la presencia de casi todos los aminoácidos proteicos en muchos meteoritos. Por otra parte, a diferencia del ARN, las proteínas no presentan problema alguno para su síntesis prebiótica, por lo que es más fácil la intervención enzimática de estas en la formación de las ribozimas que al revés.

Paradójicamente, a partir del establecimiento del código genético —a través de la coevolución conformacional de los dos mundos, el de las proteínas-conformones y el del ARN-ribozimas—, surgiría un nuevo marco de la evolución biológica en el que las proteínas se sintetizan mediante una plantilla genética y los ácidos nucleicos son gobernados por ellas como instrumento de información. En este largo proceso pudieron darse tres etapas:

1. **Información conformacional proteínas-ARN**. En esta etapa prebiótica de posible coevolución molecular debieron seleccionarse las unidades estructurales proteicas —es lógico pensar que fuesen miniestructuras terciarias procedentes de secuencias cortas compatibles con los cambios conformacionales—, estas se pudieron seleccionar por su capacidad de interaccionar entre ellas, mediante interacciones débiles, formando así miniestructuras cuaternarias más o menos complejas. De igual manera, sin propósito alguno, en este momento pregenético interaccionarían con el ARN formando ribonucleoproteínas y, seleccionando estructuras de uno y otro «mundo», irían elaborando el código genético, primero conformacional y luego secuencial.

2. **Primera información secuencial proteínas-ARNm**. Paulatinamente, este proceso inicial, mediado por los primige-

nios ARNt y ARNr, permitiría la formación de polipéptidos cada vez más largos y eficaces, que sustituirían a las miniestructuras terciarias, y la acumulación de cambios secuenciales compatibles y coherentes con la información conformacional previa. Así, entre las principales ventajas funcionales de la utilización de un código genético para la síntesis de las proteínas tendríamos la transición de estructuras proteicas discontinuas y formadas al azar, a un único polipéptido producido de forma invariante, rápida y precisa por la unión secuencial de los aminoácidos codificados. En este proceso se produciría la coselección paulatina de módulos y dominios proteicos, funcionales y estructurales, junto con determinados fragmentos salteados de cadenas de ARN ambiental, monocatenario y lineal, que así devendrían en exones.

3. **La información secuencial se almacena en el ADN**. Con esta última conquista evolutiva se garantizaría la estabilidad de las estructuras seleccionadas funcionalmente en la evolución prebiótica y, a la vez, se abriría la oportunidad a posibles mecanismos generadores de variabilidad secuencial permisiva con la coherencia funcional-estructural.

En la perspectiva proteocéntrica que propongo, la información biológica iría del fenotipo conformacional al genotipo secuencial, invirtiendo, así, el orden del dogma central de la biología molecular. Debemos tener en cuenta que hay más proteínas que genes y, sobre todo, más mensajes fenotípicos que ARNm. En este modelo, estos resultarían inicialmente de interacciones proteína-proteína y proteína-ligando en rutas funcionales de cambios conformacionales.

Así, en una concepción genómica amplia de la **información biológica**, podemos contemplar la **pregenética** —conformacional de proteínas y ribonucleoproteínas—, la **genética** —secuencial de exones y polipéptidos— y la **epigenética** — manejo modular de los genes en los cromosomas, por la acción de proteínas—.

Así, la información genética estaría inserta en el marco superior de una **información biológica funcional-estructural** que incluiría:

- Información conformacional de las proteínas, mediada por sus interacciones funcionales, que reside en la disposición singular de sus aminoácidos y dominios en su estructura tridimensional.
- Información de la situación espaciotemporal de los elementos, o unidades de las estructuras biológicas y de la contingencia medioambiental.

La selección natural actuaría sobre organismos distinguibles por la plasticidad de sus fenotipos, generados mediante interacciones proteicas que tienen un substrato heredable: tanto genético secuencial como epigenético funcional-estructural.

Siguiendo con la denominación que se da a los primitivos módulos proteicos, presentes en todas las proteínas, utilizaré el término «dominio» —como unidad de información biológica— para referirme, en general, a los distintos dominios de información biológica estructural (**DIBE**) seleccionados a lo largo de la evolución.

Con los dominios proteicos y sus correspondientes exones comienzan los procesos de combinación modular de cualquier estructura informativa anterior.

¿De dónde venimos y adónde vamos? La música de la vida en la Tierra

Como ya he comentado anteriormente, esta parte de la introducción arranca de mi participación en el capítulo «Una voz en la fuga cósmica», en referencia a la «música» de la vida, del homenaje al 40 aniversario del *Cosmos* de Carl Sagan. Si a lo más prosaico de lo que denominamos hechos científicos en biología le asignamos metafóricamente el papel de la «letra» de la vida, podemos agrupar como «música» las inseparables ideas filosóficas que los acompañan y elevan: materialismo o idealismo, monismo o dualismo, teleología o contingencia... según sea la interpretación de los distintos autores. La primera parte de este libro —«La necesidad y la contingencia en el telar de la vida»— se centra en la música, mientras que la segunda —«Células y virus, la urdimbre y la trama de la vida»— se ocupa principalmente de la letra.

Una visión racional de la naturaleza: cosmos frente a caos

Cuando la humanidad amanece en la Tierra, aun los animales más cercanos a nuestra especie, los más emparentados con nosotros, llevan ya mucho tiempo viendo al Sol «levantarse» y «ponerse» cada día. De una manera u otra, hace más de 3500 millones de años que la vida en la Tierra nota su presencia. No tendrá que pasar mucho tiempo para que, poco a poco, la mirada humana se alce a querer entenderlo todo, desde nuestra propia naturaleza y entorno terrestre y celeste, hasta aspirar a tomar conciencia del universo en su totalidad, quizá no la única que exista o haya existido en él.

El pensamiento humano, en sus producciones más objetivas, la filosofía y la ciencia, ha ido elevándose, aunque con los altibajos de nuestros miedos y supersticiones, sobre la terca certeza de ver al Sol salir por levante y desaparecer por poniente. Pero la historia deja patente que aún lo es más nuestra visión egocéntrica de la realidad, que constantemente tiende a desenfocarla con subjetividades y narcisismos. Esta perspectiva ha conducido a que a lo largo del avance del conocimiento mucha inteligencia se haya puesto al servicio de intereses espurios, oponiéndose abiertamente al avance del razonamiento objetivo.

Uno de los momentos más destacados en este largo periplo se produce en la antigua Grecia, concretamente en Jonia, donde la ciencia alcanza su cenit hace más de 2500 años (entre el 600 y el 400 a. C.) para languidecer hasta su violenta desaparición en el año 415 de nuestra era con el asesinato de Hipatia y la posterior destrucción de la gran Biblioteca de Alejandría. Su quema supuso la pérdida de lo mejor del mundo clásico y la vuelta a la ignorancia irracional en lo relativo a las ideas que caracterizó a la Edad Media, en marcado contraste con un claro avance en la noción práctica.

Quizá el filósofo más representativo de este momento de esplendor sea Demócrito de Abdera, que expone un pensamiento muy próximo al de la mejor ciencia actual: «Nada existe, aparte de átomos y el vacío». «Los átomos constituyen *el ser*, poseen movimiento propio y espontáneo en todas las direcciones y chocan entre sí. El vacío o *no ser* separa los átomos y permite su desplazamiento». Demócrito era un filósofo materialista: para él todo se podía entender objetivamente como propiedades de la materia en constante interacción dinámica, incluso producciones de la mente, como la percepción, las sensaciones y el pensamiento. No hay ningún fenómeno natural inteligente ni finalista; los movimientos de la materia y sus choques son resultado del azar y la necesidad.

Carl Sagan comenta todo esto en el capítulo 7, «El espinazo de la noche», de su libro *Cosmos*; y nos dice que al parecer Platón —quien creía que «todas las cosas están llenas de dioses»— propuso quemar las obras de Demócrito —y también de Homero—, quizá porque el filósofo materialista no aceptaba la existencia de almas inmortales o porque creía en un número infinito de mundos, algunos habitados. «No queda ni una sola obra de los setenta y tres libros que se atribuyen a Demócrito», subraya Sagan.

La paulatina influencia de la religión en el pensamiento nos llevó al Medievo, donde, hasta finales del siglo XVI, la naturaleza volvió a ser caprichosa e impredecible, mero agente de la voluntad divina: no se distinguían bien los organismos vivos ni entre sí ni entre la totalidad de los seres. Se contemplaba toda la realidad como una cadena continua de entes creados por Dios.

Como señala Sagan, pasamos del universo ordenado y comprensible de los jonios, al que por ello denominaron «cosmos», al milenio de oscuridad de la Edad Media, donde, al revés de lo que ocurrió con estos antiguos filósofos, en la idea del mundo retrocedimos del cosmos al caos. Así llamaban los primitivos griegos al primer ser; creían que Caos no tenía forma y le atribuían la creación de un universo de naturaleza impredecible bajo el dominio de dioses caprichosos. Cuesta creer que hace más de 2500 años, la racionalidad filosófica en Jonia llevase a plantear que se puede conocer el orden interno del universo, la regularidad de sus procesos y la necesidad reglada de sus fenómenos. En aquel momento, pasaron de un universo caótico a otro ordenado, predecible y experimentable: el cosmos.

No podemos saber por qué existen la materia y sus leyes, lo que nos importa es intentar conocerlas, descifrarlas, porque están delante de nosotros y somos curiosos. Igualmente, subimos montañas y exploramos selvas y océanos porque están ahí. Estamos hechos de materia, somos seres vivos y somos humanos, somos cosmos inteligente, cosmos consciente del cosmos.

Con esta perspectiva, en la primera parte del libro vamos a plantear en qué consiste la vida en la Tierra y las formas racionales de conocerla. ¿Estamos ante una obra teleológica de diseño divino o frente a una sucesión de chapuzas evolutivas producidas por la concatenación de necesidad y contingencia? Y, en la lógica de esta última posibilidad, ¿cuál es su origen, su naturaleza y su evolución? Para ello, teniendo como referencia el ideal de conocimiento objetivo de los científicos jonios, este ensayo comienza con una panorámica de las principales ideas y conceptos de la historia de la filosofía y de la ciencia en el tránsito entre la Edad Media y la Edad Moderna. Con el renacer de estas áreas clásicas de conocimiento, irán surgiendo paulatinamente las ciencias actuales tirando unas de otras como las cerezas en un cesto. En este avance, los continuos desajustes entre la creciente capacidad de los métodos analíticos, acumuladores de datos, y el progreso de las ideas teóricas que los interpreten provocarán el choque repetido entre concepciones filosóficas contrapuestas: vitalismo frente a reduccionismo, reproducción frente a generación, gradualismo frente a saltacionismo, interno frente a externo, organismo frente a mecanismo, esencialismo frente a variacionismo, evolucionismo frente a fijismo, teleología frente a contingencia, determinismo genético frente a influencia medioambiental... y, como síntesis fundamental de todas ellas, el problema de la prioridad entre función y estructura.

La biología surge como ciencia con la idea de organización funcional porque saca y diferencia a los organismos vivos de la medieval y ahistórica cadena continua de los seres, separando, así, a los orgánicos de los inorgánicos. Igualmente, y a diferencia de la concepción mecanicista del siglo XVII, que contemplaba a las partes de un animal como las piezas de una máquina diseñadas para cumplir un propósito, la nueva perspectiva funcional que comienza con Buffon y Lamarck plantea que los organismos surgen de la integración orgánica y autorregulada de funciones previas. Además, con Cuvier y, sobre todo, con Darwin, estos se enfrentan a las contingencias ambientales —los posibles sucesos inesperados del entorno de los seres vivos que les afectan en mayor o menor medida (movimientos de continentes, supervolcanes, orogénesis, cambios climáticos, meteoritos, asteroides, contaminación, pandemias, cambio de especies, etc.)— y, por lo tanto, evolucionan, sin perseguir finalidad alguna, en un ajuste continuo. Estas características no las cumple ningún mecanismo, por complejo que sea.

La evolución no lleva cartas de navegación, va a la deriva y solo deja estelas

Sin embargo, y a pesar de estos avances conceptuales, la tentación teleológica acecha continuamente, de forma más o menos explícita, a la hora de interpretar los datos obtenidos en cada nuevo avance del análisis de los objetos. Quizá el mejor referente del estado de esta cuestión lo encontremos en las reflexiones de dos célebres investigadores y filósofos de la ciencia de la Francia del siglo pasado. Así, en su conocido libro *El azar y la necesidad*, Jacques Monod (1910-1976), premio nobel de fisiología y medicina en 1965, utilizaba, respecto a los seres vivos y sus procesos, el término «teleonomía» para definir una tendencia con aparente proyecto o propósito, pero sin causa final, como, por ejemplo, la evolución o el desarrollo embrionario. Por otra parte, para François Jacob (1920-2013) —el biólogo molecular que compartió el Premio Nobel con Monod y con André Lwoff—, la idea de organización exige una finalidad (o teleología) en la medida en que no es posible disociar la estructura de su significación. Para él, en una singular concepción estructural de los niveles de organización: «No existe una organización de lo vivo, sino una serie de organizaciones encajadas unas dentro de otras, como las muñecas rusas... Más allá de cada estructura asequible al análisis termina por surgir una nueva estructura de orden superior, que integra la primera y le confiere sus propiedades» (Jacob, 2014).

Como veremos más adelante con algún detalle, ambos investigadores asumen un enfoque prioritariamente estructural y se encierran en el reduccionismo y neovitalismo del denominado programa genético —basado en el determinismo de la información secuencial del ADN, que fluye unidireccionalmente según dicta el DCBM—, el cual, por cierto, también deja la puerta entreabierta a la intervención de algún tipo de voluntad externa inmaterial en esta idea.

La historia de la ciencia deja claro que es realmente difícil sustraerse al foco de luz que las técnicas analíticas ofrecen para la descripción de los objetos. El farol de la genética alumbra mucho, facilita los proyectos de trabajo y ofrece una gran cantidad de datos para publicar, pero todo esto nos puede llevar a una situación confortable y complaciente, donde el ser vivo vuelva a verse como un conjunto de partes a las que examinar sin coherencia evolutiva alguna. Por el contrario, *sensu lato*, la unidad orgánica en permanente cambio, y constituida por las interacciones entre un individuo y su medio, origina continuamente información biológica tanto interna —la propia de los niveles de integración inferiores de un organismo— como externa o ambiental — la propia de las interacciones bióticas y abióticas entre los organismos y su medioambiente—. El continuo equilibrio dinámico entre los seres vivos y sus medios, en evolución conjunta, produce una sucesión de estados informativos definidos por los cambios en la función y en la estructura de los organismos y ecosistemas que integran la ecosfera.

Así, podemos resumir el diagnóstico de la situación actual de la biología como delimitada por un paradigma genocéntrico regido por el dogma central de la biología molecular (DCBM). Este dogma reduce los planteamientos clásicos, teleológicos y vitalistas a la información secuencial del ADN y a su flujo unidireccional hasta la formación de las proteínas, consideradas así como su expresión funcional. Realmente, hay un cierto paralelismo entre esta idea moderna de la biología y la que se tenía en el siglo XVI de la naturaleza como instrumento divino. Los partidarios a ultranza del programa genético sobre las bases del DCBM plantean una marcada discontinuidad, una singularidad de los seres vivos respecto a los inorgánicos en el origen de la vida. Pero la discontinuidad o singularidad no es material: los átomos de la materia viva son los mismos que los que constituyen la inorgánica, tal y como también ocurre en muchas biomoléculas sencillas. La discontinuidad está en concebir la organización o la estructura de los seres vivos como resultado de un programa escrito, mediante combinaciones singulares de bases nitrogenadas, en los ácidos nucleicos, que así son portadores de la información genética, sin que la plasticidad somática funcional de los organismos en su interacción con el medio tenga ningún papel. En los niveles de integración inorgánicos, las estructuras resultan de las interacciones necesarias previas y, como no puede dejar de ser, el origen de la vida debe guardar coherencia con la evolución general de la materia; pero, por el contrario, en el paradigma actual de la biología surgen del hallazgo al azar de la información genética adecuada y posterior paso por el tamiz de la selección natural. En esta concepción, la teleología no está tanto en pensar en el ser humano como punto final de la evolución, sino en la elevación del universo de lo molecular a una combinación informativa única y, por lo tanto, preconcebida, que posibilite la formación de estructuras compatibles con unas funciones vitales también prefijadas. Es como si estuviéramos ante un sistema de búsqueda aleatoria de claves para poder encontrarlas e iniciar los procesos propios de la vida. Aquí radica la teleología y el neovitalismo informativo de la biología actual: la organización macromolecular de los organismos no surgiría como resultado no buscado de las interacciones previas de moléculas inorgánicas en un ambiente adecuado, sino como la aparición afortunada de la información genética necesaria para arrancar la actividad biológica. En el paradigma actual, esta información secuencial sería única y estaría definida previamente: la estructura sería prioritaria sobre la función, también preconcebida.

Las chapuzas casuales de la evolución

Esta perspectiva genocéntrica, que otorga prioridad a la estructura frente a la función, está muy presente, como hemos visto, en científicos de la talla de J. Monod y F. Jacob, muy alejados, por otra parte, de concepciones evolucionistas de carácter divino, no tan raras en muchos otros biólogos. Por esto último, debemos subrayar que para Jacob la evolución no se comporta como un ingeniero diseñador, sino más bien como lo haría un chapucero remendón, *tinker*, que improvisa las nuevas estructuras y funciones aprovechando todo lo que tiene a mano, es decir, a partir de estructuras y funciones anteriores (Jacob, 1977). Como ejemplo de *tinkering*, podemos poner el descubrimiento de las proteínas de choque térmico (las HSP, por sus siglas en inglés) o de estrés, implicadas, entre otras funciones, en el mantenimiento del correcto plegamiento, ensamblaje y transporte intracelular (como acompañantes o chaperones) de toda la producción proteica de la célula. Estas biomoléculas —que constituyen un auténtico sistema homeostático y protector celular— podrían estar relacionadas con los ancestros evolutivos de algunos receptores antigénicos específicos del sistema inmunitario. Así, este sumamente complejo sistema defensivo de los vertebrados no habría sido diseñado de nuevo, sino que sería una «chapuza evolutiva» de otro u otros sistemas intracelulares precedentes. Por otro lado, el sistema inmunitario dista mucho de la perfección de un diseño divino. Además, es frecuentemente considerado como un ejemplo de evolución adaptativa a tiempo real, ya que produce moléculas específicas (anticuerpos, entre otras) frente a sustancias extrañas con las que nunca ha tenido contacto en la historia de la vida. Su eficacia oscila entre la inmunodeficiencia, por un lado, y la hipersensibilidad y la autoinmunidad, por el otro, los tres extremos generadores de patologías graves.

En los últimos años, también se ha descubierto que algunas proteínas están implicadas en el almacenamiento de variaciones genéticas —se trataría de nuevo de las HSP, como condensadores de mutaciones o *capacitors*, y de los priones— que pueden ser liberadas repentinamente en momentos de crisis medioambientales. Estos mecanismos no genéticos de generación y transmisión de variabilidad proteica alumbran algunos aspectos controvertidos de la evolución, como, por ejemplo, los procesos de especiación rápida propuestos por S. J. Gould en su versión más radical de la teoría de los equilibrios intermitentes *(Punctuated equilibria).*

Los bueyes y el carro: ¿cuál es la información prioritaria, la conformacional o la secuencial?

En este libro se presenta un modelo de evolución funcional que, sobre la base de la información conformacional de las proteínas, intenta explicar el universo de las interacciones moleculares que han ido estructurando a los seres vivos desde su origen en la Tierra. En este sentido, en la segunda parte se abordarán algunos aspectos relativos al origen y evolución de los seres vivos, y a la eucariogénesis; también se tratará el sistema inmunitario como modelo de adaptación de las proteínas al medio.[1] Así pues, y uniendo ya letra y música, en el libro se propone, como modelo alternativo, que la etapa prebiótica (pregenética) podría caracterizarse por la coevolución, junto a las ribozimas, de información conformacional de tres tipos de proteínas (IDP, chaperones y conformones), formando ribonucleoproteínas, de la que surgiría el código genético: primero conformacional y luego secuencial. Este «triunvirato»

---

[1]   ˙Buena parte de estos contenidos aparecieron inicialmente en estructuraeinformaciónbiologica.blogspot.com.es

proteico puede constituir el mecanismo general de adaptación al medio en el nivel supramolecular: las proteínas intrínsecamente desordenadas (las IDP) se moldearían funcionalmente por unión a nuevos ligandos; las HSP-chaperones participarían estabilizando y guardando la coherencia funcional de las estructuras proteicas resultantes, tanto las iniciales pregenéticas como posteriormente las genéticas y epigenéticas; y los conformones (priones funcionales), que, desde las etapas prebióticas, actuarían seleccionando y propagando las nuevas conformaciones seleccionadas.

Como ya hemos visto, es probable que la evolución de estas proteínas, y fundamentalmente de las IDP, haya ido de polipéptidos cortos (pregenéticos), que inicialmente formarían asociaciones de miniestructuras cuaternarias, a polipéptidos más largos y ya sintetizados genéticamente, con dominios de estructura variable en el espacio y en el tiempo. Con el código genético aparece la invariancia secuencial, y con los mecanismos de corte y empalme del spliceosoma, el baraje y la unión de dominios en polipéptidos más largos, lo que proporciona un aumento de la heterogeneidad funcional y estructural de las proteínas desordenadas. Gracias a la interacción de la plasticidad pregenética con el medio y a los «pespuntes» genéticos, se iría haciendo la diversidad en la evolución. Es sorprendente cómo estas proteínas desordenadas, flexibles y extendidas parecen constituir un auténtico «sistema nervioso» de la célula: conectan la entrada de información del medioambiente al interior, coordinan y regulan las funciones de la fisiología celular, incluidos los cambios epigenéticos, y su respuesta frente a la información medioambiental.

Una extraña pareja: LUCA y LECA

En la lógica del modelo proteocéntrico propuesto, la primera célula tendría una naturaleza esencialmente eucariota. LUCA (la célula ancestral común) se identificaría con LECA (el eucariota ancestral común), y sería básicamente una arquea, similar a un núcleo, con un metabolismo elemental dirigido a la producción de proteínas en su interior y una fisiología centrada en el tránsito de información externa de la membrana celular al núcleo (rutas de transducción de señales) y de respuesta adaptativa interna desde este a la membrana plasmática. En el inicio y en el final de ambas rutas informativas debería estar presente la triada formada por IDP, chaperones y conformones, entre otras proteínas. Además, este flujo de información entre el primordio de la célula eucariota, a la que por ello denominamos protocariota, y el medio externo iría reforzado por una continua y contingente producción de vesículas de exocitosis semejantes a los actuales exosomas. Estas irían cargadas, en principio también de forma contingente, de proteínas y ácidos nucleicos. De esta manera, y sin propósito alguno, colonizarían el medio exterior e interiorizarían y seleccionarían partes de su «metabolismo» mineral abiótico. Muchas de estas vesículas estarían abocadas a volver por endocitosis a las células protocariotas, de modo que se iría haciendo exógena y lentamente el metabolismo energético. Así, en este modelo funcional de la evolución proteica, como resultado de este continuo baile de exocitosis y endocitosis se formarían tanto los eucariotas —con una naturaleza basada en la plasticidad pregenética de las proteínas— como todos los acariotas —entidades sin núcleo definido y de naturaleza fundamentalmente genética—: el resto de las arqueas, las bacterias y los virus.

Como apoyo de esta hipótesis, vemos que, en el análisis genómico comparado, las bacterias aparecen como las portadoras de los genes del metabolismo, las arqueas los correspondientes al procesamiento y transmisión de la información genética (replicación, transcripción y traducción), mientras que los que son exclusivos de los eucariotas están implicados en la actividad productiva del núcleo, spliceosoma incluido, en la transducción de señales y en los mecanismos de exocitosis y endocitosis. Por otra parte, la creciente acumulación de conocimiento respecto a las vesículas extracelulares citadas, conocidas como exosomas, también sustentan fuertemente esta hipótesis. Dicho sea de paso, estos orgánulos membranosos podrían ser dignos representantes de las gémulas que Darwin propuso como mecanismo de herencia resultante de la peripecia somática.

Primero hablamos y luego escribimos

En resumen, en este modelo funcional la vida se eleva sobre las interacciones químicas necesarias que, mediadas por el agua líquida, producen estructuras de complejidad creciente. Paulatinamente, estas permiten un nuevo baile de interacciones necesarias que, contingentemente, van siendo seleccionadas al tiempo que integran las prefunciones vitales y las estructuras pregenéticas que las permiten y mantienen. Bajo esta concepción, la función es prioritaria a la estructura; y, en este juego funcional integrador, las nuevas estructuras aparecen como resultado de la plasticidad de las previas en su continua interacción coherente con un medioambiente cambiante. Los niveles de información pregenética, genética y epigenética responderían a la acumulación de «cultura molecular» de las proteínas en su peripecia evolutiva desde el origen de la vida. De esta manera, el código genético se hace, no se acierta. En el modelo, esta codificación se configura en la interacción conformacional entre proteínas y ARN durante la etapa prebiótica.

En la metáfora gramatical asociada al concepto de código genético podríamos considerar a las proteínas como las palabras —con su significado y su significante, esto es, su función y su estructura—, y a los genes como los depositarios de la información codificada de las palabras. Extendiendo la metáfora, las proteínas se podrían identificar con la palabra hablada, más vinculada a la acción, mientras que los genes se identificarían mejor con la palabra escrita. Podríamos decir que las proteínas son los agentes que mediante la relación de código genético construyen su lenguaje, genético y epigenético, su «cultura molecular» tanto en la filogenia como en la ontogenia y en la fisiología celular. La función es prioritaria a la estructura: el significado precede al significante, la palabra hablada es previa a la escrita, la necesidad funcional a la invariancia reproductiva, la plasticidad conformacional pregenética a la especificidad genética tipo llave-cerradura: la primera más eucariota y la segunda más acariota, con los virus como exponente máximo.

La naturaleza: un coro de voces al unísono

En los niveles de integración del universo material, los más básicos son absolutamente necesarios, y están presentes en todo el cosmos regidos por las mismas leyes fisicoquímicas, genuina esencia de la necesidad; pero a partir del nivel molecular aumenta paulatinamente la contingencia, con el requerimiento de que se cumplan unas condiciones de necesidad cada vez más complejas. Así, la vida es necesaria en el universo, aunque solo en los rincones que, de forma contingente, reúnen las condiciones mínimas para albergarla. Debemos tener en cuenta que los conceptos de «contingente» y «necesario» dependen del marco de referencia, tanto el ideológico (filosófico, religioso) como el físico (espacial, temporal). Así, en el contexto religioso místico de la escolástica, el ser necesario es Dios y todo lo demás es contingente, mientras que en el científico (materialista y monista) lo contingente y lo necesario dependen de las condiciones materiales de su existencia: su origen, naturaleza y evolución. Estas varían desde el origen del espacio-tiempo, y no son las mismas momentos después del *big bang* que pasados millones de años, cuando las condiciones termodinámicas (progresivo enfriamiento) favorecen la integración creciente de la materia y sus interacciones contingentes. Además, debemos tener en cuenta el marco filosófico interpretativo de los datos científicos: no es lo mismo un modelo geocéntrico que otro heliocéntrico. Igualmente, encontramos diferencias de interpretación entre el genocentrismo y el proteocentrismo; tampoco es igual cuál sea el orden de precedencia, esto es, la prioridad entre función y estructura, entre otras distintas perspectivas. En este sentido, tiene una importancia especial el papel que otorguemos al medioambiente: solo selector o moldeador y selector..., el incremento de posibilidades no necesarias de interacción aumenta la contingencia, y todas ellas influyen en el conjunto de seres contingentes que materializan cada posibilidad a lo largo de la evolución.

En el modelo que aquí presento, la vida surgió en la Tierra, igual que podría surgir en otros lugares del cosmos, como consecuencia de leyes naturales («letra y música»), esto es, como resultado de la necesidad imperativa de los fenómenos naturales, y no como un raro accidente vitalista y teleológico. En la concatenación de interacciones materiales no programadas ni dirigidas que originan las estructuras vivas, debemos distinguir entre la necesidad imperativa —la que no puede dejar de ser, dadas unas determinadas condiciones fisicoquímicas— y la necesidad funcional, igualmente imperativa, pero ya encauzada en una función. Así, partiendo de unas determinadas condiciones, unas moléculas iniciales interaccionan de forma necesaria (imperativamente) y originan unas nuevas estructuras. Las continuas interacciones contingentes entre los factores bióticos y abióticos del medioambiente las seleccionan, y estas estructuras interaccionarán a su vez necesariamente según sus propiedades. En esta concatenación entre necesidades y contingencias, se irán seleccionando tanto las protofunciones como las protoestructuras que las satisfagan. Las nuevas interacciones imperativas de estas últimas, frente a los cambios de su medioambiente, presentarán la apariencia de seguir un programa o proyecto dirigido a cumplir una determinada función vital. Como vimos antes, para evitar el carácter teleológico de los programas genéticos Monod utilizó el término «teleonomía», porque él pone la estructura —resultante de una información secuencial encontrada al azar— por delante de la función. La coherencia informativa entre el organismo y su medio impone el concepto de necesidades fisiológicas. Así, con el origen de los seres vivos se va tejiendo una red funcional de interacciones necesarias: las funciones vitales.

El universo material está en permanente evolución. Como Penélope, continuamente teje y desteje entre la necesidad imperativa de los fenómenos y la contingencia histórica de los sucesos. La materia-energía se mantiene en constante interacción, y la naturaleza es su tejido. La selección natural no es un portero de discoteca que determine qué características pasan o no a la siguiente generación. Como en un continuo telar, la naturaleza nos ofrece la imagen dinámica en cada instante de su tejido, de su urdimbre y de su trama, no es sino pura información en una sucesión de estados de equilibrio. El telar de la vida surge como un resultado más de la evolución de la materia, auténtico polvo de estrellas, con las mismas leyes que dan orden y coherencia al cosmos.

1.ª PARTE:
LA NECESIDAD Y LA CONTINGENCIA EN EL TELAR DE LA VIDA

Capítulo 1
Ciencia, filosofía y filosofía de la ciencia

En la introducción hemos visto que la biología se topa continuamente con la teleología o proyección finalista de sus procesos vitales. En el capítulo 6 veremos que para superar la contradicción epistemológica entre una visión proyectiva (teleológica o finalista) y el postulado de objetividad del método científico (la naturaleza es objetiva, y no proyectiva), Jacques Monod propone que los ácidos nucleicos, y la invariancia reproductiva asociada a ellos, deben ser prioritarios a las proteínas, para él asociadas a las estructuras y *performances* (funciones) de carácter teleonómico.

Por otra parte, Monod (1981) plantea también en el primer capítulo de su libro *El azar y la necesidad (Ensayo sobre la filosofía natural de la biología moderna)* que «esta distinción es explícitamente o no, supuesta en todas las teorías, en todas las construcciones ideológicas (religiosas, científicas o metafísicas) relativas a la biosfera y a sus relaciones con el resto del universo». Más adelante, añade que: «El problema central de la biología es esta misma contradicción».

Con este planteamiento inicial, de momento solo pretendo hacer una llamada de atención acerca de que la ciencia está siempre acompañada, en mayor o menor medida, de una determinada manera de ver o de interpretar la realidad, esto es, *sensu lato*, de ideología: filosófica y religiosa, principalmente.

Ciencia y filosofía, dos siamesas muy difíciles de separar

Estas dos disciplinas presentan visiones complementarias del conocimiento objetivo de la realidad. En la Grecia clásica, antes del nacimiento de la ciencia moderna, la mayoría de los filósofos estaban también implicados en algún campo del conocimiento científico de su época. Con el surgimiento de la ciencia moderna y sus métodos, de la mano de René Descartes (1596-1650) y Galileo Galilei (1564-1642) entre otros, a la filosofía se le plantea el dilema de su mayor o menor dependencia del poderoso avance del conocimiento científico, teniendo que elegir entre orientarse hacia este o continuar con una tradición más especulativa. Al parecer, algunas corrientes quieren preservarla del conocimiento experimental, intentando evitar la zozobra de verificaciones y falsaciones a las que están expuestas las hipótesis científicas. Por su parte, algunos investigadores instalados en lo que Thomas S. Kuhn llama ciencia y cambio normal —en oposición al concepto de cambio revolucionario de los paradigmas científicos—, supuestamente, huyen de todo tipo de marco ideológico que pueda contaminar la objetividad de cada investigador cuando aplica un **método científico** considerado como una receta aséptica y universal para el avance del saber.

La ciencia es un producto del quehacer humano que nos permite adquirir y acumular conocimiento acerca de la naturaleza. Esta actividad se apoya en el razonamiento lógico, que está en la base de procedimientos y técnicas experimentales mediante los cuales obtenemos datos rigurosos de la realidad material, ya que esta es experimentable porque es regular y experimentadora: continuo producto de la necesidad de sus fenómenos y de la contingencia histórica de sus sucesos.

La acumulación de conocimiento es dinámica y la validez de este varía con el tiempo. Los datos y, sobre todo, la interpretación teórica de los mismos es cambiante. Cada nuevo marco teórico permite plantear otros problemas e integrar más conocimiento. El encadenamiento histórico de preguntas y respuestas y las nuevas imágenes de la realidad así logradas se han conseguido con la paulatina organización de todo lo conquistado previamente.

El cemento que une los datos para construir la formulación teórica está hecho de ciencia, pero también de filosofía, y los mismos resultados experimentales se pueden explicar de maneras diferentes. Al igual que la ciencia, la filosofía se apoya en el razonamiento lógico, pero ambas se diferencian en las cuestiones que plantean y en la forma de abordarlas. La segunda se plantea el sentido del mundo: ¿por qué las cosas son? Y la primera el modo de ser de la realidad material: ¿cómo son las cosas? Aunque ambas se enfrentan a cuestiones complementarias de la realidad, muchas veces se ignoran. La ciencia tiene frecuentemente una actitud vergonzante y, en ocasiones, despectiva respecto a la filosofía, aunque, en realidad, esté impregnada de esta. Así, se suele tachar de filosófica a cualquier teoría alternativa a la ortodoxia del pensamiento que detenta el poder y la **verdad** de la época, sin admitir que esa verdad también está preñada de filosofía, cuando no de religión más o menos explícita. Más adelante insistiremos en cómo la ideología, *sensu lato*, de los científicos influye, en mayor o menor medida, en los planteamientos y en las interpretaciones de sus investigaciones. De esta forma, existe una relación biunívoca y dinámica entre conocimiento científico y filosófico, en forma de relación recíproca, previa y posterior (en el planteamiento y en la interpretación) entre hechos y teoría.

Las preguntas de la biología

Antes de abordar directamente el conocimiento de los seres vivos, vamos a aproximarnos a las principales ideas y conceptos de la biología. Como acabamos de ver, mientras la filosofía se plantea por qué son las cosas, la ciencia se cuestiona principalmente cómo son las cosas. En este sentido, E. Mayr (2016) mantiene que la biología, como cualquier otra ciencia, debe responder a tres tipos de preguntas: ¿qué?, ¿cómo? y ¿por qué?, y que la respuesta a estas preguntas debe ayudar a delimitar las distintas ramas de la biología y sus respectivas naturalezas filosóficas.

Las preguntas del tipo «¿qué?» son fundamentales para iniciar cualquier clase de conocimiento científico. Estas preguntas nos llevan a describir, identificar y clasificar seres y procesos del ámbito de la realidad material que nos propongamos conocer, sea cual sea el nivel de integración tratado por esa rama del conocimiento: bioquímica, genética, citología, botánica, zoología, etc. De hecho, John Maddox (1999), en su libro *Lo que queda por descubrir*, mantenía que la biología molecular está aún en un nivel de conocimiento de este tipo, «como la química del siglo XIX», y que «la biología celular moderna no es más que herborización de alto nivel».

Las preguntas del tipo «¿cómo?» y «¿por qué?» pretenden ir más allá de la necesaria descripción y clasificación inicial. El «¿cómo?» es más frecuente en las ciencias físicas que el «¿por qué?», y esto principalmente por su dominio de actuación, cuyas entidades materiales se remontan al *big bang*. Más allá de este dominio las preguntas del tipo «¿por qué»? caen en el ámbito de la metafísica. Por su parte, en biología el «¿cómo?» delimita un enfoque funcional característico de la fisiología del nivel de complejidad celular o pluricelular. Así, en el siglo XIX —antes de la formulación de la teoría de la evolución por selección natural de Charles Darwin— en las ciencias naturales predominaban las preguntas del tipo «¿cómo?» tanto en fisiología como en embriología, ambas disciplinas muy fisicistas. Mayr (2016) comenta al respecto que estas dos disciplinas «también se planteaban, en esa época, preguntas del tipo *¿por qué?*; pero para el cristianismo dominante en Occidente la respuesta era fácil: Dios el Creador (creacionismo), Dios el Legislador (fisicismo) o Dios el Diseñador (teología natural)».

Con la irrupción de Darwin en la biología, las preguntas del tipo «¿por qué?» no solo tienen razón de ser, sino que le dan sentido dentro del paradigma evolucionista darwiniano: en este momento, la biología comienza a plantearse de forma objetiva el origen, la naturaleza y la evolución de los seres vivos. Efectivamente, con la publicación en 1859 de *El origen de las especies por selección natural* (Darwin, 1980), podemos fechar el nacimiento de la moderna biología, y no solo por la importancia incuestionable de la obra de Darwin, sino porque en la inmediatez de esta fecha ven la luz la teoría celular de Schleiden, Schwann y Virchow, los experimentos de Louis Pasteur que ponen fin a las especulaciones vitalistas sobre la generación espontánea de vida, y los trabajos de Gregor Mendel sobre la naturaleza particulada de la herencia. Estos cuatro hitos ponen fin formalmente a cientos de años de prejuicios y oscurantismo alrededor de los seres vivos que, hasta entonces, eran considerados entidades fijas sin variación alguna, bien como productos de la creación divina o bien como resultado de un proceso de generación espontánea bajo la acción de algún tipo de fuerza vital.

La teoría guía la investigación

La palabra «teoría» presenta algunos problemas y es, al igual que la palabra «filosofía», frecuentemente utilizada como arma arrojadiza por los detractores de una determinada concepción de la realidad. Véase que, por ejemplo, los partidarios del diseño inteligente utilizaron este argumento supuestamente científico para introducir en los libros de ciencias de las escuelas públicas de Dover una nota que advertía que «la evolución es solo una teoría, no un hecho científico». Como señala Stephen Jay Gould, hay que tener en cuenta que en inglés americano teoría también significa suposición, conjetura, especulación; y, frecuentemente, es considerada como «dato imperfecto», devaluada respecto de los hechos.

Erwin Schrödinger resumía la importancia de la teoría en la ciencia con una expresiva frase: «Se trata no tanto de ver lo que aún nadie ha visto como de pensar lo que todavía nadie ha pensado sobre aquello que todos ven». Esta recomendación es parecida a otra previa de J. W. von Goethe: «Todo ha sido ya pensado. El problema es pensarlo de nuevo». Las dos marcan perfectamente la diferencia entre los hechos —la descripción formal de lo que cualquiera puede ver— y la teoría, la visión mental, la elaboración conceptual e interpretativa de los hechos. Pero es aún más relevante el enorme valor que conceden a la teoría, incluso por encima de los hechos. La teoría es la nueva forma de ver, y esta nueva visión permite al científico conquistar nuevo conocimiento. Copérnico, Galileo y toda la humanidad, anterior y posterior a ellos, han visto objetivamente cómo el Sol sale por el este y se pone por el oeste; pero, desde la nueva visión (la teoría heliocéntrica), sabemos que no es el Sol el que gira alrededor de la Tierra, sino al revés. Este conocimiento fue la atalaya desde donde la observación del espacio nos ha conducido a nuestra visión actual de un universo en expansión. A este respecto, Darwin también le concedió una gran importancia a la teoría, y cuando llegó a elaborar la suya de la selección natural, escribió: «Al fin tengo una teoría desde la que poder observar».

Así pues, los hechos pueden mantenerse de forma terca e invariante, y existir una o más teorías, coetáneas o no, que los expliquen mejor o peor y que permitan nuevas observaciones y experimentaciones para ponerlas a prueba, esto es, las refuten o no. En este caso, tenemos la evolución biológica como hecho y la selección natural como teoría (junto a otras) para explicar el proceso de la evolución. Las discrepancias teóricas acerca de la evolución no merman en absoluto el hecho de su existencia.

En su conocido libro ¿Qué es esa cosa llamada ciencia?, Alan F. Chalmers se plantea: «¿Cuál es este método científico que, según se afirma, conduce a resultados especialmente meritorios o fiables?». La palabra «ciencia» vende, y vemos que cualquier actividad, por inverosímil que sea, quiere gozar de su compañía. Chalmers advierte que «aunque algunos científicos y muchos pseudocientíficos pregonan su apoyo a este método, a ningún filósofo de la ciencia moderno se le escaparan por lo menos alguno de sus defectos, [...] de forma que no hay ningún método que permita probar [...] ni tampoco refutar de un modo concluyente las teorías científicas».

Aunque Chalmers —como también Kuhn— advierten que, paradójicamente para los filósofos de la ciencia, buena parte de estos argumentos «se basan en un análisis detallado de la historia de la ciencia [...] y que los episodios que se consideran más característicos de los principales adelantos, ya sean las innovaciones de Galileo, Newton, Darwin o Einstein, no se han producido mediante algo similar a los métodos típicamente descritos por los filósofos» (Chalmers, 1989; Kuhn, 1989).

Para Chalmers, tanto el análisis lógico filosófico como el histórico llevan a la conclusión de que el método científico no puede ser tomado como una receta en la que —haciendo abstracción del conocimiento previo, y otros intereses, del investigador— se practique el ejercicio inductivo de elevar a leyes y teorías los hechos adquiridos a través de una observación y experimentación totalmente objetiva y libre de cualquier juicio previo. Opina que algún tipo de teoría precede siempre a la observación y que, por tanto, los enunciados observacionales presuponen la teoría y, por lo tanto, pueden ser tan falibles como esta.

No todos los científicos pueden ser Galileo, Newton, Lavoisier, Darwin, Pasteur, Mendeleiev o Einstein —por citar a algunos de los más conocidos entre los que cambiaron radicalmente nuestra forma de pensar—, pero tampoco se consigue serlo solo con un título universitario o un doctorado o por vestir una bata blanca. Quizá la diferencia fundamental está en que los grandes científicos, como los antes mencionados, aplicando, por supuesto, el imprescindible método científico, no suelen dejar importantes hechos conocidos sin explicar fuera de sus teorías, o al menos no los ignoran. Esa ambición de dar cuenta de todos los hechos importantes, de explicarlo todo en una teoría lo más amplia posible, es lo que distingue al genuino científico. Por el contrario, vemos frecuentemente cómo muchos investigadores, algunos de gran prestigio, se dejan buena parte de la realidad sin explicar, y muchas refutaciones de las teorías que enmarcan sus trabajos sin atender.

El conocimiento científico: un camino con brújula, pero sin meta

Además de lo dicho anteriormente sobre el método científico, podemos añadir que la palabra «método» define un modo ordenado y sistemático, un procedimiento para alcanzar un determinado fin. Aunque al hablar del método científico solo se habla de las etapas del camino que hay que seguir para adquirir datos en el dominio de las ciencias, conviene subrayar que, por definición epistemológica, el conocimiento científico no puede tener un fin determinado: este es resultado del camino seguido paso a paso, no su fin. Como los diferentes campos de estudio de las ciencias son muy variados, no se puede hablar de un único método científico general para todas las especialidades, aunque todas compartan determinados aspectos metodológicos —matemáticos, estadísticos, analíticos, lógicos, etcétera— que les proporcionan el rigor característico de este tipo de conocimiento. Además, es interesante señalar que la ciencia es un proceso dinámico de acumulación de saber y que cada aplicación del método científico no conduce, por riguroso que sea el seguimiento ordenado de los pasos prescriptivos, a una verdad objetiva y absoluta. Más bien podríamos decir —parafraseando a Machado— que el camino de la ciencia se hace al andar, y al hacerlo en compañía de la comunidad científica, estableciendo verdades provisionales y, sobre todo, operativas —como una brújula— para seguir andando, esto es, estableciendo y explicando hechos de la realidad.

En este sentido, la andadura de la ciencia no es independiente de su contexto histórico y de las relaciones omnipresentes con el avance tecnológico y la evolución de la sociedad. Para ilustrar esta influencia mutua y dinámica, voy a poner como ejemplo el magnífico relato histórico que Stephen Jay Gould hace, en la primera parte de su libro *Las piedras falaces de Marrakech*, acerca del nacimiento de la paleontología como ciencia y, junto con ella, el de la misma biología, experimental y evolucionista. Animo vivamente a la lectura de este libro, del que solo voy a extraer y comentar algunas enseñanzas sobre la ciencia y los científicos, sus virtudes y sus defectos (Gould, 2001).

Sexo, mentiras y linces en unas piedras engañosas

El marco teórico común en el que se desarrollan estas historias es el de averiguar el origen y la naturaleza, orgánica o inorgánica, de unos objetos denominados fósiles —en aquel entonces, literalmente, todo lo que se encontraba enterrado— y, junto con ello, la historia de la Tierra. Como veremos con más detalle en capítulos posteriores, debemos recordar que partimos de la idea medieval de una **cadena continua de los seres** creada por Dios, en una naturaleza que opera como mero agente divino y donde las reposiciones de los eslabones se producían mediante generación, especial o espontánea, tanto de los seres vivos (esta última, en las formas inferiores) como de los minerales. Así pues, como señala Gould, nos encontramos, entre los siglos XVI y XVIII, inmersos en una gran polémica: ¿son los fósiles restos de organismos antiguos de una Tierra vieja, o bien manifestaciones de un orden estable y universal, que se expresa de manera simbólica por correspondencias entre los tres reinos de la naturaleza, el animal, el vegetal y el mineral, surgiendo enteramente los fósiles en el reino mineral como análogos de las formas vivas de los otros dos reinos?

Las tres historias principales, y las secundarias que se cruzan con ellas, se presentan ricas en matices y detalles esclarecedores que no voy a incluir; solo quiero destacar los engaños (y autoengaños) y las equivocaciones que acechan en la práctica de cualquier actividad humana, incluida la propia ciencia y su método; además de subrayar de nuevo la importancia fundamental de la teoría tanto en la observación como en el planteamiento experimental y en la interpretación de los resultados de la investigación científica.

El timado facilita el timo

El capítulo inicial, «Las piedras falaces de Marrakech», que da título al libro, compara las semejanzas y diferencias entre dos engaños. El primero, que constituye el relato principal, trata de una sonada falsificación, en los albores de la paleontología, que ha alcanzado la fama presentada de forma distorsionada, épica y moralizante; lo que, en definitiva, es otro tipo de engaño. El segundo, más actual y mundano, sobre el comercio fraudulento de fósiles en Marruecos.

A comienzos del siglo XVIII, el Dr. Beringer, de la ciudad de Wurzburgo, fue víctima de una conspiración encaminada a la burla personal y el descrédito de su trabajo. De forma hábil y muy elaborada, lo pusieron paulatinamente en una zona donde frecuentemente buscaba fósiles, unos falsificados. Él fue mordiendo el anzuelo con un entusiasmo creciente que lo llevó a la publicación de un libro en 1726 donde recogía sus hallazgos, hasta que encontró unos con letras en caracteres hebraicos, se dice que incluso alguno con su nombre. En su obra *Lithographiae Wirceburgensis* expone los fósiles hallados en treinta y una láminas. Estos eran poco convencionales, al tratarse tanto de organismos, en muchos casos completos, con zonas blandas y características de comportamiento nunca vistas, como objetos celestes, por ejemplo, la Luna o el Sol idealizados, cometas con su cola e incluso palabras en hebreo con el nombre de Dios. A pesar de que Beringer era consciente de las singularidades de sus fósiles, no dudó de su autenticidad.

A partir de aquí, como bien explica Gould, la historia de la paleontología ha construido un relato tradicional, estandarizado y moralizante, donde se defiende la búsqueda de la verdad adquirida mediante el método empírico de la observación directa, y aparecen víctimas y verdugos acompañados de sus correspondientes moralejas. Como sucede con cierta frecuencia, la invariancia de algunas historias referenciales como esta, que de forma simplista y épica suelen aparecer en las introducciones de libros relacionados, es debida a la copia literal de un autor a otro sin ningún contraste previo. En estos comentarios morales, dirigidos a las generaciones posteriores, se juzga frecuentemente con ligereza y manifiesta superioridad a los autores de épocas anteriores sin tener en cuenta no solo el desfase de conocimiento entre ambos momentos históricos, sino también el debate ideológico y teórico que se vivió entonces. Como veremos en capítulos posteriores, este tratamiento injusto afecta a científicos importantes que despachamos, de forma ignorante, con etiquetas demasiado simples. De acuerdo con Gould, conviene subrayar que, además de gravoso sobre la vida y la obra de estos genios, esta actitud displicente afecta profundamente a nuestra comprensión tanto de la naturaleza como de la forma de conocerla. Como vimos con anterioridad, el estudio del desarrollo histórico de la ciencia puede ayudarnos a entenderla y practicarla con al menos la misma profundidad que cualquier tratado de epistemología donde, por ejemplo, se planteen dilemas entre el verificacionismo y el falsacionismo.

En la época de Beringer, buena parte de los científicos creían, como él, que los fósiles eran productos naturales del reino mineral que podían adoptar —por casualidad o por algún tipo de designio divino como la generación espontánea— formas de seres de los otros reinos, incluso de otros objetos, como letras y palabras. En aquel entonces, la cadena continua de los seres, que constituía la naturaleza, aparecía confusamente entremezclada.

Para distinguir bien los dos tipos de engaño de esta narración, «las piedras falaces de Marrakech» y «las piedras mendaces del Dr. Beringer» —como Gould los denomina—, este recurre a una modificación del *ceteris paribus* del método experimental: «Siendo iguales todas las demás cosas». Es decir, controlando la totalidad de las variables menos una. Pero en este caso, esta estrategia funciona al revés: si los falsos fósiles, de una época y otra, son sorprendentemente idénticos, entonces lo que varían son las circunstancias de su falsificación y las condiciones culturales de los dos países en sus respectivas épocas. Mientras que Beringer fue engañado (y autoengañado) en la búsqueda de las grandes verdades que persigue la actividad científica, en las piedras de Marrakech el engaño es comercial y solo perdemos algo de dinero: podemos sentirnos ridículos con la compra por la ignorancia y el afán de poseer.

A pesar de sus limitaciones, Beringer defendía la importancia de la paleontología como ciencia empírica frente a los eruditos de salón que desdeñaban una actividad que implicaba mancharse las manos excavando en el suelo. Gould considera que más peligrosa, e intermedia entre el engaño de Marrakech y el de la desvalorización de la ciencia, es la creciente comercialización de la investigación científica y de sus resultados. Al igual que ocurre frente a la religión, la ciencia debe respetar y ser respetada por el mundo del dinero, para lo cual es imprescindible una adecuada financiación pública de los centros de investigación públicos. De lo contrario, los científicos pierden independencia y libertad de pensamiento para dirigir sus proyectos y realizar sus publicaciones.

Gould manifiesta que la creciente comercialización también afecta a otras actividades relacionadas con la ciencia, como la divulgación y los museos, y subraya que los fósiles falsificados de Marrakech carecen de valor intelectual, solo pueden medirse en dólares; pero, por el contrario, los fósiles de los museos y las universidades sí tienen ese valor que es propio de la ciencia. Termina con unas palabras de Shakespeare sobre el honor para ilustrar las «diferencias del intelecto sobre el dinero»:

Quien me roba la bolsa, me roba una porquería...,
pero el que me hurta mi buen nombre,

me arrebata una cosa que no le enriquece
y me deja pobre en verdad.

Sin exagerar, debemos tomar buena nota de todo esto y, en este sentido, recordar también a nuestro Antonio Machado: «Todo necio confunde valor y precio».

La ignorancia crece entre el misticismo, la magia y el efecto placebo

Por su pertinencia con el relato anterior, adelanto aquí, muy resumido, el tercer capítulo sobre el nacimiento de la paleontología: «De qué manera la piedra vulvar se convirtió en un braquiópodo». En este relato, vuelve a sorprender —como ya vimos con los científicos y filósofos jonios— que algunos autores clásicos, concretamente Plinio el Viejo en su *Historia natural*, contemplaran los fósiles con más acierto que los científicos de muchos siglos después. Así, este autor latino explicaba que las conchas se encontraban en la cima de las montañas debido a la elevación del terreno desde fondos marinos muy antiguos. Por el contrario, en pleno siglo XVI —cuando empezó la paleontología— y hasta el XVIII, los tratados sobre fósiles los agrupaban, frecuentemente, según su forma fuese más o menos semejante a algún fenómeno natural o cultural. En este sentido, un inquietante grupo de fósiles recibió la denominación científica de *Hysterolites* (histerolitos), y diversos nombres vulgares, como piedras hembra, piedras del útero o piedras vulvares por su parecido con los genitales femeninos. Realmente, los histerolitos son los moldes internos de algunas conchas de braquiópodos, pero en aquellos tiempos se veían, mayoritariamente, dentro del reino mineral, en una naturaleza creada por Dios: eterna, fija y gobernada armónicamente por relaciones simbólicas de origen divino entre los seres de los tres reinos. Cualquier objeto tenía su correlato, más o menos místico, en otras entidades. Se establecía así una maraña de correspondencias, místicas o mágicas, entre los seres de la naturaleza estrechamente concatenados desde su creación. En aquella época, esta era toda la relación posible entre la figura de un animal en un fósil y el animal vivo. Las creencias religiosas o animistas que enmarcaban las observaciones, por directas que fueran, centraban los «hechos» observados y las interpretaciones posteriores en este tipo de correspondencias entre las individualidades de la cadena fija y continua de los seres, siempre bajo la influencia de fuerzas divinas que conducían a una generación inagotable. Este impulso morfogénico podía manifestarse en los individuos de los tres reinos, de forma más o menos espontánea o especial, haciendo aparecer formas similares, relacionadas místicamente, entre los seres animados e inanimados. Así, por ejemplo, los histerolitos se utilizaban, con un evidente efecto placebo, para aliviar los males relacionados con los genitales femeninos y con las prácticas sexuales.

Como señala Gould al final de este capítulo: «Se requirieron doscientos años de debate y descubrimiento para transformar una piedra vulvar en un braquiópodo; pero el mismo proceso ha extendido asimismo nuestra comprensión hasta las galaxias distantes y, en el otro sentido, hasta el *big bang*». Esta paradoja, acerca de la adquisición de conocimiento liberador, entre las limitaciones humanas individuales y la enorme potencialidad cultural de las diferentes civilizaciones, se refleja en nuestros anhelos frustrados de querer entenderlo todo, de encontrar nuestra posición en el cosmos y de conseguir un orden social justo en equilibrio con la naturaleza. Como veremos en otro capítulo, estas frustraciones conducen a algunos pensadores a la desesperanza y el nihilismo.

Ojos de lince para mirar afuera, pero también adentro

La historia que falta —«El lince de ojos penetrantes, superado en mañas por la naturaleza»— implica a Galileo, aunque, a pesar de su importancia, su aparición en ella responde a su pertenencia a una célebre sociedad científica, la Academia de los Linces. Esta fue fundada en 1603 por el joven Federico Cesi junto a tres amigos, entre los que se encontraba Francesco Stelluti —amigo personal y gran defensor de Galileo—, que constituye el centro de este relato por un error metodológico compartido con el gran científico. El quinto miembro de los Linces fue el anciano Giambattista Della Porta, que mantendría una tensa relación con el sexto: Galileo Galilei. En efecto, tras la fundación inicial de la academia, las últimas incorporaciones propiciaron el enfrentamiento entre dos mundos: el antiguo, a caballo entre el pensamiento mágico y la ciencia, y el nuevo, impulsado por Galileo y su método científico, totalmente empírico y objetivo. El choque era inevitable debido a sus diferentes posiciones filosófica y epistemológica y, de forma más directa, por la prioridad acerca del desarrollo del telescopio. Precisamente, esta narración se centra en la estrecha relación entre ciencia, tecnología y sociedad en la historia del conocimiento —de la que ya hemos hablado—, incidiendo especialmente en los límites del empirismo: sus virtudes y defectos.

Cesi escogió el lince como emblema para su academia, ya que era largamente considerado como el cuadrúpedo de vista más penetrante. Era una muy buena elección en un momento en el que la observación directa de la naturaleza y su descripción ganaba adeptos. La incorporación de Galileo al grupo inicial de la Academia de los Linces no hizo sino reforzarlos en este sentido, y no solo por su nuevo método empírico objetivo, también por el desarrollo tecnológico mejorado que puso a punto para la observación y el análisis de los objetos: su telescopio y su microscopio, dos instrumentos que ya entonces permitían ver como el mejor de estos felinos. Además, estos no solo son famosos por su visión penetrante, sino también por su astucia. Llevadas estas características a los objetivos científicos de la academia, se podrían traducir en agudeza visual y capacidad mental: observación y teoría, las dos formas complementarias de mirar a la naturaleza. Paradójicamente, y esta es otra de las lecciones que nos ofrece la historia de la ciencia, el emblema del lince había sido utilizado previamente por Della Porta en su obra *Magia naturalis*, acompañado de las palabras «mira afuera y mira adentro». Cesi lo utilizó para los fines de su academia, manteniendo una conexión entre ambos mundos, el antiguo y el nuevo.

Galileo y Stelluti estuvieron vinculados por múltiples relaciones, pero también por un error metodológico relacionado en ambos con la necesaria complementariedad entre observación y teoría: Galileo, con su observación y descripción de Saturno —para aumentar las coincidencias, el planeta que su amigo tenía como distintivo en la academia—, y Stelluti con la explicación que dio a la naturaleza y origen de una madera fósil. El error de Galileo y su tratamiento en los libros de historia de la astronomía —como bien señala Gould— también nos ofrece alguna enseñanza sobre la naturaleza humana de la ciencia: en estos textos los grandes científicos suelen ser tratados de «manera heroica o hagiográfica», y sus errores ocultados o minimizados. Al parecer, Galileo vio los anillos de Saturno en su primitivo telescopio, pero le faltó altura teórica (la nueva forma de ver) para interpretar lo observado, quizá temeroso de asombrar al mundo aún más de lo que ya lo había hecho. Así pues, en el nuevo mundo de la naciente ciencia —donde, coincidiendo con Bacon y Descartes, adquiría el máximo valor metodológico la observación personal sin añadidos, objetiva y directa, frente a las verdades del mundo clásico, fundamentadas en razonamientos lógicos— describió el planeta como un cuerpo triple.

Gould coincide con Darwin, Goethe, Schrödinger, Kuhn y Chalmers, entre otros muchos, al conceder una importancia fundamental a la teoría en la observación, en la descripción de los hechos y en la interpretación de los resultados experimentales, cuando afirma:

La idea de que la observación puede ser pura e inmaculada (y, por lo tanto, incontestable), y de que los grandes científicos son, por implicación, personas que pueden liberar sus mentes de las restricciones de la cultura que los rodea y llegar a conclusiones estrictamente mediante experimento y observación libres de trabas, unidos a un razonamiento lógico, claro y universal con frecuencia ha causado daño a la ciencia al convertir el método empírico en una consigna.

Por su parte, Stelluti, completamente fiel a Galileo y su nuevo método, se enfrentó al problema del origen y naturaleza de los fósiles un siglo antes de la peripecia del Dr. Beringer con sus piedras mendaces. Naturalmente, esta distancia en el tiempo juega a favor del miembro de los Linces en el juicio que emitamos sobre los resultados de su investigación. En el siglo XVII ya se planteaba correctamente el problema que no se resolvió hasta bien entrado el XVIII: ¿son los fósiles restos de organismos del pasado, sepultados y mineralizados, o son producto de la generación inorgánica de fuerzas morfogénicas del reino mineral? La misma pregunta que ya hemos visto en las otras dos historias. No vamos a repetir de nuevo todo lo relativo a la idea creacionista de la cadena continua de los seres y al orden natural confuso entre ellos. En definitiva, lo que se planteaba era si los antiguos tres reinos —animal, vegetal y mineral— formaban parte de un continuo sin división clara o, por el contrario, constituían tres grupos claramente definidos por su origen y naturaleza diferentes. Así, ante el problema de la madera fosilizada, tanto Cesi como Stelluti se decantaron por la explicación que implicaba a la cadena continua de los seres, en la que creían firmemente; la observación no era tan pura y objetiva como pretendían: esta fue dirigida por su orden de ideas previo, que también influyó en la formulación de los hechos, su práctica empírica y su interpretación final. Concluyeron que se había producido una transformación de tierras y arcillas en formas que semejan plantas, y denominaron a estos fósiles metalófitos (como forma intermedia), manifestando así la concatenación y continuidad entre los reinos mineral y vegetal. Además, esta transformación demostraba que todos los fósiles se pueden generar de manera inorgánica. Después de la muerte de Cesi, Stelluti escribió un tratado en 1637 sobre el origen de los metalófitos a partir del reino mineral por transmutación de tierras y arcillas en madera, en zonas donde los magmas subterráneos hacen hervir el agua de los acuíferos. Ahora sabemos que la secuencia correcta del proceso de petrificación comprende la sustitución de materia orgánica de la madera por minerales, y no al revés, como proponía Stelluti: «Desde la tierra informe hasta los metalófitos, situados en algún lugar entre el reino mineral y el vegetal».

A la hora de explicar muchos fenómenos, pueden darse inversiones de la secuencia correcta de sus pasos, frecuentemente asociadas a la colocación en el centro del problema de un elemento inapropiado: hay que situar los bueyes delante del carro, y no al revés; el agente principal, el sujeto, delante de los objetos, marcando su prioridad en el proceso. Esto es lo que pasó cuando se sustituyó la teoría geocéntrica por la heliocéntrica, el antropocentrismo por el origen biológico del hombre o, como acabamos de ver, con el problema del origen y naturaleza de los fósiles.

A mi juicio, la biología actual aparece trufada de paradojas y misterios sin resolver que, en buena parte, responden a un problema teórico similar: el de un centrismo equivocado que sitúa la estructura como prioritaria a la función. Como anuncio en la introducción, en este libro planteo una alternativa al actual paradigma genocéntrico —representado por el denominado dogma central de la biología molecular (DCBM) y la idea de programa genético—, que se basa en la información secuencial que fluye unidireccionalmente del ADN a las proteínas, pasando por el ARN.

Encuentros y desencuentros entre la fe y la razón

En la traducción al español del libro de Charles Darwin *La variación de los animales y las plantas bajo domesticación*, el traductor, Armando García González, realiza una introducción donde habla ampliamente de la controversia que la teoría evolutiva darwiniana ha suscitado desde su salida a la luz hasta nuestros días. Allí analiza que, entre otros importantes frentes, el darwinismo tuvo que afrontar los ataques de científicos creacionistas radicales —sobre todo, de filiación católica—, los cuales, desde el siglo XIX, han puesto en marcha un importante aparato mediático, editorial, social y político para contrarrestar todo lo posible la para ellos nefasta influencia de las teorías darwinianas.

Otros científicos creacionistas optaron por conciliar sus creencias religiosas con la idea de la evolución biológica, defendiendo la separación de las cuestiones filosóficas y religiosas de los problemas científicos, sobre todo, los relacionados con la evolución biológica. También desde el lado del evolucionismo hay biólogos que creen en la ausencia de contradicción entre ciencia y creencia, argumentando que se ocupan de campos muy diferentes. Entre ellos podemos destacar a Francisco José Ayala, exfraile dominico y discípulo del genetista Theodosius Dobzhansky, uno de los padres de la teoría sintética neodarwinista frecuentemente citado por su célebre sentencia: «Nada tiene sentido en biología excepto a la luz de la evolución».

Igualmente, Stephen Jay Gould también propone —en su libro *Ciencia versus religión: un falso conflicto*— que la evolución y la fe religiosa no son incompatibles. Encontramos una argumentación similar en la obra del médico y filósofo Michael Ruse, de la que podemos destacar el libro ¿Puede un darwinista ser cristiano? La relación entre ciencia y religión. En este libro, Ruse se muestra muy crítico con las posiciones extremas de evolucionistas materialistas como Richard Dawkins, pero también de los creacionistas partidarios del diseño inteligente —como el bioquímico católico Michael Behe—, separando de los campos de estudio de la ciencia el mundo natural y el mundo moral, como el altruismo o el egoísmo, que no están en el ADN. Pero Ruse (2001) —en su libro *El misterio de los misterios*— también trata el caso de algún importante científico evolucionista que practicaba una excesiva conciliación entre evolución y fe, como el ya citado neodarwinista T. Dobzhansky: «Desde el principio, Dobzhansky reconoció que se dedicó a la empresa evolucionista con una misión, en su caso, religiosa: la esperanza de demostrar que la evolución tiene un propósito divino y que el hombre es su producto más perfecto, la apoteosis de un proceso ascendente y progresivo». Es fácil imaginarse el proceso ascendente, paso a paso, por la escalera de caracol que forma la doble hélice del ADN; pero, naturalmente, todo a la luz de la evolución.

Por otra parte, la postura de la mayoría de los científicos evolucionistas, incluido el propio Darwin, es que la evolución es incompatible con la religión, ya que, en consonancia con el mencionado postulado de objetividad, no se pueden aceptar causas sobrenaturales (Dios, milagros, espíritus, etc.) para explicar los procesos biológicos, incluido el origen del hombre. Armando García González señala el supuesto dilema entre la posición religiosa: el hombre es un producto perfecto, creado por Dios a su imagen y semejanza, que degeneró por el pecado; o, por el contrario, según él, la posición evolucionista: el hombre es un mono perfeccionado. Aquí yo veo que se cuela un cierto sesgo teológico en la posición de algunos evolucionistas —como, por ejemplo, en el ámbito del neolamarckismo, entre otros— en cuanto a la tendencia a la perfección de la evolución, especialmente la que conduce a la humanidad y su destino. En el caso de Armando García González, rápidamente corrige este sesgo en la siguiente incompatibilidad entre evolución y religión: mientras que para la evolución no existe propósito alguno, la religión plantea un determinado propósito divino: una vida futura, en el cielo de los católicos y protestantes, o en la tierra para otras confesiones.

Como señala García González, el debate es tan importante que, en 1997, la revista *Nature* realizó una encuesta entre biólogos, físicos y matemáticos sobre sus creencias religiosas, resultando que el 40 % de los científicos confesaron tenerlas, aunque también se reflejaba que otros las ocultaban por estar mal vistas dentro de la comunidad científica.

Ante esta situación, como pensaba Darwin, es difícil conciliar cualquier religión con una teoría de la evolución carente de propósito y dirección. Por otra parte, también estoy de acuerdo con su opinión acerca de evitar el enfrentamiento directo con la religión. En un estado democrático y laico hay que respetar las creencias religiosas, siempre que estas se mantengan en el dominio de la intimidad y no traspasen el ámbito legal del dominio público. Como dijo Jesucristo: «Al César lo que es del César y a Dios lo que es de Dios».

Estelas de conocimiento y mares de ignorancia

La principal conclusión a la que llego es que debemos preservar y ampliar esa magnífica construcción de la humanidad que llamamos ciencia, vista más desde la grandeza de su desarrollo histórico —en constante lucha contra la ignorancia y el oscurantismo, y relacionada con el avance tecnológico y social— que desde la perspectiva de la filosofía o la metodología de la ciencia. Goethe ilustra magníficamente en su *Fausto* la contraposición entre teoría y realidad —que nos sirve para entender la presente entre filosofía e historia de la ciencia—, cuando nos dice: «Gris, querido amigo, es toda teoría y verde el árbol áureo de la vida».

Por otra parte, según opina Chalmers:

> *La función más importante de mi investigación es combatir lo que podríamos llamar la ideología de la ciencia tal como funciona en nuestra sociedad. Esta ideología implica el uso del dudoso concepto de ciencia y el igualmente dudoso concepto de verdad que a menudo va asociado con él, normalmente en defensa de posturas conservadoras.*

Las palabras «ciencia» o «método científico» no pueden ser utilizadas en vano para defender intereses espurios, bien sean económicos, políticos o de cualquier otra índole. Como ya hemos visto, el científico, como cualquier ser humano, tiene su ideología e incluso puede tener sentimiento religioso o no, y esta manera de ver el mundo condicionará inevitablemente sus perspectivas y sus interpretaciones. Hay que contar con ello. La existencia de una comunidad científica y el desarrollo colectivo de la ciencia mitiga la subjetividad. Lo que hay que evitar es la utilización ideológica de la ciencia por parte de colectivos interesados. Por el contrario, los investigadores, individualmente y en grupo, deben poner en práctica y exigir el máximo ejercicio de rigor metodológico y de honradez intelectual. Criticar algunos aspectos, con apariencia de catecismo, del denominado método científico no significa renunciar a él y que todo vale o que da igual cualquier fuente de conocimiento. Debemos aprender qué es oro y qué hojalata para el avance del pensamiento aplicando rigor y claridad en el uso de metodologías y procedimientos bien acreditados a lo largo de la historia de la ciencia. Pero también es preciso que los investigadores aporten la mayor claridad y honradez intelectual, explicitando y explicando todos los presupuestos teóricos que enmarcan e interpretan sus trabajos. No se puede apelar al rigor y la objetividad del método científico, en una investigación aparentemente aséptica, y luego colar de rondón ideología interesada de bajo nivel como supuesto resultado de este.

Así pues, es más riguroso hablar de ciencias y sus métodos que de ciencia y de un único método, universal y aséptico, que nos sirva como guía para llegar al «palacio del conocimiento» y a la verdad, siguiendo criterios filosóficos arbitrarios que no se han aplicado nunca a lo largo de la historia. Desde esta perspectiva epistemológica, K. Popper pone en cuestión la cientificidad de la teoría de la evolución, entre otras cosas.

En cuanto al concepto de verdad —y recordando las frases citadas de Goethe y Schrödinger—, la descripción física del universo resultante de las teorías de Aristóteles, Newton o Einstein es muy diferente, al igual que también era muy diferente su metodología. El análisis histórico de estas teorías permite reflexionar no solo sobre el concepto de verdad, sino también acerca del papel relativo de la filosofía, la experimentación, las matemáticas, etc., en el conocimiento científico, así como del ejercicio de verificación o refutación de sus teorías. El avance de la ciencia supone ampliarlas o cambiarlas, incluyendo nuevos hechos.

No solo es difícil alcanzar la total objetividad en la interpretación de los resultados, sino también en el establecimiento de los hechos. Estos, como los enunciados observacionales, tienen una carga de subjetividad; no en vano, los hechos deben ser formulados. El postulado de objetividad solo atiende a la necesidad epistemológica de evitar cualquier explicación de la realidad en términos de proyecto sobrenatural finalista (Dios, milagros, fuerzas vitales), no a otras interpretaciones posibles. Así, el método científico tampoco actúa como una lupa universal que nos ofrece una imagen única e inequívoca de la realidad.

Además, como demuestra la aplicabilidad de la física newtoniana, la experimentación nos indica lo que es aplicable: cómo se comporta el modelo, no necesariamente cómo es la realidad. Se puede ser científico siguiendo todas las etapas del método canónico o participar solo en algunas de ellas. Lo importante es alcanzar una interpretación teórica que dé cuenta de todos los hechos significativos. Si aparecen nuevos hechos que no caben en la teoría vigente, hay que cambiar o ampliar la teoría. Así, se pueden elaborar hipótesis y hasta teorías directamente sin haber realizado experimentos propios, pero siempre apoyándose en datos experimentales y en hechos bien establecidos por otros científicos: modelo de la estructura del ADN de Watson y Crick, hipótesis de Dreyer y Bennet sobre el origen genético de la diversidad de los anticuerpos, teoría de la relatividad de Einstein, entre otros muchos casos.

Los grandes científicos son los que han abierto nuevos caminos. Un investigador es un explorador, y un explorador no tiene camino por delante. Parafraseando de nuevo a Machado: no hay camino, por detrás tenemos las estelas del conocimiento logrado hasta el momento, y por delante un mar de ignorancia.

Capítulo 2
De la estructura proyectada a la función necesaria y contingente

Los conceptos útiles no son necesariamente buenas ideas

Las principales teorías evolucionistas mantienen diferentes posiciones frente al papel relativo que desempeña el medioambiente en la filogenia y en la ontogenia. *Sensu lato,* veremos que el planteamiento de este problema está indisolublemente asociado a otros, como el de la prioridad entre estructura y función y el de las relaciones entre la teleología, la necesidad y la contingencia. Vamos a iniciar aquí un repaso de algunos hitos de la historia y la filosofía de la biología alrededor de estos temas, pero sin seguir un orden cronológico estricto. En este recorrido, como ya hemos visto en el capítulo anterior, debemos prestar atención al necesario equilibrio en el avance del conocimiento científico entre lo que llamamos las **ideas**, de carácter inicialmente más filosófico o metafísico, y los **conceptos**, más pegados a la experiencia, que paulatinamente nos conduce hasta el análisis directo de los objetos. No se trata de unir sin más filosofía y ciencia, sino de entender el estado actual de la segunda por su proceso histórico. Así, a lo largo de la historia de la ciencia, mediante este equilibrio dinámico entre ideas y conceptos, se han ido describiendo hechos y teorías a medida que el conocimiento empírico y el experimental consolidaban a estos últimos. En este sentido, debemos tener en cuenta que para que un objeto pueda ser analizado no es suficiente con descubrirlo, hace falta una nueva mirada que lo explique, una teoría que lo interprete; como se ilustra perfectamente con los descubrimientos que el microscopio y el telescopio ponen delante de nuestros ojos, ambos instrumentos nos ayudan a ver, pero siempre es una teoría —como, por ejemplo, la teoría heliocéntrica— la que nos permite observar e interpretar. Las observaciones llevadas a cabo por pioneros como A. Leeuwenhoek y R. Hooke del universo microscópico, pero carentes de explicación teórica, solo pusieron de manifiesto un mundo desconocido que frecuentemente descentraba a los naturalistas, ya abrumados con sus problemas de clasificación de seres macroscópicos. Así, el pensamiento de la época no sabe qué hacer con esta explosión de diversidad microbiana, y a lo más que llega es a reavivar la discusión entre partidarios y detractores de la idea de generación espontánea, como veremos posteriormente.

Así pues, algún tipo de teoría enmarca siempre, mejor o peor, la descripción de los hechos, los enunciados observacionales: las preguntas y las respuestas. A este respecto, como también hemos visto en el capítulo anterior, debemos repasar a J. W. von Goethe y a E. Schrödinger resaltando la importancia de la teoría en la ciencia.

Para abordar convenientemente esta cuestión, hemos de recordar que, hasta llegar al momento glorioso del comienzo de la biología experimental, el estudio de los fenómenos vitales realizó una larga travesía partiendo de la concepción fijista y creacionista de la naturaleza en su conjunto, propia del pensamiento escolástico. Así, desde el siglo XVI hasta el XX se produce un cambio profundo en el conocimiento de los seres vivos y de su entorno natural. A este respecto, Jacob (2014) ofrece una visión panorámica bastante detallada de este proceso de cambio, que yo utilizo como hilo conductor para mi interpretación de la biología. Aquí nos limitaremos a hacer una revisión de las ideas fundamentales, desmenuzando algunos elementos principales de la historia del conocimiento biológico —ideas, hechos y conceptos en la mente de los autores más destacados de estos siglos— para ver cómo aparecen mezclados de formas distintas, un auténtico caleidoscopio de la realidad en cada época y en cada autor: materialismo, vitalismo, continuidad, discontinuidad, uniformismo, gradualismo, saltacionismo, teleología, azar, necesidad, contingencia, estabilidad, esencialismo, variación, estructura, función, etc., en distintas combinaciones y proporciones. Llegados a este punto, no podemos eludir la cuestión: ¿cuál es el caleidoscopio de nuestra época?, ¿cuáles son las principales ideas, hechos y conceptos que debemos colocar en la actualidad para obtener una imagen lo más precisa posible de la realidad?

Ya hemos visto que nuestra visión del mundo puede venir de la mano de la religión, de la filosofía o de la ciencia. De las tres fuentes, la única que es totalmente ajena a una visión lo más objetiva posible de la realidad es la religión, que se mueve en el terreno de las creencias y, por tanto, debe estar circunscrita y respetarse en el ámbito de la intimidad de los creyentes.

Las otras dos fuentes, la filosofía y la ciencia, no solo no se excluyen, sino que se necesitan mutuamente para sus respectivos progresos. Recordemos que en el capítulo anterior distinguíamos entre las preguntas que se hace la ciencia y las que se hace la filosofía. Así, decíamos que mientras que la filosofía se plantea por qué las cosas son, la ciencia aborda principalmente el modo de ser de la realidad material, el cómo son las cosas. Aunque esta formulación de principios parece poner algunos límites claros entre estas dos fuentes del conocimiento racional, pronto veremos que las ideas y los conceptos de ambas se entremezclan permanentemente. También hemos visto cómo E. Mayr (2016) plantea que la biología, como cualquier otra ciencia, debe responder a tres tipos de preguntas: ¿qué?, ¿cómo?, y ¿por qué? Y que la respuesta a estas preguntas debe ayudar a delimitar las distintas ramas de la biología y sus respectivas naturalezas filosóficas. De esta forma y paulatinamente, a medida que aumenta el ámbito y la experiencia del análisis del mundo material, muchas de las ideas filosóficas iniciales se van transformando en conceptos científicos. Por su parte, los científicos siempre van a enmarcar los nuevos hechos con teorías previas, preñadas de ideas y conceptos.

Como ya vimos, las preguntas del tipo ¿cómo? y ¿por qué? pretenden ir más allá de la necesaria descripción y clasificación inicial del ¿qué? Si nos situamos más allá del origen del universo, estas preguntas caen actualmente en el ámbito de la metafísica, aunque es posible que en un futuro no muy lejano se amplíe el ámbito de actuación de los científicos, y que algunos planteamientos de esta se constituyan en física, como ha ido pasando repetidamente con muchas ideas desde los griegos hasta la actualidad. Así, la teoría atómica pasa de la idea de átomo de filósofos clásicos, como Demócrito y Leucipo, al concepto experimental de este desde el siglo XIX, en la explicación del comportamiento de la materia en fenómenos químicos y físicos. Paulatinamente, el avance del conocimiento científico logró eliminar subjetividades del concepto de átomo hasta hacerlo objeto directo de estudio y utilización aplicando técnicas fisicoquímicas. De esta forma, se ha llegado al abordaje de problemas relativos a los seres vivos, como el de la base molecular de su información —el «cómo» de la biología—, que son de un nivel de complejidad superior. El análisis por difracción de rayos X de la estructura molecular de proteínas y ácidos nucleicos nos permite conocer la disposición exacta de sus átomos constituyentes. Pero se trata de una técnica difícil que no nos ofrece una foto, sino unas complejas imágenes de patrones de difracción que hay que explicar.

La **interpretación** es siempre un paso fundamental en el camino de la ciencia, y puede ser más o menos física según nuestro grado de proximidad al objeto de estudio. Así, por ejemplo, en la historia de la determinación de la estructura del ADN, el ingente trabajo de Chargaff sobre la composición química de esta macromolécula reveló que todas las analizadas tenían igual cantidad de adenina que de timina, y lo mismo ocurría con la citosina respecto a la guanina. Pero, además, para resolver este gigantesco problema estructural también fue preciso el análisis cristalográfico. Este fue dilucidado con gran esfuerzo y rigor científico principalmente por Rosalind Franklin, que trabajaba con Maurice Wilkins. La célebre fotografía 51 de los patrones de difracción de rayos X de las fibras de ADN —«alguna de las fotografías por rayos X más hermosas», en palabras de J. D. Bernal—, obtenida por la investigadora, fue entregada, junto con otros datos, por Wilkins a James D. Watson. Este perseguía con Francis H. Crick esta estructura; para ello, unieron este conocimiento fisicoquímico con los datos de Chargaff y propusieron un modelo molecular teórico del ADN.

En esta historia, dos científicos resultaron perjudicados: la principal fue Rosalind Franklin, que como mujer fue ninguneada por algunos de los hombres que trabajaban alrededor de ella; el otro fue el gran Linus Pauling que —por motivos políticos— no pudo viajar a Inglaterra para participar en las reuniones donde se discutían los datos cristalográficos. Más tarde, Watson comentó al respecto de la posibilidad de que Pauling hubiese podido asistir a los seminarios del King's College y ver la fotografía 51: «A más tardar en una semana, Linus tendría la estructura». También, con posterioridad, reconoció el enorme mérito de Franklin, que fallecida prematuramente no pudo ser candidata al Nobel.

Por una parte, hemos visto el arduo trabajo experimental físico y químico, de Franklin y Chargaff, con el que se consiguieron datos muy valiosos y bien establecidos. El rigor de las técnicas que aplicaban no admitía dudas en estos dominios. Pero al adentrarse en los problemas biológicos se amplía notablemente el campo de la interpretación. Aquí es donde la astucia —quizá reprobable— para conseguir los datos se une a la audacia para interpretarlos.

Eso fue lo que hicieron Watson y Crick, con la colaboración de Wilkins y de espaldas a Franklin, aunque, al parecer, también es cierto que la cristalógrafa prefería esperar a consolidar sus hallazgos experimentales antes de aceptar el modelo molecular interpretativo de estos dos científicos, que consideraba prematuro. Pero, no obstante, la imagen de la doble hélice fue la piedra sillar sobre la que se edificó la biología molecular. Al fin, la herencia particulada de Mendel y sus leyes tenían una sólida base química; sin embargo, de nuevo, las relaciones moleculares (de código genético) que se fueron descubriendo entre ADN, ARN y proteínas admitían más de una interpretación. Lo realmente establecido es que los genes son fragmentos de ADN que portan información para la formación de un polipéptido. En una de las posibles interpretaciones, el denominado dogma central de la biología molecular (DCBM) dicta que la información genética va unidireccionalmente de la secuencia de bases del ADN a la del ARNm, y de esta a la de aminoácidos de un polipéptido. Así, la información secuencial de este último determinaría su estructura tridimensional y su función: una secuencia, una estructura y una función. Este es el paradigma genocéntrico de la biología molecular, donde la estructura es prioritaria a la función. A lo largo de los siguientes capítulos plantearé algunas críticas a este esquema interpretativo, donde la información biológica fluye en un único sentido y propondré un modelo funcional donde la información genética secuencial esté rodeada de la información conformacional de las proteínas —pregenética y epigenética— en su plasticidad intrínseca adaptativa frente al medioambiente molecular.

Con la teoría atómica hemos visto el avance del conocimiento científico, desde las ideas metafísicas hasta el análisis y la utilización directa de los átomos. En sus publicaciones *Crítica de la razón pura* y *Prolegómenos a cualquier metafísica futura que quiera presentarse como ciencia*, Immanuel Kant plantea abiertamente: ¿puede la metafísica convertirse en ciencia? Él tiene como modelos la física y las matemáticas, mientras que considera la metafísica como un conocimiento ajeno a la experiencia directa: «Un conocimiento *a priori*, o de la razón pura».

Pero acabamos de ver la utilidad de las ideas iniciales —como los átomos de Demócrito y Leucipo— para llegar a desarrollar conceptos empíricos y experimentales, e incluso llegar a delimitar objetos materiales susceptibles del análisis y del manejo directo. Secuencias como esta son frecuentes en la historia de la ciencia. En este y siguientes capítulos vamos a ver cómo se desarrollan algunas de las principales ideas de la biología, y en particular la relación de prioridad entre estructura y función.

Hacia una visión objetiva de la naturaleza

En esta breve revisión histórica del avance del conocimiento biológico, comenzaremos por el siglo XVI en Europa, momento y lugar desde el que surgirán los primeros brotes del pensamiento científico moderno. La historia que pretendemos abordar aquí es la **historia de la idea de naturaleza** a medida que se va transformando en concepto científico, desde la consideración de mero instrumento para los designios divinos del siglo XVI hasta la actualidad, pasando por Darwin, que marca el punto de inflexión con su visión genuinamente materialista de la evolución por selección natural.

La naturaleza como agente de Dios

A la luz de los conocimientos actuales, resulta casi inconcebible la idea del siglo XVI de que los seres vivos eran engendrados por generación divina. Por una parte, animales y plantas pueden engendrar semejantes mediante la unión por la acción de Dios de la materia y la forma, aunque en este caso los padres no sean más que la sede de las fuerzas —el alma y el calor innato del líquido seminal— que unen la materia con la forma. Por otra parte, los seres considerados inferiores —gusanos, moscas, serpientes, ratones, etcétera— no nacen de la simiente, sino por generación espontánea desde la materia en putrefacción, la suciedad y el barro, bajo la acción del calor del sol.

Veremos que el concepto científico de reproducción no se forma hasta la segunda mitad del siglo XVIII a partir de experiencias de regeneración en invertebrados. A pesar de que es ya evidente que los seres vivos se reproducen sexualmente, seguimos empleando el término generación para designar cada eslabón de la concatenación sucesiva de padres e hijos. Pero, aun sin tener la concepción científica de reproducción sexual, no era menos evidente para los humanos de cualquier época la relación de semejanza entre padres e hijos: los corderos generaban corderos; los caballos, caballos; los pinos, pinos. Además, todos ellos con características parecidas.

Está claro que la humanidad ha sabido aprovechar su experiencia práctica al margen de sus creencias religiosas; como ilustra el refrán: «A Dios rogando y con el mazo dando». Al igual que hemos visto con el avance del conocimiento científico, las ideas —en este caso, religiosas— acompañan siempre a la experiencia, sea esta del tipo que sea. Así pues, por un lado, tenemos las creencias, muchas veces atenazadoras y, por otro, la práctica empírica de jardineros, agricultores y ganaderos.

Paradójicamente, es en el terreno del conocimiento filosófico y científico sobre los seres vivos donde más ha costado desterrar creencias y supersticiones —quizá porque los estudiosos de la naturaleza eran mayoritariamente clérigos—, como la idea de generación espontánea que, como veremos en otro apartado, se mantuvo hasta que Pasteur la refutó definitivamente en la segunda mitad del siglo XIX.

Dios no es una hipótesis necesaria

Para Jacob (2014), el siglo XVI es un siglo sin leyes de la naturaleza: «No se distingue entre la necesidad de los fenómenos y la contingencia de los sucesos». Las leyes de la naturaleza empezarán a asomar en la mente de los científicos en el siglo XVII, pero inicialmente solo en la física, poco después en la química y mucho más tarde en la biología. Esto es consecuencia del aumento de la contingencia en la evolución de los seres vivos respecto a los niveles de integración inferiores (molecular, atómico y subatómico), menos complejos y, por lo tanto, mucho más regulares y predecibles. Por eso, la biología tiene algunas particularidades respecto a las otras ciencias naturales: tiene menos leyes, es histórica y resulta más difícil de matematizar. Los grandes sucesos contingentes en biología son hechos históricos irrepetibles que no pueden enunciarse como leyes, pero que dejan su huella evolutiva en la estructura y en la función de los seres vivos. Solo la necesidad de los fenómenos —lo que no puede dejar de ser— puede elevarse a ley, también en aquellos donde estén implicados los seres vivos y sus procesos. En la evolución biológica, cada contingencia concatena necesidades previas con nuevas necesidades, aquellas que son propias de las estructuras seleccionadas en la última contingencia.

Pero volviendo al siglo XVI, en él todo aparece embrollado, caprichoso, resultado del designio divino; como hemos visto, todo ser se explica mediante la unión singular de materia y forma. Aquí reaparecen las ideas aristotélicas, pero teñidas de las creencias de la escolástica. No hay leyes naturales que permitan entender a los seres y sus procesos; la naturaleza aparece ligada a la voluntad de Dios, pero no como el resultado acabado de su obra, sino como su agente ejecutor: el que da forma a la materia y genera permanentemente los seres —ríos, montañas, planetas, animales, plantas, etc.— manteniendo y dirigiendo su creación. Resultado de esta creación divina, cada ser vivo es un eslabón de **la cadena continua de los seres**, que une todos los objetos de este mundo. Veremos que esta idea sigue presente en el siglo XVII para explicar la formación de los individuos de una misma especie como resultado de creaciones simultáneas realizadas sobre el modelo de la creación divina inicial. Aquí observamos cómo la relación entre materia y forma —podríamos decir la estructura— tiene carácter divino: la materia es similar al barro con el que Dios modela los seres. En palabras de Jacob (2014): «La generación no es más que una de las recetas utilizadas cotidianamente por Dios para la conservación de un mundo creado por Él».

Pasará algún tiempo hasta que la estructura se explique científicamente como resultado de las continuas interacciones de las unidades energético-materiales; y esta cuestión tiene mucho que ver con la forma de entender las funciones y las estructuras de los seres vivos, siempre estrechamente relacionadas en su evolución. Pero ¿de qué manera salimos de este pensamiento teológico cuyas causas primeras y fines últimos son de naturaleza divina? Como ya hemos apuntado, la biología fue la última ciencia natural en abandonar el pensamiento subjetivo. Primero, le costó desprenderse de todo vestigio de teología, pero aún hoy tiene constantes tentaciones de recaer en planteamientos vitalistas y teleológicos.

Como iremos viendo a lo largo del libro, el problema de la teleología no es si hay camino o si este tiene final, la cuestión es si hay diseño (y, por tanto, diseñador) con un camino único o se hace camino al andar en un itinerario lleno de «chapuzas» sucesivas. En este último caso, el número de trayectorias posibles puede ser infinito, tanto como el de contingencias. Curiosamente, nos encontraremos casos de camino con final tanto en la perspectiva científica de evolución transformista de Lamarck como en la orientación religiosa creacionista de la ortogénesis, que está en la base de su versión más actualizada: el denominado «diseño inteligente».

¿Somos solo lo que aparentamos?

En el siglo XVII los naturalistas comienzan con el análisis de las estructuras visibles y la clasificación de los seres vivos. Como apunta Jacob (2014), la generación ya no es una creación única, sino el medio regular que asegura la perpetuidad de las **especies,** pero entendidas aún en la lógica de la cadena continua de los seres. En esta época, el foco de atención en las ciencias naturales pasa de la creación de la naturaleza a su funcionamiento físico. Galileo, Descartes, Leibniz, Newton, entre otros, se plantean descifrarlo: hay que descubrir la clave, el orden, el código, las causas de los fenómenos, y unirlos entre sí mediante leyes. Estos grandes genios sustituyen el sistema de signos divino —dejado por el Creador en los seres, como vimos en los relatos de Gould sobre fósiles del capítulo 1— por el sistema de signos de las matemáticas, que permite descomponer, analizar y recomponer las cosas, por lo que resulta muy objetivo y eficaz. Pero este nuevo abordaje limita el ámbito de las ciencias naturales a la física, la que mejor puede expresarse en lenguaje matemático. Se pasa así de la oscuridad en la interpretación de la naturaleza a través de los textos sagrados a la claridad y coherencia del cálculo matemático. Solo de esta manera se puede elevar a ciencia la interpretación de fuerzas aún misteriosas, como la gravedad.

Pero ¿qué pasa con el estudio de los seres vivos? Para empezar, hasta finales del siglo XVIII no existe una frontera clara entre las cosas y los seres vivos, que por entonces forman un todo continuo en la cadena de los seres. Según Buffon, se puede «ir bajando gradualmente de la criatura más perfecta hasta la materia más informe, del animal mejor organizado al mineral más tosco» (Jacob, 2014).

Antes de continuar con los avances en el conocimiento de los seres vivos, quiero hacer una llamada de atención sobre la controversia entre la perspectiva gradualista y la saltacionista en las teorías evolucionistas. Frecuentemente se asocian, y se desacreditan, las posiciones saltacionistas con las catástrofes creacionistas; sin embargo, aquí vemos claramente ligado el gradualismo con la idea creacionista de la cadena continua de los seres. Más adelante retomaremos esta polémica.

Mecanicismo frente a vitalismo

Pero volviendo al siglo XVII, tenemos que destacar la influencia de la física, y más concretamente de la mecánica, en el avance del conocimiento científico de los seres vivos. En este momento no hay alternativa, o se continúa con la imagen confusa de una naturaleza teológica o se busca una imagen coherente y unitaria del mundo natural; y esta unidad y esta coherencia solo podían venir de la revolución científica naciente en las ciencias físicas de la época: la mecánica. Así pues, en ese momento todo en la naturaleza funciona como una máquina, es más, toda la naturaleza es una máquina. Esta concepción mecanicista afecta fundamentalmente a la naciente fisiología, derivada de la práctica médica, que pretende responder a las preguntas de tipo «cómo», pero sin distinguir aún funciones vitales generales, solo órganos que funcionan dentro de la mecánica universal.

Pero ¿qué ocurre con las preguntas del tipo «¿qué?», relacionadas con el inventario de los seres naturales? Estas preguntas, y sus respuestas, se van agrupando en una rama del conocimiento denominada historia natural, basada en el análisis de las estructuras visibles y su clasificación según su grado de organización y sus capacidades de movimiento y razonamiento: animales, vegetales y minerales, inicialmente sin separaciones netas entre ellas. Antes de entrar más a fondo con la clasificación de los seres vivos en el siglo XVII, vamos a ver que el elemento común de estos dos campos del conocimiento, la fisiología mecanicista y la historia natural, es el movimiento y sus leyes. En el primer campo se aborda el estudio del esqueleto de los animales en relación con su tamaño al tipo de desplazamiento por su medio físico, la circulación de la sangre mediante el efecto de bombeo del corazón, etc. Todas las fuerzas de naturaleza divina del siglo XVI son sustituidas por fuerzas mecánicas, aunque pronto estas muestran sus limitaciones para explicar la creciente complejidad del mundo vivo. Además, y no menos importante, escapando de las explicaciones teológicas se había llegado a concebir la naturaleza como una máquina, pero una máquina obedece a un diseño y a una inteligencia diseñadora exterior, esto es, a un proyecto, a una finalidad; en definitiva, recaemos en un pensamiento teleológico.

Pero llegar a un pensamiento totalmente objetivo es difícil. En el tránsito de la teología al materialismo nos encontramos con toda clase de situaciones intermedias de naturaleza metafísica.

Tenemos, por ejemplo, posiciones de materialismo científico, pero dualista, como la de Descartes: Dios crea el mundo, con sus leyes y su movimiento inicial, pero luego deja de intervenir. Para este filósofo, los humanos, con nuestro pensamiento, establecemos una relación singular con la naturaleza: «Nosotros, que conocemos, y los objetos que deben ser conocidos». El conocimiento se desplaza, por tanto, de la mera contemplación de una naturaleza en continua creación divina al desciframiento de sus leyes para entender su funcionamiento.

También abundan las posiciones animistas y vitalistas, que exaltan supuestas actividades y transformaciones de carácter mágico de la materia viva. Hay una tendencia a entender el mundo vivo desde la perfección de una inteligencia infinita o desde la atribución a muchos seres vivos de cualidades humanas. Un buen ejemplo de esto lo tenemos en las explicaciones que encontramos, ya en el siglo XVIII, acerca de la perfección y la regularidad de las celdillas de los panales de abejas. En cualquier caso, coincidente con el mejor aprovechamiento posible del espacio, cada celdilla establece un estrecho contacto con las que la rodean sin dejar intersticio alguno. Como ya hemos señalado, las interpretaciones basadas en la tendencia a la perfección de la naturaleza oscilan desde la suposición de una inteligencia infinita, que ordena cómo deben actuar las abejas, al planteamiento de una capacidad de conocimiento matemático de estos insectos.

Pero hay otra explicación alejada de la perspectiva perfeccionista teleológica; se trataría de un enfoque materialista monista basado en la necesidad de los procesos naturales (energético-materiales) y en la contingencia de los sucesos. Así, se observa que en la naturaleza aparecen objetos diversos de simetría hexagonal siempre que estructuras cilíndricas —como ocurre con las columnas basálticas marinas— o esféricas son sometidas a presiones iguales. En el caso de los panales de abejas, cada gota de cera —y la abeja en su interior— tienden a ocupar el mayor volumen posible en el espacio disponible, donde el contacto de unas gotas contra otras las empuja a adoptar, necesariamente, una forma hexagonal. En esta forma de ver las cosas, genuinamente científica, sustituimos la teleología metafísica —no solo los dioses o los demiurgos, sino también una inteligencia infinita externa o la capacidad matemática de las abejas— por las leyes naturales de la física (la necesidad) y sus condiciones de actuación (la contingencia). No hace falta nada más para interpretar la maravillosa forma de los panales de abejas, la selección natural explica su perspectiva evolucionista.

Por otro lado, en oposición al mecanicismo —y sus limitaciones para explicar la complejidad de la vida— aparecen en el siglo XVIII diversas corrientes vitalistas, de marcado carácter teleológico, para dar cuenta de la finalidad de los seres vivos. En estas corrientes, y a diferencia del animismo, la **fuerza vital** como propiedad de la materia se «instala» en cada parte diferenciada del organismo para otorgarle sus características particulares; pero —al igual que hace Newton con la fuerza de la gravedad—, los vitalistas no se obsesionan por entenderla, solo la utilizan como interpretación de sus investigaciones. En oposición a la **máquina** del mundo o a la **perfección** extrema de lo vivo, los vitalistas pretenden conocer a los seres vivos mediante el estudio de sus estructuras visibles: deslindarlas y liberarlas de adherencias mecanicistas y metafísicas para intentar interpretarlas científicamente; pero, aunque la conclusión es vitalista, en el análisis de las partes de los seres vivos se aplica todo el rigor metodológico que la física ha ido consiguiendo a lo largo del siglo XVII (Jacob, 2014).

Especies encadenadas

La naciente historia natural realiza la primera descripción y clasificación de los seres vivos basada en el conocimiento y comparación de sus estructuras visibles y sus relaciones: ¿cuáles son semejantes y cuáles diferentes? Se inicia, pues, la observación, la especificación y la comparación de los organismos, más mediante el análisis de sus partes que por su visión global. Pero hay que elegir qué se confronta. Según Linneo, la descripción de las partes debe hacerse «según el número, la figura, la proporción y la situación». No se trata, por ejemplo, de comparar una planta con otra globalmente, sino de cotejar, según los criterios de Linneo, las partes de una y otra: pétalos, sépalos, hojas, estambres, pistilos, etc. El número de elementos por analizar y sus combinaciones posibles es enorme. La tarea es ingente y está llena de dificultades, aún más en aquella época. Jacob (2014) plantea algunas de ellas:

> *Primero, por la diversidad del mundo viviente: el número de variedades conocidas, que suman varias decenas de miles a finales del siglo XVII, aumenta sin cesar, y el microscopio ha privado de todo límite al mundo viviente.*

> *Segundo, por su continuidad: hasta el siglo XIX no solo no existe una frontera bien definida entre los seres y las cosas, sino que el mundo vivo forma una trama ininterrumpida. Todo es progresivo, gradual. La naturaleza no da saltos.*

> *La tercera dificultad para ordenar el mundo viviente estriba en que, como dice Buffon, «en la naturaleza no existen más que individuos, y los géneros, los órdenes y las clases solo existen en nuestra imaginación». En el límite, para reflejar fielmente la naturaleza, una clasificación de los seres debería ramificarse hasta el infinito. Debería comprender tantas categorías como individuos pueden existir. Pero entonces no sería posible la ciencia. Se trata de vislumbrar las «líneas de separación» allí donde todo parece continuo, de encontrar vacíos allí donde la naturaleza parece ignorarlos.*

Como veremos más adelante, estas dificultades que expone Jacob encuentran respuestas distintas, pero complementarias, en los trabajos de Cuvier y Darwin: de acuerdo con este último, la unidad y la unicidad (la diversidad extrema, llevada al carácter único de cada individuo) de los seres vivos solo pueden explicarse mediante un origen y una evolución común, donde la contingencia medioambiental sustituye a la generación continua de la cadena de los seres.

Jacob subraya la dificultad para clasificar los seres vivos, con palabras de Buffon: «Este es el punto más delicado de la historia de las ciencias: saber distinguir bien lo que hay de real en un sujeto de lo que nosotros introducimos de arbitrario al considerarlo». Este problema tiene que ver con las limitaciones humanas a la hora de enfrentarse con el conocimiento de la realidad. La imagen que obtenemos de ella puede tener mejor o peor perspectiva —en unos casos, veremos los «bueyes delante del carro» y, en otros, detrás— dependiendo de las ideas filosóficas que guíen nuestra interpretación; pero también podemos ver la realidad con más o menos píxeles, pero bien enfocada, dependiendo de los métodos analíticos que empleemos. Sin duda, la mejor clasificación de los seres vivos sería la individual, la que siguiera las ramas y ramitas de la evolución hasta cada ser vivo. Pero, obviamente, esto es imposible y, además, poco práctico: sería como intentar conocer la trayectoria singular de cada molécula de un gas. A pesar de todas estas dificultades, el genio de Linneo, aun desde una perspectiva creacionista, consiguió una clasificación tan ajustada al orden natural que dejó preparado el camino para las teorías evolucionistas venideras.

Para Linneo, la mejor clasificación posible de las plantas implica: la observación atenta, la descripción completa y rigurosa de todas las partes visibles y la extracción del **carácter** propio de cada una de ellas, algo así como una caricatura de cada planta, sus rasgos más característicos. Con esta simplificación, se trata ahora de comparar el carácter de unas plantas con el de otras, buscar sus similitudes y diferencias y, así, ir estableciendo jerarquías de clasificación o taxones, es decir, una taxonomía. Linneo distingue cinco categorías taxonómicas: reino, clase, orden, género y especie. Las especies presentan variedades, que Linneo explica por «una causa accidental, debida al clima, al terreno, al calor, a los vientos, etc.». Conviene reflexionar aquí sobre la explicación de este a la presencia de variedades en relación con la consideración de Buffon sobre la única existencia de individuos en la naturaleza, y no de taxones. Aquí hace falta ahondar en la relación entre las especies y sus medios para ver que las variedades suponen realmente la contingencia última y particular de poblaciones de individuos de una determinada especie adaptados a las condiciones singulares de sus respectivos medios.

Lo semejante genera siempre lo semejante: la clasificación natural por filiación

De todas las clasificaciones de los seres vivos que se proponen en el siglo XVII se van eligiendo las que reducen la arbitrariedad e intentan encontrar el orden en la naturaleza. Entre ellas, destaca el sistema natural de Linneo con su nomenclatura binomial, que designa a las especies con dos nombres: el primero, en mayúscula, hace referencia al género; y el segundo, en minúscula, indica la especie; así, por ejemplo, el nombre específico del lobo es *Canis lupus*. Hemos dicho que el sistema natural de Linneo preparó el camino a las teorías evolucionistas posteriores, y esto a pesar de su concepción creacionista. La explicación de esta paradoja viene de su celo por entender y ajustarse al orden natural. Linneo aplicó las ideas de Aristóteles, tintadas por la escolástica de la época, de identificar a los seres vivos por su **esencia**, entendida esta como una combinación de **género** y **diferencia**; y, junto con su concepción creacionista, buscó lo esencial de las plantas en lo relativo a «la generación ininterrumpida de las especies», esto es, a la continuidad estructural de la cadena de los seres, donde generación tras generación desde la creación, lo semejante genera siempre lo semejante. Este planteamiento, a pesar de sus problemas de enfoque, da un punto de objetividad a los sistemas naturales de clasificación: el parentesco entre los individuos, es decir, las relaciones de filiación en las especies. Esta búsqueda de la esencia de los seres vivos llevó al taxónomo sueco a centrar su investigación del orden natural no tanto en su estructura visible como en la continuidad generacional de la misma a través de las especies. En palabras de Linneo: «Contamos con tantas especies como formas creadas hubo en el principio». Así pues, el concepto de especie —y la relación de filiación entre sus miembros— es, desde el siglo XVII, la piedra angular de todos los sistemas naturales de clasificación biológica; aunque en su nacimiento es utilizado para poner orden en la continuidad, gradual y fijista, de la cadena de los seres desde su creación. Habrá que esperar hasta el siglo XIX, con Darwin, para concebir una filiación evolutiva de las especies en su idea de herencia con modificación.

La química nace entre la alquimia y la física, y abre camino a la biología

En el siglo XVII, con el avance del conocimiento de las ciencias naturales, nace la química. En este alumbramiento, tenemos por una parte la influencia del conocimiento empírico de la alquimia —de la mano de Lavoisier, entre otros—, pero liberado al fin de sus connotaciones mágicas y, por otra, el derivado de la física de Newton, que aunque mostró gran interés y dedicó mucho tiempo al estudio y práctica de la primera, no perdió la perspectiva de sus gigantescos logros en la segunda. Para Jacob (2014), Newton va descubriendo el mundo de la alquimia, con sus sustancias, pero desde la atalaya conquistada en el mundo de la física: a las leyes del movimiento de la mecánica añade ahora la noción de una materia constituida por partículas y de un espacio vacío por el que se desplazan, esto es, conceptos que se elevan sobre la experiencia de la física y de la alquimia, y las ideas de Demócrito y Leucipo. Aparece también el concepto de atracción entre las partículas que da coherencia al universo material, pero también proporciona una explicación científica a la unión preferente de unas sustancias con otras, que la alquimia relacionaba con la astrología. A partir del concepto de atracción se desarrolla el de afinidad como la fuerza que une sustancias diferentes en mayor o menor grado. Se observa que, en una mezcla de sustancias, unas son desplazadas por otras en función de sus afinidades relativas, que de esta manera pueden medirse, determinando el grado de desplazamiento de unas sustancias por otras. La afinidad de las sustancias es, como el carácter de las plantas, la marca que sirve para poner orden en la naciente química: contesta a las preguntas de tipo «qué», pero respondiendo al «cómo».

Lavoisier utiliza un método similar al de Linneo para clasificar las sustancias químicas, agrupándolas por sus propiedades comunes, por su «carácter» y por la forma de reaccionar los miembros de un grupo con los de otro. Al igual que ocurría con la botánica, es muy importante la nomenclatura de las sustancias químicas en función de sus propiedades generales y específicas; por ejemplo, carácter general de ácido y específico de tipo de ácido: ácido clorhídrico, ácido sulfúrico, etc.

Esta transición del mecanicismo de la física impulsado por Newton y que junto con el empirismo de Lavoisier sirve de partera a la naciente química, también influye en las ciencias de la vida. Si hasta entonces las preguntas del tipo «cómo» que se hacía la fisiología no pasaban del análisis mecánico de la circulación de la sangre impulsada por el bombeo del corazón, en el siglo XVIII este tipo de preguntas encuentra apoyo en los conceptos y métodos de la química. Se inicia así el estudio químico de la respiración y de la digestión. Lavoisier compara la respiración de un animal con la combustión de una vela: aplica los mismos métodos de estudio y extrae los mismos conceptos. El enorme genio de este gran científico abarca no solo el nacimiento de la química, también su enorme contribución a la biología y su menos conocida aportación a la geología —de la que, a no ser por su prematura muerte, también podría haber sido padre— con su inteligente visión de la dimensión temporal de la historia de la Tierra en la elaboración de columnas estratigráficas en los mapas geológicos. Con él, se abre una nueva época para el estudio funcional de cualquier órgano desde la química y, a diferencia del anterior estudio estructural de las partes visibles, la perspectiva funcional ofrece el vislumbre del organismo como un todo integrado de órganos, aparatos y sistemas en las denominadas funciones vitales. Esta visión orgánica funcional de los seres vivos va a permitir, al fin, salir del círculo vicioso de la generación, divina o mágica, de la cadena continua de los seres caracterizados por sus estructuras visibles; problema que en el caso de la generación espontánea se remonta al mundo clásico.

Capítulo 3
La función es prioritaria
a la estructura

De la generación espontánea a la reproducción

La idea de generación espontánea se puede incluir entre los planteamientos vitalistas como los que encontramos ya en la Grecia clásica con Anaximandro (610-545 a. C.), el cual planteaba que los seres vivos procedían de un «lodo primordial», mientras que Aristóteles (384-322 a. C.) consideraba la existencia de la «psyque» o «principio vital» que se manifestaba de modos diversos en plantas, animales inferiores, superiores y en el hombre. Este filósofo proponía, además, concepciones como la identidad entre materia viva y materia inerte, no reconociendo un límite muy claro entre lo vivo y lo no vivo. Admitía, por tanto, la posibilidad de generación espontánea de vida, esto es, que la materia denominada inerte, no organizada e incapaz de cambio, podía adquirir una psique o principio vital más o menos superior que le proporcionara naturaleza de ser vivo, es decir, capacidad de cambio. Por otra parte, en Roma predominaba una cultura técnica de concepción materialista donde podemos destacar a Lucrecio (98-55 a. C.), contrario a las ideas aristotélicas, que afirma: «Nunca nada ha nacido de la nada».

A continuación, vamos a ver el largo periodo (desde el siglo XVI hasta la segunda mitad del XIX) en el que la idea de generación espontánea se resiste a desaparecer, con manifestaciones diversas y frecuentemente acompañada de otras ideas coherentes con el vitalismo como la teleología y la prioridad de la estructura sobre la función.

En el siglo XVII, Francesco Redi (1626-1698) empleó el método experimental y logró demostrar fehacientemente que la carne putrefacta no «criaba gusanos por sí misma», sino que aquellos procedían de los huevos previamente depositados por una mosca. Estos experimentos supusieron un fuerte revés para la idea de la generación espontánea. Pero el avance de la microscopía con R. Hooke y A. van Leeuwenhoek no solo abrió el campo de la observación de tejidos y microorganismos, sino también la posibilidad de que estos últimos pudiesen surgir de esta forma.

En el siglo XVIII, Lázaro Spallanzani (1729-1799) calentó agua en un recipiente tapado hasta su ebullición y posteriormente la dejó enfriar evitando su contaminación. Demostró así que estos microorganismos proceden de huevos y esporas. Los partidarios de la generación espontánea objetaron que la fuerza vital no podía entrar con el aire en un recipiente tapado. Con esta argumentación, la idea duró otros cien años.

En 1861, Louis Pasteur (1822-1895) ideó unos experimentos para demostrar que los microorganismos solo aparecían como contaminantes del aire, y no espontáneamente. Utilizó unos matraces en cuello de cisne que permitían la entrada de oxígeno que se consideraba necesario para la vida, pero que con sus cuellos largos y curvos atrapaban las bacterias, las esporas de los hongos y otros microorganismos evitando que su contenido se contaminase. Demostró así que si hervía el líquido del interior para matar los microorganismos ya presentes y se dejaba intacto su cuello, no aparecería ningún microorganismo. Alguno de sus frascos, estériles todavía, siguen exhibiéndose en el Instituto Pasteur. Solo si se rompía el cuello del matraz, favoreciendo la entrada de gérmenes contaminantes, aparecían microorganismos. Pasteur proclamó: «La vida es un germen y un germen es vida».

Además de refutar la idea de la generación espontánea, estudios posteriores de Pasteur contribuyeron, junto a los de Robert Koch (1843-1910), al alumbramiento de la teoría microbiana de las enfermedades infecciosas. Estos grandes eventos supusieron el nacimiento de la microbiología como ciencia experimental.

Para completar el marco científico y filosófico del momento, recordemos que en 1859 Charles Darwin (1809-1882) publica su libro más señero, *El origen de las especies por medio de la selección natural*, y al mismo tiempo varios autores —Matthias J. Schleiden (1804-1881), Theodor Schwann (1810-1882) y Rudolf Virchow (1821-1902)— enuncian la teoría celular, donde se define la unidad mínima de vida. También en este esplendoroso momento para la biología, en el jardín de un monasterio de Brno, el abad Gregor Mendel (1822-1884) llevaba a cabo sus experimentos acerca de la transmisión hereditaria de caracteres a lo largo de generaciones de seres vivos. Sus resultados, presentados en 1865 y publicados un año después en una revista de escasa difusión, pasaron sin pena ni gloria ante los ojos de la comunidad científica de la época. Su trabajo no fue redescubierto hasta 1900 por tres investigadores que trabajaban de forma independiente: Hugo de Vries (1848-1935), Carl Correns (1864-1933) y Erich Tschermak (1871-1962).

Mendel había establecido una concepción de herencia particulada, frente a la idea confusa previa de herencia mezclada, al demostrar que los determinantes hereditarios se transmitían como elementos independientes de generación en generación.

El vitalismo perdura tras la refutación de la generación espontánea

Hemos visto cómo la idea de generación espontánea de vida ha ido siempre acompañada de un «principio, fuerza o impulso vital», de carácter más o menos divino y no sujeto a las leyes de la física y de la química, que transformase la materia inanimada en materia viva. Para los vitalistas, ninguna parte aislada de un organismo estaba viva; por el contrario, las propiedades de la materia viva eran de alguna manera compartidas por todo el conjunto del organismo. El fin de la generación espontánea y el establecimiento de la teoría celular, que situaba a la célula como unidad elemental de vida, acabaron definitivamente con esta versión del vitalismo, pero no del todo con él. Antes de continuar, conviene recordar que el vitalista Aristóteles mantenía, sin embargo, una concepción muy avanzada sobre la identidad entre materia viva y materia inerte.

En este estado de cosas, y de forma paradójica, Schwann y Pasteur se convierten en abanderados de una nueva formulación vitalista donde sostienen que las actividades químicas que realizan los tejidos vivos no se pueden realizar en condiciones experimentales de laboratorio, y establecen así dos categorías de reacciones: las «químicas» y las «vitales».

Frente a los nuevos vitalistas se alzaban los reduccionistas, así llamados porque creían que los complejos procesos de los sistemas biológicos podrían reducirse a otros más simples. El primer éxito de los reduccionistas vino de la mano del químico alemán Fiedrich Wöhler (1800-1882) cuando convirtió una molécula inorgánica, el cianato de amonio, en una orgánica, la urea.

No obstante, las afirmaciones de los vitalistas se fortalecieron porque, a medida que los conocimientos químicos mejoraban, se hallaron en los tejidos vivos muchos compuestos nuevos que jamás se habían visto en el mundo de lo no vivo o inorgánico. A finales de la década de 1880, el principal vitalista era Louis Pasteur, quien sostenía que los maravillosos cambios que tienen lugar al transformar el jugo de las frutas en vino eran «vitales» y solo podían realizarlos células vivas como las de la levadura. El opositor más importante a la teoría vitalista de Pasteur fue Justus von Liebig (1803-1873), considerado el padre de la química germana.

En 1898, otros alemanes —los hermanos Eduard Büchner (1860-1917), Premio Nobel de Química en 1907, y Hans Büchner (1850-1902)— demostraron que una proteína extraída de las células de levadura podía producir fermentación fuera de la célula viva. A esta sustancia se la denominó enzima (de la palabra griega *zyme*) que significa 'levadura' o 'fermento'. Se demostró que una reacción «vital» era química, cesando así la polémica con los vitalistas y sentando las bases de la bioquímica como ciencia.

No obstante, a pesar de la victoria de los reduccionistas sobre el vitalismo, las escuelas francesa, que enarbolaba la bandera de la célula como unidad vital, y alemana —más reduccionista y que veía a las proteínas como protagonistas de las reacciones químicas en los seres vivos— mantuvieron el enfrentamiento en diversos temas.

Uno de estos fue en la naciente inmunología, donde la escuela francesa —heredera de Pasteur, uno de los padres de esta ciencia— defendió la inmunidad celular centrándose en el macrófago. Por su parte, la escuela alemana desarrolló la inmunoquímica, al centrarse en proteínas con función inmunitaria, y defendió su vertiente humoral basada en los anticuerpos y otras proteínas presentes en los líquidos o humores del organismo.

A pesar de que el avance de la biología ha superado e integrado conceptualmente estas diferencias, todavía se mantienen las denominaciones química inorgánica y orgánica, e inmunidad celular y humoral.

El organismo definido por sus funciones vitales marca un orden interno coherente

Frente a la visión escolástica, confusa y caprichosa de las formas y estructuras de la cadena de los seres que eran continuamente repuestos por generación divina, poco a poco se fue imponiendo una concepción funcionalista, coherente e integrada que rechazaba cualquier tipo de vitalismo.

A finales del siglo XVIII la anatomía amplía sus objetivos: pasa de la descripción aislada de cada órgano a buscar la correlación funcional de los mismos y a comparar los distintos de un animal determinado o el mismo órgano en diferentes especies. Se establece así la anatomía comparada y, al cotejar las funciones semejantes, el carácter pasa de ser un elemento aislado a integrarse en un conjunto.

En el siglo XVIII las preguntas del tipo «cómo» en biología se orientan por los avances de los métodos y los conceptos de la química hacia el estudio de la respiración y de la digestión. La posibilidad que favorece esta nueva perspectiva de un enfoque funcional de los seres vivos permite vislumbrar al animal como un todo integrado de órganos, aparatos y sistemas relacionados por las funciones vitales. Pasamos así de contemplar al ser vivo como una máquina a considerarlo como un organismo. Esta perspectiva funcional cambia la visión fijista y ahistórica de la idea de **generación** —coherente con la idea de continuidad estructural por determinación divina que caracterizaba a las especies— al concepto de reproducción como función vital y a la idea de filiación evolutiva de las especies que experimentan cambios. Esta panorámica del organismo definido por su fisiología pone de manifiesto un orden escondido en su interior. En este nuevo enfoque la función es prioritaria a la estructura: el ser vivo surge como unidad funcional, y la evolución de sus órganos se produce siempre de forma integrada bajo la coherencia del organismo.

El abordaje funcional de los seres vivos en Buffon

En el siglo XVIII, uno de los principales autores que se plantea el abordaje funcional es Georges Louis Leclerc, conde de Buffon (1707-1788). Buffon tiene bien presentes las teorías físicas y químicas de Newton acerca de la atracción y la afinidad, respectivamente. Así, estas fuerzas son el resultado de interacciones invisibles entre las partículas o corpúsculos que componen la materia, y sobre ellas descansan las propiedades de los seres, sea cual sea su nivel de organización. La existencia de estas partículas era una exigencia lógica, que ya tenía Demócrito en su teoría atomista —«átomos y vacío»—. En el siglo XVIII, los corpúsculos que forman los seres vivos se denominan de diferentes maneras: algunos se refieren a ellas como partículas vivientes, Buffon las llama moléculas orgánicas, pero para todos ellos la situación relativa de estos corpúsculos determina la forma (o estructura) de los seres vivos y sus propiedades. Él pretende explicarlas apoyándose en las leyes de la moderna física newtoniana; así, los organismos pueden exhibir una gran diversidad mediante la combinación de las partículas vivientes.

Pero, como ya vimos en el capítulo anterior, hay que agrupar lo semejante para hacer posible la ciencia. Se trata de encontrar un equilibrio entre el concepto de especie de Linneo, cerrado y creacionista, y el totalmente abierto de Buffon. La nueva visión funcional del organismo cambia de forma notable la orientación del estudio de los seres vivos y abre el camino a su concepción transformista, tanto en este como sobre todo en Lamarck.

La perspectiva funcional en Lamarck. La importancia del medio para los seres vivos

Así pues, volviendo de nuevo a finales del siglo XVIII, vemos que la idea de que los caracteres deben ser tomados en su correlación funcional dentro de los órganos que integran el organismo está también en Lamarck.

Si en el siglo XVI y parte del XVII, desde una perspectiva creacionista, el determinismo sobre las partes y los caracteres aislados procedía del designio divino, a partir del siglo XX veremos cómo se instala un nuevo tipo de determinismo, el genético, que también propende a una visión parcial y aislada de los caracteres del organismo. Pero, desde la perspectiva funcional de su época, Lamarck aborda la clasificación de las plantas mediante la subordinación de los caracteres por la importancia de su función, como, por ejemplo, la reproducción. Lamarck establece así una jerarquía funcional de las estructuras que aplica a la clasificación, distinguiendo entre la organización interior de un animal, que responde al sistema integrado de relaciones funcionales, y su forma exterior.

En este momento emerge el concepto de organismo como integración funcional de órganos en oposición al análisis de las partes por separado, y esta concepción funcional lleva a establecer una relación permanente en el tiempo entre este y su medioambiente. No solo las partes de un ser vivo no están separadas en su funcionamiento, sino que los organismos tampoco están aislados de la naturaleza que los rodea, hay una continua interacción entre cada uno de ellos y su medio. Estos conceptos llevan a distinguir en la antigua cadena continua de los seres entre los orgánicos —formados por órganos integrados alrededor de las funciones vitales, y que crecen internamente por intususcepción— y los inorgánicos, que crecen por yuxtaposición o acreción de las sustancias que los forman. Se separan, al fin, los seres vivos de los inertes y nace la biología como ciencia de la mano de Lamarck y otros naturalistas; y esto le lleva a plantearse el problema del surgimiento de los primeros y el de su relación de adaptación a lo largo del tiempo con sus respectivos medios. Para el naturalista francés, los organismos actuales pueden haber surgido en tiempos distintos y, aunque él no se cuestiona la continuidad gradual de sus formas, piensa que se pueden transformar unas en otras mediante cambios graduales. Propone una teoría transformista o evolucionista —según se evalúe— que sustituya la idea de creación divina única. El denominar la teoría de Lamarck de una u otra forma no tiene en principio mayor alcance —Darwin, por ejemplo, no enunció su teoría como evolucionista—, pero sí lo tiene el subrayar las principales características de su pensamiento y sus diferencias con posteriores teorías de este tipo. Él creía que la continuidad gradual de los seres vivos se producía mediante una serie de transformaciones en dos dimensiones: la espacial —de adaptación al medio cambiante— y la temporal, resultado de la tendencia continua de la naturaleza a la perfección. Por lo tanto, Lamarck fue el pionero en proponer dos importantes características del ser vivo: la capacidad para generar diversidad y para adaptarse a los cambios en su medio natural. Su concepción, que hacía por conciliar la existencia de formas unicelulares y otros seres más complejos con su idea de una tendencia continua a la perfección y al progreso, sostenía que los seres vivos más primitivos surgirían continuamente mediante generación espontánea y evolucionarían en el tiempo mediante un impulso interno de cambio hacia una mayor perfección. Como resultado fallido de esta tendencia progresiva se producirían desviaciones adaptativas laterales en el espacio frente a los cambios del entorno.

Gould, en el capítulo III (páginas 204 a 207) de la edición en español de su libro *La estructura de la teoría de la evolución* (2004), afirma que, dentro de la teoría bifactorial de Lamarck, su idea de herencia se fundamenta principalmente en dos postulados relacionados con la interacción adaptativa entre el ser vivo y su medio:

- Uso y desuso.
- Herencia de los caracteres adquiridos.

«Aunque la teoría de la herencia resumida en el segundo principio se inspira en la cultura popular de su época, la revolución de Lamarck, una de las grandes intuiciones transformadoras en la historia del pensamiento humano, reside en el principio del uso y desuso, que traduce este modo de herencia en una teoría de la evolución: la inducción del cambio corporal por alteraciones previas del comportamiento. Lamarck reconoció claramente el papel central de este postulado, porque siempre citó esta secuencia causal contraintuitiva (del entorno alterado al cambio de hábitos y a la modificación corporal) como el eje de su sistema entero. En la *Philosophie zoologique* vuelve a enunciar este principio, igual que en las *Recherches* de 1802:

> *No son los órganos, es decir, la naturaleza y forma de las partes del cuerpo del animal, lo que ha dado lugar a sus hábitos y facultades especiales, sino que son, por el contrario, sus hábitos, su modo de vida y su entorno lo que ha controlado en el curso del tiempo la forma de su cuerpo, el número y estado de sus órganos y, finalmente, las facultades que posee (Lamarck, 2017).*

Lamarck establece así una relación de causa efecto, una prioridad de la función sobre la estructura, y subraya la importancia del medio sobre el ser vivo: «La naturaleza nos muestra en innumerables ejemplos el poder del entorno sobre el hábito y el del hábito sobre la forma, disposición y proporciones de las partes de los animales».

Gould piensa que muchas de estas ideas de Lamarck no son tan distintas de otras de Darwin: «Este primer conjunto de ideas lamarckianas no solo no tienen nada que pueda haber ofendido a Darwin, sino que varios de sus puntos expresan el más profundo espíritu funcionalista y adaptacionista de la visión darwiniana de la vida».

Para señalar bien la importancia de esta perspectiva evolucionista funcional vamos a saltar un momento hasta Darwin (1980) y la formulación de su teoría de la selección natural. Como es bien sabido, el biólogo británico se inspiró, entre otras, en sus observaciones y experiencias acerca de la práctica de criadores de razas domésticas, y de estos hechos le llama especialmente la atención que en la selección artificial el criador no se fije de forma exclusiva y aislada en el carácter que quiere seleccionar, sino que seleccione una constelación de variaciones, no una o unas pocas muy evidentes:

> *Por lo general, los criadores hablan de la organización de un animal como algo plástico, que se puede modelar a voluntad. Si la selección consistiera meramente en separar una variedad muy típica, y hacer cría de ella, el principio sería tan evidente como apenas digno de mención; pero su importancia reside en el gran efecto producido por la acumulación en una dirección, durante generaciones sucesivas, de diferencias absolutamente inapreciables para el ojo no experto.*

Darwin subraya la importancia de la selección mantenida en el tiempo que actúa sobre la organización de un animal, que integra un conjunto de caracteres y que lo modela como algo plástico. En la selección artificial, el medio moldeador y selector es el criador, en la selección natural lo constituye la propia naturaleza en evolución conjunta y coherente.

Hemos visto cómo desde el siglo XVI al XIX se produce un enorme cambio, tanto en el análisis de los objetos como en el desarrollo de las ideas que interpreten los hechos en los que aparezcan implicados, y que con frecuencia ambos avances no se producían a la vez. Así, para pasar de la idea de generación a la de evolución fue fundamental la intervención de Linneo y su concepción filiativa de las especies. Pero ha sido aún más importante la concepción funcional y organicista de los seres vivos de la mano de científicos tan diversos como Buffon, Lamarck y Cuvier, entre otros anteriores a Darwin.

La perspectiva funcional en Cuvier. Armonía funcional y discontinuidad estructural

Frecuentemente se simplifica y ridiculiza la aportación de muchos autores al desarrollo de la ciencia, como frecuentemente vemos con Lamarck, pero también ocurre algo parecido con su poderoso enemigo Cuvier —considerado como el malvado que le hizo la vida imposible—, al que además se le encasilla como creacionista y catastrofista. Sus enormes conocimientos en anatomía comparada y en paleontología lo llevaron a refutar la idea medieval de la cadena continua de los seres. A diferencia de Lamarck, Cuvier ataca la idea de continuidad de los seres y la de su permanente generación espontánea. Él ve saltos insalvables entre los organismos y en el registro fósil y, aunque no se plantea la transformación de unos en otros, como sí hace Lamarck, los explica mediante una sucesión de extinciones catastróficas seguidas por nuevas creaciones (no divinas, sino biológicas), que conducirían a los grandes tipos actuales, que exhiben discontinuidades abismales entre ellos. Cuvier introduce, de esta forma, en la biología las ideas de contingencia en los sucesos y de discontinuidad en la cadena de los seres, ambas esenciales para los posteriores planteamientos evolucionistas de Darwin.

Pero tanto o más importante es la perspectiva funcional en Cuvier, que sitúa la función delante de la estructura:

En la dependencia mutua de las funciones, en el auxilio que se prestan recíprocamente, se fundan las leyes que determinan las relaciones entre los órganos [...] en el estado de vida los órganos no están simplemente juntos, sino que se influyen mutuamente y todos concurren en un objetivo común [...] No existe función alguna que no precise de la ayuda y el concurso de casi todas las otras (Jacob, 2014).

Así, para este célebre anatomista el organismo animal es una unidad de funciones integradas con una enorme posibilidad de diversidad estructural, fundamentalmente en la parte más externa. Se abre un mundo de semejanzas funcionales y de diferencias estructurales: alas, patas y aletas para el movimiento; escamas, pelos o plumas para la protección; branquias o pulmones para respirar. Pero esa diversidad estructural no confunde a Cuvier. Aunque a primera vista pueda parecer caprichosa, no lo es, no se ajusta a las interpretaciones de designio divino que en el siglo XVI se daban a las formas visibles. Para él, los órganos no están meramente agrupados, sino que integran funcionalmente el organismo, y esta nueva forma de ver transforma la anatomía comparada. Ya no se comparan estas estructuras aisladas entre sí, sino en la coherencia de su dinámica funcional.

Esa búsqueda de armonía funcional en la diversidad estructural está también muy presente, como veremos, en las teorías de Darwin. Pero el francés sigue su pesquisa de encontrar esa armonía en las relaciones entre los órganos que coexisten en un organismo comparándola con la armonía funcional entre los de otro. De este modo, la anatomía comparada pone cierto orden en la, en principio, desconcertante diversidad estructural de la vida. Esa armonía entre órganos hace que, con uno o unos pocos huesos, los paleontólogos sean capaces de reconstruir el esqueleto e imaginar cómo sería el organismo entero. Todo esto impone a los anatomistas comparados la existencia de una jerarquía funcional que tiene un correlato estructural.

La prioridad de la función sobre la estructura se aplica también como criterio clasificatorio; ya no puede combinarse potencialmente toda la variedad estructural conocida, solo puede hacerlo aquella que es acorde con la necesaria armonía funcional. Así, para Cuvier: «Las diferentes partes de cada ser deben coordinarse para hacer posible el ser total, no solo en sí mismo, sino en sus relaciones con su entorno» (Jacob, 2014).

En las relaciones con su entorno, el ser vivo se encuentra con unas determinadas «condiciones de existencia». Aunque es Cuvier el que rompe con la cadena continua de los seres, debemos recordar que era una continuidad estructural; pero, en las «condiciones de existencia del entorno» y en sus «relaciones» con él, los seres vivos presentan una continuidad funcional. Así pues, para este paleontólogo existe una discontinuidad estructural debida a la contingencia agrupada en cuatro planes o tipos básicos, y una continuidad funcional debida a las condiciones de existencia en el entorno. La armonía funcional hace que la diversidad estructural esté en consonancia con la función que cada ser vivo realiza en su medio —lo que actualmente denominamos su nicho ecológico—, en un herbívoro todas sus estructuras son acordes: dientes de herbívoro, estómago de herbívoro, pezuñas de herbívoro, etc.

Solo las necesidades funcionales básicas dan continuidad a la vida, y no la infinitud de pequeñas diferencias graduales en los caracteres estructurales que contemplaba la idea de la cadena continua de los seres. Es difícil no comentar, aunque sea de pasada, el paralelismo que existe entre esta concepción medieval de la naturaleza y la actual de pequeños cambios genéticos graduales que mejoren de forma inconexa las estructuras vivas. La armonía funcional en la diversidad estructural se escapa a los planteamientos del programa genético, tanto en el dogma central de la biología molecular como en la nueva síntesis neodarwinista. En estos planteamientos desaparece el organismo y reaparece el análisis reduccionista e incoherente de las partes, llegando hasta el análisis de las frecuencias alélicas, que generalmente solo son cambios en las secuencias del ADN sin manifestación fenotípica alguna.

Son las funciones vitales básicas —de nutrición, relación y reproducción— las que desde la enunciación de la teoría celular a mediados del siglo XIX definen la unidad de vida. En la época de Cuvier no se tenía esta formulación tan precisa de la célula, pero sí presentes las funciones vitales y sus subfunciones en la anatomía y fisiología: alrededor de estas, la unidad siempre presente del organismo ha ido organizando su soma en órganos, sistemas y aparatos en función de su relación con las condiciones de existencia del entorno. Cuvier hace una jerarquía entre los órganos más o menos esenciales, y sitúa a los primeros en el interior de la estructura viva y a los segundos en el exterior:

> *Cuando se llega a la superficie, lugar escogido por la naturaleza de las cosas para situar precisamente allí las partes menos esenciales y cuya lesión entraña menos peligro, el número de variedades llega a ser tan grande que todos los trabajos de todos los naturalistas juntos aún no han conseguido darnos una idea (Jacob, 2014).*

Este enfoque me parece muy profundo, en claro contraste con el Cuvier meramente catastrofista y creacionista que nos suelen presentar. En primer lugar, la distinción entre un núcleo interno esencial y una periferia variable está profundamente arraigada a la estructura de los principales niveles de organización de la materia: los átomos, las proteínas (como nivel biológico supramolecular), las células y los individuos pluricelulares. Los átomos presentan un núcleo que caracteriza el elemento correspondiente en la tabla periódica. Las proteínas también presentan un núcleo hidrofóbico ordenado (*core*) que permite el empaquetamiento esencial del tipo de proteína, y una periferia hidrofílica que permite una variabilidad de interacciones —más o menos específicas, y con distintos grados de afinidad— en función de su plasticidad conformacional ante diferentes ligandos. Las células también se caracterizan por un núcleo portador de la información genética y epigenética esencial del tipo celular, y una periferia definida por una membrana con receptores proteicos específicos de cada célula y que interaccionan con la información contingente del medio. En lo referente a los individuos pluricelulares, me remito a lo expuesto por Cuvier; quizá tan solo añadir que el cerebro también presenta una estructura similar, donde en el núcleo está lo esencial automatizado y en la periferia, en vanguardia, lo nuevo en acción directa con el medio exterior.

En general, podríamos concluir que, al menos en la evolución biológica, el interior responde a lo seleccionado hace tiempo, a lo ya fijado, a lo que, como ya veremos, y en términos de Monod, se puede denominar necesidad teleonómica o, en términos más generales, necesidad fisiológica, mientras que la variabilidad exterior responde al incesante juego entre la contingencia del entorno y la inmediata necesidad en la respuesta adaptativa de las funciones y estructuras previas. Estas reflexiones ponen algo de luz a la paradoja —frecuentemente planteada por distintos autores, como E. Mayr— entre una filosofía esencialista, más propia de la física, y una variacionista, más propia de la biología.

La perspectiva funcional en Darwin. La contingencia del medioambiente en la ontogenia y en la filogenia

En la embriología los descubrimientos de K. E. von Baer (1792-1876) están en línea con los de Cuvier respecto a la discontinuidad entre los grupos de seres vivos: observa cuatro tipos de desarrollo embrionario que coinciden con los que el sabio francés identifica en sus estudios de anatomía comparada. Pero, además, también distingue entre interno y externo en el espacio y entre próximo y lejano en el tiempo: «Los rasgos más generales de un grupo aparecen en el embrión antes que los rasgos más especiales. Las estructuras menos generales nacen de las más generales, hasta que finalmente aparecen las más especiales» (Jacob, 2014).

Estas conclusiones de Von Baer las llevaría más tarde E. Haeckel (1834-1919) al campo de la evolución en su expresiva ley biogenética: «La ontogenia recapitula la filogenia». Aunque actualmente el término «evolución», fundamentalmente si es evolución darwiniana, tiene otro significado, etimológicamente —y sobre todo en aquella época— tenía el significado de 'despliegue' (del latín *evolvere*), más propio del desarrollo embrionario, finalista y progresivo. Así, antes de que Haeckel enunciara la ley biogenética, el embriólogo von Baer ya tenía un barrunto de la relación en el espacio y en el tiempo de la evolución propia de la ontogenia, pero no estaba de acuerdo con la teoría de la evolución filogenética de Darwin, donde bajo este término se teje una compleja red de relaciones medioambientales de forma contingente, sin dirección ni propósito alguno. No obstante, tanto von Baer con la embriología como Cuvier con la anatomía comparada y la paleontología ponen los cimientos para la construcción de la teoría darwiniana. Cada uno en su campo distingue entre órganos más internos —los más importantes, los que aparecen en primer lugar y definen a cada uno de los cuatro grandes grupos— y órganos más superficiales, más variables, tardíos y definidores de los sub-grupos y pequeñas ramificaciones de los grandes taxones.

En términos evolutivos, la estructura interna de los animales respondería a la adaptación a los cambios del entorno en el pasado, definidora de los grandes tipos esenciales, mientras que la estructura más superficial estaría asociada a la interacción contingente más reciente entre el organismo y su medio, generadora de una explosión de diversidad adaptativa. El juego entre presente y pasado, entre lo actual y la historia, entre ontogenia y filogenia, es también el juego en interacción incesante entre las estructuras internas y externas. Por lo tanto, es cada ontogenia particular la que durante la existencia del ser vivo va tejiendo la tela de araña de la filogenia, pero para ello, cual arácnido, la nueva ontogenia recorre desde su inicio embrionario la red tejida por sus ancestros en la filogenia. Así, las nuevas tendencias mantenidas a lo largo de ontogenias sucesivas van tejiendo paulatinamente la reciente filogenia.

Ya habíamos comentado que la búsqueda de armonía funcional en la diversidad estructural está también muy presente en las teorías de Darwin. En el título de su libro principal, *El origen de las especies por medio de la selección natural, o la preservación de las razas favorecidas en la lucha por la vida*, Darwin ya hace referencia a la variabilidad dentro de la constancia entre las especies y al papel selector de esta diversidad por el medio natural. Como ya hemos visto, en aquel momento, además del cambio en el concepto de especie y de la influencia del medio en la función y estructura del ser vivo, la medieval idea de generación divina había sido sustituida por la fisiológica de reproducción. Esta nueva concepción exigía algún tipo de información que pasara mediante células, sexuales o no, de una generación a la siguiente, es decir, algún tipo de herencia. Por tanto, la teoría de Darwin nacía, al igual que la de Lamarck, con dos dimensiones de cambio: una en el espacio, de adaptación al medio, y otra en el tiempo, de formación de nuevas especies por reproducción diferencial de las más aptas. Algunas de las grandes diferencias con Lamarck no tienen tanto que ver con la idea de herencia de los caracteres adquiridos —que, con matices, estaba en la teoría de la pangénesis de Darwin—, sino fundamentalmente en la orientación teleológica del francés de tendencia a la perfección frente a la absoluta falta de dirección y propósito en la evolución temporal dentro de la teoría darwiniana. Además, Lamarck se apoyaba en la constante generación espontánea de formas inferiores que se irían transformando en esa escala de progreso rellenando los huecos dejados en la cadena continua de los seres.

En Darwin, el cambio en las especies producido a lo largo del tiempo no busca ningún fin ni es el resultado de ningún programa de desarrollo, como ocurre en la ontogenia; de acuerdo con Haeckel, la ontogenia recapitula la filogenia, pero esta es impredecible —no hay camino, solo las estelas de lo ya navegado— y está a merced de la contingencia medioambiental. De hecho, Darwin no utilizó el término «evolución» en su *Origen de las especies,* sino la idea de «herencia con modificación».

La teoría de la evolución por selección natural de Darwin se apoyó, de forma más o menos consciente, en el desarrollo previo de algunas ideas como la definición funcional del concepto de especie y la unidad formada por las interacciones entre el organismo y su medio natural. Los seres vivos mantienen un equilibrio dinámico y armónico con sus medios cambiantes, pero de forma contingente, sin propósito alguno.

El concepto de medio tiene varios significados según distintos autores; así, puede significar de manera más vaga solo el entorno; el ambiente fisicoquímico; el medioambiente, considerando los factores abióticos y bióticos o, de una manera más específica, el medio como el conjunto de seres vivos que son significativos para los individuos de una determinada especie, esto es, que mantienen con ellos relaciones intra e interespecíficas significativas para su comportamiento, función y estructura, como, por ejemplo, el modelamiento mutuo que ejercen entre sí gacelas y guepardos como presa y depredador. En este concepto de medio se modifican mutuamente todos los seres vivos que se relacionan significativamente. *Sensu lato*, la unidad en permanente cambio constituida por las interacciones entre un organismo y su medio origina permanentemente información. Este continuo equilibrio dinámico produce una sucesión de estados informativos definidos por las variaciones en la función y la estructura de los seres vivos (su evolución) y en la de los ecosistemas que integran la biosfera.

Para una **teoría general de la información**, debemos tener siempre en cuenta que todos los niveles energético-materiales de la realidad están interconectados y que no hay ningún ser que tenga una existencia independiente en sí mismo. Todos los seres materiales son pura **interacción**, tanto en su origen como en su naturaleza y evolución. Es muy importante tener esto presente al estudiar los niveles de ser vivo partiendo de la actual biología que aísla la información y la herencia de la influencia del medio. Los seres vivos no son sin su medio, y la vida es un auténtico telar con su urdimbre y su trama.

Esta perspectiva relacional y reticular de la realidad material nos lleva a preguntarnos una vez más, ¿la vida surge de las interacciones materiales en todos los rincones del cosmos que cumplan unas determinadas condiciones físicas y químicas o es un producto especial fruto de la ruleta cósmica? Yo me cuento entre los biólogos que optan por la primera posibilidad. A mi parecer, la vida surge cuando las interacciones necesarias, esto es, que no pueden dejar de ser de acuerdo con las leyes físicas y químicas terminan haciéndose funciones y estructuras vitales —con una plasticidad adaptativa creciente— seleccionadas por la sucesión de contingencias ambientales de la naturaleza.

La biología tiene que elegir entre la lógica del azar y la necesidad —donde la estructura es acertada en la ruleta de la mutación al azar y precede a una necesidad funcional finalista—, o la de la necesidad y la contingencia concatenadas. Se trata de explicar la historia de interacciones coherentes que va de la formación del tejido espaciotemporal del universo al telar de la vida.

En esta lógica, en el próximo capítulo veremos cómo Darwin, partiendo del estado del conocimiento de su época, abrió camino a la forma funcional de contemplar la naturaleza en evolución.

Capítulo 4
Los organismos en la naturaleza

Los organismos existen en función de la naturaleza de la que forman parte

En el capítulo anterior vimos que el organismo surge mediante una integración funcional de órganos, en constante interacción con el medioambiente, pero lo importante no es ya que el primero surja como un ente unitario frente al segundo, sino que ambos constituyan una unidad indisoluble. En esta concepción, la naturaleza, en constante interacción, modela y selecciona al ser vivo, pero también en parte es modelada por él. Así, la selección natural darwiniana siempre es coselección y puede considerarse como el estado dinámico en cada momento del conjunto. Como veremos con más detalle en capítulos posteriores, este todo en continuo cambio explica la aparente paradoja entre la contingencia y la coherencia de la ecosfera como ecosistema global terrestre. Por una parte, la coherencia de la naturaleza viene dada por la necesidad de los fenómenos físicos y químicos presentes en todos los niveles de integración, tanto los abióticos como los bióticos, y en la evolución de sus estados dinámicos. Por otro lado, la contingencia resulta de los sucesos inesperados, pero posibles e incluso probables, que acontecen a lo largo de la evolución de la ecosfera. Además de considerar todos los aspectos coherentes del entorno del ser vivo que le afectan, debemos atender a la plasticidad fenotípica de este en sus vertientes genética y epigenética.

Por el contrario, en la perspectiva que coloca la integración funcional subordinada a la prioridad de las estructuras, estas aparecen de forma incoherente —del capricho divino o del azar genético— y la naturaleza actúa como un portero de discoteca seleccionando las que funcionen mejor.

Genotipo y fenotipo: ¿quién tiene la prioridad? Mendel y Darwin

Como es bien sabido, Darwin (2008) propuso una teoría de la herencia de carácter lamarckiano, la pangénesis, basada en la «herencia del uso y del desuso»: los hábitos adquiridos por un individuo modificarían sus órganos corporales y estos producirían unas entidades microscópicas denominadas «gémulas», que se acumularían en las gónadas, transfiriendo así las modificaciones de los órganos de los progenitores a los órganos de la descendencia. Darwin y su teoría de la pangénesis, desacreditada en varias ocasiones, encontraría actualmente consuelo en las recientes investigaciones sobre los exosomas (ver capítulo 7), vesículas extracelulares diminutas que intervienen en la comunicación entre todos los tipos celulares, incluidos los gametos. Están cargadas de lípidos y un amplio surtido de proteínas y ácidos nucleicos que varía en función del tipo celular y de su estado fisiológico: proteínas de adhesión celular, de fusión, transportadores de membrana, citoesqueléticas, de señalización intracelular, relacionadas con la síntesis de proteínas, de respuesta a estrés, enzimas variadas y, también, varios tipos de ARN, así como múltiples fragmentos de ADN que portarían secuencias de todos los cromosomas.

A diferencia de Lamarck, en la teoría de Darwin de la selección natural la evolución se produce sin propósito previo ni sentido alguno mediante la generación previa de variación individual (la pangénesis, en su opinión), lo que conlleva un aumento de las posibilidades de sobrevivir y de reproducirse —selección natural y selección sexual— de los individuos más adaptados a los cambios del medioambiente. Él sabía, por la práctica de los criadores de razas domésticas, que las especies albergan una fuente inagotable de variabilidad y que la selección natural era independiente de los mecanismos generadores de dicha variabilidad.

Así, en el capítulo IV de *El origen de las especies por selección natural*, Darwin (1980) nos dice que

la variabilidad que encontramos casi universalmente en nuestras producciones domésticas no está producida directamente por el hombre [...]. Tengamos también presente cuán infinitamente complejas y rigurosamente adaptadas son las relaciones de todos los seres orgánicos entre sí y con las condiciones físicas de vida. Si esto ocurre, ¿podemos dudar —recordando que nacen muchos más individuos de los que acaso pueden sobrevivir— que los individuos que tienen ventaja, por ligera que sea, sobre otros tendrían más probabilidades de sobrevivir y procrear su especie? A esta conservación de las diferencias y variaciones individualmente favorables y la destrucción de las que son perjudiciales, la he llamado yo selección natural o supervivencia de los más adecuados. Varios autores han interpretado mal o puesto reparos a la expresión selección natural. Algunos hasta han imaginado que la selección natural produce la variabilidad, siendo así

que implica solamente la conservación de las variedades que
aparecen y son beneficiosas al ser en sus condiciones de vida.

Por otra parte, la historia que conduce a Mendel y sus leyes entronca con el siglo XVII cuando la idea de generación espontánea mantenía aún su fuerza y dos teorías competían acaloradamente por explicar la herencia. Así, en este siglo los **animalculistas** o **espermistas** —de la mano de Antoine de Leeuwenhoek (1632-1723)— y los **ovistas** —liderados por Reigner de Graaf (1641-1673)— creían respectivamente que espermatozoides y óvulos portaban en exclusiva las características de animales y humanos, mientras que la otra célula solo cumplía funciones accesorias para el crecimiento del embrión y del feto.

A mediados del XIX, estas teorías comenzaron a resquebrajarse fundamentalmente por la práctica empírica de maestros jardineros que perseguían la obtención de nuevas especies florales de carácter ornamental. Estos se dieron cuenta de que en los cruces realizados tanto las células masculinas como las femeninas contribuían a las características de las nuevas plantas.

Así pues, ya estaba claro que los dos progenitores aportaban caracteres, pero ¿en qué proporción? ¿Cómo se combinaban los centenares que poseía cada planta? La respuesta más común en aquella época era: la herencia por mezcla. Esta idea suponía que cuando se fusionan las células sexuales o gametos masculino y femenino, el material hereditario que contienen se uniría de forma similar a como lo haría una mezcla de colorantes. Pero esta idea no arrojaba mucha luz sobre la herencia. Mendel realizó sus conocidos experimentos en este contexto, y su gran mérito fue desentrañar el mecanismo de transmisión de los factores de herencia o determinantes hereditarios (posteriormente denominados genes) con una concepción de herencia particulada.

Darwin no llegó a conocer los trabajos de Mendel, y eso ha servido como argumento para disculparle algunos supuestos dislates acerca de la herencia, como la pangénesis; aunque también es posible que sus observaciones y conclusiones en este tema, complementarias de las de Mendel, no hayan sido bien valoradas.

Así, mientras Mendel abordaba el estudio estadístico de la herencia analizando uno o dos caracteres, Darwin —en el capítulo I de *El origen de las especies por selección natural*— planteaba la importancia de la selección artificial practicada por los criadores de razas domésticas y su extrapolación a la comprensión de la evolución en la naturaleza:

> *La clave está en el poder del hombre para la selección acumulativa: la naturaleza produce variaciones sucesivas, y el hombre las aumenta en determinadas direcciones que le son útiles [...]. Por lo general los criadores hablan de la organización de un animal como algo plástico, que se puede modelar a voluntad [...]. Si la selección consistiera meramente en separar una variedad muy típica, y hacer cría de ella, el principio sería tan evidente como apenas digno de mención; pero su importancia reside en el gran efecto producido por la acumulación en una dirección, durante generaciones sucesivas, de diferencias absolutamente inapreciables para el ojo no experto.*

Aquí Darwin resalta de forma complementaria al valiosísimo trabajo de Mendel la importancia de la selección mantenida en el tiempo —tanto la artificial como, mucho más, la natural— en el fabuloso despliegue de formas producidas mediante una fina adaptación al medioambiente. Pero lo más importante es su llamada de atención acerca de que es precisa una constelación de variaciones («absolutamente inapreciables para el ojo no experto»), no una o unas pocas muy evidentes. Adelantándonos al siglo XX, esta observación subraya la importancia de la recombinación durante la formación de las células sexuales como mecanismo de cambio genético coherente. A diferencia del planteamiento genético de la actual teoría sintética de la evolución, focalizado en las frecuencias relativas de las variantes de genes aislados que mutan, Darwin se centra directamente en el fenotipo —las propiedades observables de un ser vivo— considerado como un todo funcional, y en el papel del ambiente selector de este. Darwin subraya el carácter conservador y acumulador —y no generador directo de variaciones— de la selección natural merced a la reproducción diferencial de los individuos de una especie que presentan los fenotipos más adecuados.

Algunos autores de la teoría sintética, como Ernst Mayr (1904-2005), mantienen una actitud más integradora al opinar que «es el genotipo como un todo el que responde a la selección natural». Aunque no se aleja mucho de la dura ortodoxia: «No puede haber influencia del ambiente heredable, ni herencia de los caracteres adquiridos. Los naturalistas [...] al igual que Darwin, casi todos ellos tendieron a creer simultáneamente en la existencia de una cierta proporción de herencia blanda».

Sin entrar aquí en el tema, la complejidad de los seres vivos y sus procesos ha puesto de manifiesto una serie de patrones de información y herencia epigenética que implican el manejo modular de los genes: cuáles se usan y en qué orden frente a los cambios ambientales. Como veremos mejor posteriormente, la epigenética responde a la información y herencia relativa a la evolución singular de los seres vivos de los niveles celular y pluricelular, y comprende los cambios heredables de la expresión génica o del fenotipo sin que se produzcan cambios en las secuencias de ADN.

Vamos a finalizar esta parte del libro dedicada a la historia y filosofía de la biología hasta el final del siglo XIX con una reflexión acerca de cómo Darwin consiguió resolver el «misterio de los misterios», en palabras de John Herschel, y de cómo su teoría sobre el origen de las especies fue peor acogida que su idea general de la evolución. Intentaremos ver al científico en su época, su carácter y sus circunstancias vitales.

¿Cómo llegó Darwin a construir su teoría de la evolución por selección natural?

Aun después de la exitosa publicación de *El origen de las especies por medio de la selección natural*, Darwin se sentía incomprendido en la esencia misma de su construcción teórica evolucionista. Así, en su autobiografía (1887) declara:

> *Se ha dicho a veces que el éxito de El origen demostraba que «el tema flotaba en el ambiente», o que «la mente humana estaba preparada para él». No creo que sea estrictamente cierto, pues, de vez en cuando, sondeé a no pocos naturalistas y jamás me topé con ninguno que dudara, al parecer, sobre la permanencia de las especies. Ni siquiera Lyell o Hooker parecieron estar nunca de acuerdo conmigo, a pesar de que solían escucharme con interés. En una o dos ocasiones intenté explicar a personas capaces qué entendía yo por selección natural, pero fracasé rotundamente. (Darwin, 2008).*

¿En qué radica entonces la dificultad para entender una idea en apariencia sencilla? ¿De dónde viene el rechazo e incomprensión a la teoría darwiniana que en parte llega a nuestros días? Muchos autores coinciden en que los problemas con la obra de Darwin vienen del concepto de selección natural, de su significado en la evolución biológica, lo que él denominaba «mi teoría».

Para algunos autores darwinistas actuales, pero críticos con ciertos aspectos de la teoría evolutiva del naturalista inglés, el problema de aceptación de la teoría de la selección natural tal como la formuló Darwin es de índole filosófica, cuando no religiosa. Así, en 1977 Stephen Jay Gould se pregunta:

¿Por qué ha resultado Darwin tan difícil de asimilar? [...] convenció [...] de que la evolución se había producido, pero su propia teoría acerca de la selección natural jamás llegó a alcanzar gran popularidad en el transcurso de su vida. No se impuso hasta la década de 1940, e incluso hoy en día [...] sigue siendo ampliamente mal interpretada, se cita con errores y se aplica mal (Gould, 2010).

Gould continúa explicando que el problema radica en el planteamiento filosófico materialista de Darwin, explicitado en sus cuadernos de notas M y N de 1838-39:

Darwin temía sacar a la luz algo que percibía como mucho más herético que la propia evolución: el materialismo filosófico, el postulado de que la materia es la base de toda la existencia y de que todos los fenómenos mentales y espirituales son sus productos secundarios. No existía idea alguna que pudiera resultar más demoledora para las enraizadas tradiciones del pensamiento occidental que la afirmación de que la mente —por compleja y poderosa que fuera— era un producto del cerebro [...]. Otros evolucionistas hablaban de fuerzas vitales, historia dirigida, aspiraciones orgánicas e irreductibilidad esencial de la mente: todo un abanico de conceptos que el cristianismo tradicional podía aceptar a modo de compromiso, ya que permitían la intervención de un Dios cristiano que operaría a través de la evolución en lugar de la creación. Darwin no hablaba más que de variaciones al azar y selección natural [...] A. R. Wallace, el codescubridor de la selección natural, jamás fue capaz de aplicarla al cerebro humano, al que consideraba la única contribución divina a la historia de la vida.

A este respecto, y dejando aparte a los creacionistas más recalcitrantes, Eldredge (2009) y Gould (2010) comentan las distintas posiciones filosóficas y religiosas de algunos autores, evolucionistas o no, donde se aprecia la radical diferencia con el materialismo monista de Darwin.

En primer lugar, conviene mencionar a Wallace por su proximidad y mérito en la formulación de una teoría de la evolución por selección natural, de forma independiente a la realizada por Darwin, y subrayar el carácter netamente dualista de su concepción diferencial de la mente y del cerebro humanos. Como ya hemos visto, el dualismo de Wallace contrasta radicalmente con el materialismo monista de Darwin, que postula que la mente es un producto del cerebro en evolución. Así, en su libro *El origen del hombre* (Darwin, 2004) nos dice:

> *Debió realizarse un extraordinario progreso en el desarrollo del entendimiento, así que entró en uso, mitad por arte y mitad por instinto, el lenguaje, pues el hábito repetido de la palabra al obrar activamente sobre el cerebro y producir efectos hereditarios, impulsaba a la vez el perfeccionamiento del lenguaje [...] el volumen del cerebro humano, en relación con el cuerpo, comparado con el de los animales inferiores, puede atribuirse principalmente al uso precoz de una forma simple de lenguaje; esa máquina admirable, que fija nombres a toda clase de objetos y cualidades y provoca series de pensamientos que nunca habrían surgido de la sola impresión de los sentidos, y que, por otra, no podrían seguirse, aunque estos los hubieran provocado, sin el lenguaje. Las facultades intelectuales del hombre más elevadas, como las de raciocinio, abstracción, propia conciencia, etc., son probablemente consecuencias del constante mejoramiento y ejercicio de las otras facultades intelectuales.*

Y más adelante, hablando de la selección sexual, añade:

El que admita el principio de la selección sexual, se verá conducido a la notable conclusión de que el sistema nervioso no tan solo regula la mayor parte de las funciones existentes en el cuerpo, sino que ha influido directamente sobre el progresivo desarrollo de varias estructuras corporales y de ciertas cualidades mentales [...] y estas facultades del entendimiento dependen manifiestamente del desarrollo del cerebro (Darwin, 2004).

Ambiente científico en la época de Darwin

A este respecto, Eldredge (2009) apunta que los intelectuales y científicos se dividían principalmente en dos grandes grupos: el de los clérigos, que dedicaban parte de su abundante tiempo libre al estudio del mundo natural, y el de los hombres con fortuna suficiente para poder dedicarse a la ciencia. Entre los que tuvieron mayor influencia en Darwin encontramos a Adam Sedgwick y a John Stevens Henslow, ambos sacerdotes y profesores de universidad; y, entre los segundos, podemos destacar a Charles Lyell, abogado prestigioso que, a pesar de su fortuna familiar y personal, le dedicaba tanto tiempo y pasión a la ciencia como para dar clases en la universidad y ser uno de los padres de la geología moderna. Lyell siguió los pasos de su predecesor James Hutton, que introdujo la noción del tiempo geológico en gran escala y enunció el principio geológico del uniformismo: «el presente es la clave para entender el pasado». Por su parte, el discípulo amplió las ideas uniformistas de Hutton en su obra *Principios de geología*, destacando el carácter gradual de los fenómenos actuales para entender los pasados, en oposición a las explicaciones catastróficas del relato bíblico como el diluvio universal. La lectura de este libro durante el viaje de circunnavegación en el Beagle, que duró cinco años, influyó notablemente en Darwin. Las posiciones gradualistas de este, de las que dudaba en ocasiones, tenían este origen geológico y en la biología se oponían al catastrofismo de Cuvier.

Pero entre estos dos grupos —los clérigos y los hombres con fortuna personal suficiente— estaban emergiendo científicos de nuevo cuño: los denominados profesionales, que como profesores universitarios percibían un sueldo por su trabajo, pero sin ninguna vinculación a los oficios religiosos.

Darwin estableció contacto con muchos de estos, por ejemplo, Robert Grant, profesor de la Universidad de Edimburgo, que le inició en la metodología rigurosa de la recogida de muestras de invertebrados para su estudio. Grant era, además, un evolucionista y, en este sentido, admiraba la obra *Zoonomía* del abuelo de Charles, Erasmus Darwin, así como el pensamiento de Lamarck. Joseph Hooker fue otro de ellos, pero en el campo de la botánica, con el que Darwin mantuvo una constante relación de amistad y respeto mutuo, aunque no compartieran muchas de sus ideas sobre el mundo natural.

Pero, sin duda, el científico profesional más importante para Darwin fue Thomas Henry Huxley, prestigioso profesor de Anatomía Comparada y gran protector de Charles, que defendió con gran convicción y fiereza *El origen de las especies* hasta el punto de recibir el apodo de «Bulldog de Darwin». Con la publicación de *El origen...* en 1859, Huxley encontró una nueva concepción del mundo de los seres vivos con la que enfrentarse a su colega Richard Owen —director de la colección de ciencias naturales del Museo Británico— y, asimismo, a las ideas religiosas sobre la naturaleza. Como la mayoría de los anatomistas de la época, Owen era esencialista, se oponía a la evolución biológica y creía en la existencia de «arquetipos» anatómicos básicos creados por Dios.

Por su parte, Charles Darwin gozaba de una gran independencia económica, religiosa y política —no necesitaba trabajar para vivir, ni como clérigo ni como profesor universitario— por lo que en principio podría disponer de una total libertad de pensamiento; pero, como veremos, estas circunstancias lo llevaron a padecer una enorme soledad: la soledad de un científico aficionado, firme defensor de sus ideas, de carácter conciliador en el trato personal, pero no acomodaticio ni condescendiente en el compromiso con su obra científica. Quizá no fuera totalmente consciente del alcance de su decisión de ser un científico independiente, al modo de Lyell, aunque no llegó a ser profesor de universidad. Recordemos que Darwin comenzó su carrera científica como geólogo, precisamente siguiendo los pasos de Lyell; pero es su paso a la biología y, sobre todo, el descubrimiento de su teoría, la selección natural, lo que marca su posición diferencial con el resto del mundo científico.

Circunstancias vitales que forjaron la obra de Charles Darwin

Pero ¿cómo era Darwin?, ¿cómo era ese genio que dio un giro copernicano a la forma de ver la naturaleza, incluido el ser humano como un producto más en ella?, ¿de dónde surgió tanto talento? Pese a la complejidad del tema, vamos a intentar aproximarnos a algunas de las circunstancias vitales que, al parecer, pudieron tener mayor significación en el desarrollo de su gigantesca obra y en la aceptación que esta tuvo en el mundo científico.

En su autobiografía (Darwin, 2008), agrupa sus recuerdos alrededor de tres etapas, destacando la importancia central del viaje del Beagle en el desarrollo de su carrera.

La etapa de formación inicial —previa al viaje del Beagle— es donde el naturalista inglés analiza las características heredadas de sus padres: sus capacidades mentales congénitas y su temperamento, junto con los recuerdos, principalmente familiares y académicos, de las circunstancias que le llevaron a modelar inicialmente su mente y su carácter.

Charles Darwin nació el 12 de febrero de 1809 en el seno de una familia acomodada, y aunque sintió mucho la muerte de su madre cuando tenía solo ocho años, nunca le faltó el afecto familiar. Recuerda a su padre como «el hombre más cariñoso que he conocido» y como «el hombre más grande que he visto»; pero también le impresionaban, y mucho, su inteligencia y su enorme capacidad de observación. Quizá por todo esto temía defraudarlo, ya que, además, era un reputado médico, al igual que su abuelo Erasmus (también naturalista y poeta). Aunque esta tradición familiar parecía abocar a Charles a seguir la carrera de medicina, él dudaba de sus capacidades para ello. De entrada, quizá acomplejado por las brillantes cualidades paternas, cuestionaba su propia capacidad mental:

> *Mi padre, según le oí decir, creía que los recuerdos de las personas de mente poderosa se remontan, en general, muy atrás, hasta periodos muy tempranos de su vida. No es mi caso [...]. Antes de asistir al colegio fui educado por mi hermana Caroline [...] Me han contado que era mucho más lento para aprender que mi hermana menor, Catherine, y creo que fui en muchos sentidos un chico travieso.*

El primer colegio de Charles fue sin internado, y de esa época él destaca su «gusto por la historia natural» y «la pasión por coleccionar [...] me sentía interesado, al parecer, ¡por la variabilidad de las plantas!». El segundo colegio de Charles, en régimen de internado, fue el del Dr. Butler, también en Shrewsbury, donde permaneció siete años, hasta los dieciséis, sin gran provecho: «Nada pudo haber sido peor para mi desarrollo intelectual [...] Cuando dejé el colegio no era ni avanzado ni retrasado para mi edad; creo que todos mis maestros y mi padre me consideraban un muchacho corriente, más bien por debajo del nivel intelectual normal». Pero lo que más le mortificaba era una frase que le espetó su padre: «Lo único que te interesa es la caza, los perros y cazar ratas, y vas a ser una desgracia para ti y para toda tu familia».

Quizá para entender todo el proceso de la enorme proeza de Darwin, convenga saltar al final de la historia. Ya en 1876, seis años antes de su muerte, escribe su autobiografía (Darwin, 2008) y al final de esta introduce un capítulo que lleva por título «Valoración de mis capacidades mentales». A pesar de que en ese momento ya había publicado lo principal de su obra y gozaba de gran prestigio y reconocimiento en el mundo científico, sigue viéndose como una persona poco brillante:

> *No soy consciente de que mi mente haya cambiado durante los últimos 30 años [...] Sigo teniendo tanta dificultad como siempre para expresarme con claridad y concisión [...] pero que, como compensación, ha tenido la ventaja de obligarme a pensar largo y tendido cualquier frase [...] No poseo una gran rapidez de entendimiento o de ingenio, tan notable en algunas personas inteligentes, como, por ejemplo, en Huxley [...] Mi capacidad para el pensamiento prolongado y puramente abstracto es muy limitada; además, nunca habría tenido éxito en el terreno de la metafísica o las matemáticas. Mi memoria es amplia pero imprecisa.*

Ante la pérdida, en la edad madura, de los gustos estéticos —literatura, pintura, música— comenta: «Mi mente parece haberse convertido en una máquina de moler grandes cantidades de datos para producir leyes generales».

Aun admitiendo algún grado de modestia en sus opiniones, no podemos pensar que esta sea falsa; su sinceridad y honradez intelectual están fuera de toda duda. Para él, en su concepción monista materialista, la mente y la conciencia son realidades que resultan de la actividad del cerebro enfrentado a la búsqueda y al procesamiento de información del mundo exterior. En este sentido, Darwin también considera que posee algunas capacidades notables:

> *Como saldo a favor, pienso que soy superior al común de los mortales para percatarme de cosas que no atraen fácilmente la atención y observarlas con cuidado. Mi diligencia en observar y recabar datos ha sido casi todo lo grande que podía ser [...] mi amor por la naturaleza ha sido siempre constante y ardiente [...] Desde mi primera juventud he experimentado un deseo fortísimo de entender o explicar todo cuanto observaba —es decir, de agrupar todos los datos bajo leyes generales—. Todas estas causas unidas me han proporcionado la paciencia para reflexionar o sopesar durante varios años cualquier problema inexplicado. Hasta donde puedo juzgar, no estoy hecho para seguir ciegamente la guía de otras personas. Me he esforzado constantemente por mantener mi mente libre.*

Y, ya en la última página, concluye:

> *Por tanto, independientemente del nivel que haya podido alcanzar, mi éxito como hombre de ciencia ha estado determinado, hasta donde me es posible juzgar, por un conjunto complejo y variado de cualidades y condiciones mentales. Las más importantes han sido el amor a la ciencia, una paciencia sin límites al reflexionar largamente sobre cualquier asunto, la diligencia en la observación y recogida de datos, y una buena dosis de imaginación y sentido común. Es verdaderamente sorprendente que, con capacidades tan modestas como las mías, haya llegado a influir de tal manera y en una medida considerable en las convicciones de los científicos sobre algunos puntos importantes.*

Pero ¿es en realidad tan sorprendente que Darwin lograra explicar lo que John Herschel denominó «el misterio de los misterios»? De entrada, vamos a adelantar que la solución que dio al problema del reemplazo en el registro fósil de unas especies por otras similares —esto es, la sustitución de las especies extinguidas por otras nuevas— no satisfizo a este filósofo, que calificó la selección natural de «ley sin orden ni concierto». Como vimos anteriormente, la opinión de Herschel y la de otros científicos amigos le produjeron un cierto desánimo. Por otra parte, el incondicional Huxley, «su perro guardián», exclamó al escuchar la formulación de la teoría de la selección natural: «¡Qué increíblemente estúpido no haber pensado en ello!». ¿Pero por qué es tan peligrosa la teoría de la selección natural como para provocar oleadas de indignación y desagrado, incluso en nuestros días?, ¿cómo esta idea, aparentemente tan sencilla, tardó tanto tiempo en ser formulada? Además, ¿es la selección natural una teoría realmente tan sencilla?

Para abordar estas preguntas vamos a retroceder a algunos aspectos de la etapa de formación académica de Charles, concretamente a su tendencia innata al coleccionismo y la clasificación; esto es, lo que Mayr denomina el «qué» de la biología.

El gran fracaso en los estudios de medicina en la Universidad de Edimburgo se vio compensado por algunos contactos que Darwin realizó allí y que le permitieron perfeccionar y profundizar sus conocimientos sobre recolección, tratamiento y clasificación de especímenes biológicos. En este sentido, el primero y quizá el más importante fue el ya citado doctor Robert Grant. También le fueron muy útiles unas clases de pago que recibió para aprender a disecar animales. Estas nuevas destrezas le resultaron muy valiosas para su futura dedicación a la ciencia; así, cuando su padre decidió mandarle a Cambridge a estudiar Teología, estableció nuevos contactos que le permitieron profundizar en su formación de naturalista. Por consiguiente, y siguiendo su tendencia natural, inició allí relaciones de amistad con botánicos y geólogos, fundamentalmente. En los cuatro años que el joven Charles pasó en Cambridge (1828-1831), los dos profesores más decisivos para su futura carrera científica fueron el botánico J. S. Henslow y el geólogo A. Sedgwick, ambos clérigos. Con este último, por mediación del primero, emprendió un interesante viaje de trabajo para estudiar la geología del norte de Gales, en calidad de ayudante. Pero Henslow, el profesor con el que Darwin daba largos paseos, no solo fue un verdadero amigo para él, sino una persona decisiva en su futuro. Muy pronto le introdujo en su vida familiar y llegó a darle alojamiento en su casa, aunque su intervención más importante fue su recomendación para embarcar en el Beagle como naturalista no retribuido, y alojado en el camarote del capitán Robert Fitz-Roy. Henslow tomó la decisión de implicarle en este viaje porque estaba seguro de sus capacidades y porque también sabía que no era hombre de Iglesia. Pero lo que él no podía intuir era el salto prodigioso que iba a dar la mente de este joven coleccionista, Darwin tampoco. Así, tras una negativa inicial de su padre, el tío Josiah, mediante una sensata argumentación, terminó convenciendo a Robert de que esta expedición sería muy conveniente para su hijo. El Beagle comenzó su singladura el 27 de diciembre de 1831. En él iba un nuevo Charles lleno de dudas, pero dispuesto a tensar al máximo su nueva libertad y su amor por la naturaleza.

El viaje de circunnavegación del Beagle duró cinco años (1831-1836) y para Darwin sería como un nuevo nacimiento, el comienzo de su segunda vida. Dejaba atrás preocupaciones y miedos, sobre todo, defraudar las expectativas de su padre. A sus veintidós años, tenía el mundo natural por descubrir y, en mayor o menor grado, la confianza de sus profesores y familiares, ahora asentada en las mismas cualidades positivas que él enumera en su autobiografía al final de sus días.

Pero, para entender bien su proceso de transformación mental, conviene señalar que la mayoría de estas características propias ya estaban presentes en el joven Charles antes de zarpar; aunque, como veremos, en el periplo del Beagle estas crecieron, se trabaron y potenciaron (Darwin, 1985). Así, como ejemplo del grado de compromiso científico de Darwin al embarcar, tenemos que en el viaje con Sedgwick para estudiar la geología del norte de Gales atajó por las montañas para poder llegar antes a su casa e ir a cazar: «En aquel tiempo habría considerado una locura perderme los primeros días de la temporada de la perdiz por la geología o por cualquier otra ciencia».

Entonces, ¿qué fue lo que lo hizo cambiar tan radicalmente?

Las influencias tejidas para lograr esa profunda transformación fueron varias. Quizá, entre ellas estuvieran sus primeras crisis serias con la religión, probablemente iniciadas por sus desavenencias con el capitán, un aristócrata profundamente religioso:

> El temperamento de Fitz-Roy era de lo más desventurado. Así lo demostraban no solo su apasionamiento, sino sus accesos de prolongada taciturnidad con quienes le habían ofendido. Era también un tanto suspicaz y, de vez en cuando, muy depresivo, hasta el punto de rayar en la locura en cierta ocasión. A menudo me parecía que carecía de sensatez o de sentido común.

Una de las primeras discusiones importantes se inició en la localidad brasileña de Bahía, cuando el capitán «defendió y elogió la esclavitud, que a mí me parecía abominable». La respuesta de Darwin «lo sacó de quicio» y comprometió su permanencia en el barco, aunque, «al cabo de unas horas, Fizt-Roy demostró su habitual magnanimidad enviándome a un oficial con sus disculpas y una petición para que siguiera compartiendo su camarote». Este apreciaba la compañía de Darwin: le pesaba mucho la soledad que tenía que soportar un capitán de la Marina británica, totalmente aislado al estar por encima del resto de la tripulación, oficialidad incluida. El estatus de Charles a bordo del Beagle era distinto, por esto podía cederle parte de su camarote para disfrutar de la compañía de algún joven culto y de buena familia, fuera de las relaciones jerárquicas con el resto de la tripulación. Así pues, aunque muchas de las firmes opiniones del naturalista le encolerizaban, luego retornaba la calma y la conveniencia de mantener su compañía. Por el contrario, a él, de mucho mejor carácter, pero firme en sus convicciones, le fue haciendo mella el comprobar que personas de fuertes creencias religiosas, como Fizt-Roy, pudieran tener ideas y comportamientos tan detestables. Los desencuentros entre ellos se extendieron al terreno de las interpretaciones acerca de los fenómenos naturales, cada vez más alejados de las ideas fijistas y creacionistas que tenía al zarpar. Estos desencuentros llegaron hasta 1859, con la publicación de *El origen de las especies*: «Se mostró muy indignado conmigo por haber publicado un libro tan heterodoxo».

Darwin resalta en su autobiografía la importancia de este viaje para la realización de su obra:

El viaje del Beagle ha sido, con mucho, el acontecimiento más importante de mi vida y determinó toda mi carrera [...]. Siempre he pensado que debo a aquel viaje mi primera formación o educación intelectual auténtica. Tuve que fijarme atentamente en varios campos de la historia natural, con lo que mejoró mi capacidad de observación, aunque ya estaba bastante desarrollada [...] La investigación de la geología de todos los lugares visitados fue mucho más importante, pues es en ella donde se pone en juego el razonamiento.

Durante el viaje, estudió a Lyell admirando la superioridad de sus argumentos sobre los del resto de geólogos de la época, fundamentalmente su gradualismo, en oposición a los planteamientos catastrofistas de fijistas y creacionistas. Las primeras contribuciones científicas de Darwin fueron en este campo. Así, describió y explicó la geología de Santiago, elevaciones y hundimientos que afectaban a volcanes, los orígenes y los efectos de los terremotos y también resolvió el problema de las islas de coral, entre otras aportaciones: «Fue entonces cuando caí en la cuenta por primera vez de que, quizá, podía escribir un libro sobre la geología de los diversos países visitados por mí, lo que me hizo estremecer de placer».

En 1842 se publicó *La estructura y distribución de los arrecifes de coral*; en 1845 la nueva edición, que corrige la de 1839, del *Diario de investigaciones*, donde relata sus impresiones del viaje del Beagle, y en 1846 se publica *Observaciones geológicas sobre Sudamérica*. Por su parte, la biología le puso más dificultades para elevar sus conocimientos a teoría. Deslumbrado por la exuberancia del «qué», le costó más explicar el «cómo» y el «porqué»:

> *El esplendor de la vegetación de los trópicos [...] la sensación de sublimidad que me producían los grandes desiertos de la Patagonia y las montañas de la Tierra del Fuego, cubiertas de bosques [...] La visión de un salvaje desnudo en su tierra nativa [...] Muchas de mis excursiones a caballo por territorios agrestes o en barca, algunas de las cuales duraron varias semanas.*

Inicialmente, en lo relativo a los seres vivos, observó, coleccionó, describió y clasificó mejorando notablemente estas capacidades suyas con la práctica, pero lo hizo fascinado y abrumado por la lujuriante naturaleza que le rodeaba. No obstante, de forma imperceptible iba tejiendo su singular trama de capacidades y experiencias que harían de él un gran científico. Así, en relación con el viaje, le concede una gran importancia:

> *Al hábito adquirido entonces de una enérgica laboriosidad y una atención intensa en todo cuanto emprendía. Procuraba que cualquier cosa sobre la que pensaba o leía in-*

fluyera directamente en lo que había visto o era probable que viese; y mantuve ese hábito intelectual durante los cinco años de viaje. Estoy seguro de que fue ese entrenamiento lo que me ha permitido hacer todo cuanto he llevado a cabo en ciencia.

La transformación que estaba experimentando era notable. A diferencia de lo que decía cuando realizó con Sedgwick la excursión geológica al norte de Gales, ahora la ciencia ocupaba el primer lugar en su cabeza:

> *Mi amor por la ciencia se impuso gradualmente a cualquier otro gusto. Durante los primeros años revivió mi antigua pasión por la caza con una fuerza casi plena, y cacé por mí mismo todas las aves y animales de mi colección; pero poco a poco fui dejando el arma a mi criado cada vez más, y al final por completo, pues la caza constituía un obstáculo para mi trabajo, sobre todo para la comprensión de la estructura geológica de un territorio.*

Pero, volviendo a la biología, es en las Galápagos y, posteriormente, en Australia donde Darwin empieza a ver algo de luz entre tanta espesura: «El descubrimiento de las singulares relaciones entre los animales y plantas que poblaban las diversas islas del archipiélago de las Galápagos y las existentes entre todos ellos y los que habitan América del Sur».

Al final del viaje tiene ya una clara problemática biológica: concede importancia a la distribución geográfica de las especies en el continente y en las islas, de manera que comienza a pensar en la transformación o modificación de unas especies en otras; y quizá barruntara también algo acerca del origen animal del hombre. Es posible que fuese en las Galápagos donde Darwin vislumbrara el árbol de la vida por primera vez. Empezaba a tambalearse su visión creacionista, donde las especies aparecían fijas y estables, al tiempo que se afianzaban una serie de teorías parciales sobre su mutabilidad.

Darwin regresa a Inglaterra el 2 de octubre de 1836, y es un hombre completamente distinto del que partió cinco años antes. Es en este tercer periodo de su vida donde realiza su gran obra científica. Examina sus colecciones de materiales geológicos y biológicos, frecuentemente con ayuda de especialistas, prepara su diario de viajes, comunica sus observaciones y empieza a ordenar sus notas en cuadernos; de forma que poco a poco comienza a entender las principales observaciones realizadas en el viaje. Así, un tiempo después de su regreso abordaba la explicación de los hechos observados en las Galápagos relacionándolos con la evolución divergente (o divergencia adaptativa): en el continente había una especie de pinzón que fue el antecesor común de las diferentes especies de pinzones que poblaban cada isla, adaptadas a nichos ecológicos distintos en la misma o en distintas islas.

Pronto empiezan sus primeras publicaciones, aunque por distintos motivos se resiste a editar su teoría principal («mi teoría», como decía él), la selección natural:

No tardé en constatar que la selección era la clave del éxito del ser humano en la creación de razas útiles de animales y plantas. Pero durante un tiempo fue para mí un misterio cómo se podía aplicar la selección a organismos que vivían en estado natural. En octubre de 1838, es decir, 15 meses después de haber iniciado mi indagación sistemática, leí por casualidad y para entretenerme el libro de Malthus Sobre la población y como, debido a mi larga y continua observación de los hábitos de los animales y las plantas, me hallaba bien preparado para darme cuenta de la lucha universal por la existencia, me llamó la atención enseguida que, en esas circunstancias, las variaciones favorables tenderían a preservarse, y las desfavorables a ser destruidas. El resultado de ello sería la formación de nuevas especies. Ahí tenía, por fin, una teoría con la que trabajar; pero me preocupaba tanto evitar

cualquier prejuicio que decidí no escribir durante un tiempo
ni siquiera el menor esbozo de la misma (Darwin, 2008).

¿Por qué tarda Darwin más de veinte años en publicar su teoría de la selección natural? ¿Tenía esta tardanza alguna relación con el mal estado de salud que le aquejó desde su paso por Chile, donde, al parecer, contrajo la enfermedad de Chagas? Sin embargo, muchos autores creen que podía padecer también una neurosis favorecida por su lucha interna al tener que elegir entre ser uno de los mejores naturalistas de su tiempo, si no el mejor, pero sin poner patas arriba las concepciones religiosas de la época. La otra opción le suponía ser honesto con sus sorprendentes descubrimientos y asumir la responsabilidad de iniciar una auténtica revolución en las ciencias naturales.

En primer lugar —ya al final del viaje y, sobre todo, al regresar a Inglaterra— se siente abrumado por la enorme cantidad de datos y hechos pendientes de ordenar y explicar. Además, sabe que si saca a la luz su teoría va a provocar un auténtico terremoto, pero ¿cómo guardarse ese descubrimiento? ¿Cómo disimularlo? Darwin evita entrar en liza con la religión por prudencia, pero también por respeto, fundamentalmente hacia familiares y amigos con estos sentimientos. No pretende enarbolar su ateísmo —que asoma inequívocamente en su planteamiento teórico materialista y monista— de forma abierta contra la fe, pero tampoco traicionar su pensamiento evolucionista. Por eso, elude amablemente las dedicatorias de sendos libros, de Marx y del Dr. Aveling, en relación con el materialismo, pero es muy coherente y de una tremenda honestidad intelectual con su teoría. Así, Gould (2010) opina que Darwin sabía perfectamente a lo que se exponía con su planteamiento descarnadamente materialista:

Darwin había experimentado esta situación [persecución
de estas creencias] directamente como estudiante de la Uni-
versidad de Edimburgo en 1827. Su amigo W. A. Browne

leyó un trabajo con una perspectiva materialista de la vida y la mente ante la Plinian Society. Tras largos debates, toda referencia al trabajo de Browne, incluyendo la referencia a sus intenciones de hacerlo público, fue eliminada. Darwin aprendió la lección, dado que escribió en el cuaderno de notas M: «Para evitar poner de relieve hasta qué punto creo en el materialismo, digamos tan solo que las emociones, los instintos, los grados de talento, que son hereditarios, lo son porque el cerebro del niño se asemeja a la cepa parental».

Marx y Engels no tardaron en darse cuenta de lo que había logrado Darwin. Posteriormente, Marx le ofreció a Darwin dedicarle el segundo volumen de *El capital*, pero Darwin rechazó amablemente la oferta. En 1880 escribió a Karl Marx:

Tengo la impresión (correcta o incorrecta) de que los argumentos dirigidos directamente en contra del cristianismo y el teísmo carecen prácticamente de efecto sobre el público, y de que la libertad de pensamiento se verá mejor servida por esa gradual elevación de la comprensión humana que acompaña al desarrollo de la ciencia. Por lo tanto, siempre he evitado escribir acerca de la religión y me he circunscrito a la ciencia (Gould, 2010).

Por otro lado, en la introducción a la *Autobiografía* (Darwin, 2008), Martí Domínguez introduce un apartado titulado «El pensamiento religioso de Darwin según el doctor Aveling», donde cita «una carta cordial [de Darwin a Aveling], muy indicativa de su pensamiento», con un texto idéntico al que Gould (2010) menciona dirigido a Marx.

El naturalista inglés sabe que su teoría de la evolución por selección natural va a tener una enorme importancia liberadora para la humanidad, pero también enemigos poderosos en la religión, con la que quiere evitar enfrentamientos directos. Por ello, se declara agnóstico, como Huxley (creador del término), aunque este tipo de soluciones no evitaban las críticas. Así, el reverendo doctor Wace —director del King's College de Londres— calificaba la posición de Huxley de «cobarde agnosticismo [...] pero su verdadero nombre es uno más antiguo: es un infiel». Por otra parte, en las filas del ateísmo tampoco eran muy complacientes con el agnosticismo, por ejemplo, F. Engels lo calificaba de «ateísmo vergonzante».

En una larga conversación sobre religión con Edward Aveling y Ludwig Büchner —posteriormente publicada por el primero en la editorial Free Thought Publishing—, Darwin les preguntó qué entendían por ateísmo. Tras explicarle el sentido etimológico del término —ni negación ni afirmación, solo privación de Dios—, les dijo: «Aunque pienso como ustedes, prefiero el término agnóstico a la palabra ateo» (Darwin, 2008). Él tenía mucha tarea por delante —para varias vidas— y debía elegir muy bien dónde dar la batalla. Ese «peso» de entenderlo todo, de elevar a teoría los hechos observados, junto al miedo a las repercusiones, familiares y sociales de su pensamiento —la soledad de Darwin— le produjeron mucho sufrimiento. Como hemos visto, en su teoría de la evolución por selección natural propone que la mente y la conciencia humanas son productos del cerebro en evolución. Esto supuso un gran paso para una visión objetiva de la especie humana en la naturaleza viva, por fin liberada de la creación divina, dueña y responsable de su propio destino.

Charles Darwin nos demostró que la realidad se nos ofrece fácilmente cuando no queremos violentarla: basta con observar, describir, ordenar, relacionar, experimentar y, sobre todo, buscar la coherencia de la realidad con honestidad, con honradez intelectual, con planteamientos objetivos. Esa fue la fórmula magistral de sus cualidades. Pero sí, por el contrario, colocamos en el centro del problema lo que no es —por religión o por intereses espurios—, entonces todo se retuerce y se complica, llenándose de esferas armilares y creaciones divinas.

La gran curiosidad y la honestidad intelectual de Darwin constituyeron la brújula que le permitió andar por la naturaleza sin prejuicios ni intereses espurios, alejado de soluciones acomodaticias y contemporizadoras. Solo así consiguió desvelar algunos de los misterios de la vida que todos tenían ante sus ojos.

Capítulo 5
Genética y epigenética. La información conformacional y la secuencial frente al medioambiente

En esta parte del libro observaremos el profundo contraste entre el enfoque eminentemente funcionalista del siglo XIX y el más estructuralista del XX, pero también conviene que vayamos al encuentro de algunos misterios de la moderna biología que surgen cuando nos planteamos ciertas cuestiones: ¿cómo albergan la información las estructuras de los seres vivos? y, sobre todo, ¿la información biológica tiene carácter único o guarda alguna relación con la del resto de la materia en el universo?

La vida nos presenta una paradoja entre la unidad de los organismos alrededor de sus funciones vitales y la unicidad de sus individuos, esto es, el carácter de únicos que los seres vivos exhiben en una auténtica explosión de diversidad. Para resolverla, debemos tener en cuenta el concepto de evolución, es decir, el proceso histórico que desde un origen común permite explicar el cambio que experimentan los seres vivos en continua interacción coherente entre ellos, y que produce un despliegue de formas singulares con mayor o menor grado de parentesco.

Además, la información material en el universo viene determinada por la interacción y por las estructuras resultantes. A su vez, debemos tener en cuenta que estas condicionan las sucesivas interacciones. En este sentido, podríamos encontrar una definición más abreviada de evolución de los seres vivos como cambio en la información biológica producida por la concatenación entre interacciones funcionales y estructuras resultantes, sin que exista ningún propósito ni dirección previa. Ahora, la cuestión es ¿qué entendemos por información y por estructura? y, sobre todo, ¿cómo se originan en la dinámica entre los organismos y sus medios?

Interacción, estructura e información biológica

Como ya hemos visto desde la teoría darwiniana, la manera científica de abordar el origen, la naturaleza y la evolución de los seres vivos es materialista y monista, es decir, buscando una explicación objetiva —sin ningún proyecto o finalidad— que excluya cualquier tipo de intervención ajena a la materia y sus leyes naturales. Así, la vida debe surgir de las interacciones físicas y químicas de ciertos niveles de integración energético-materiales en determinados entornos del universo que reúnan las condiciones adecuadas. Pero ¿qué sabemos del origen y evolución del universo? La astrofísica ha avanzado mucho desde el siglo XX. Desde este campo de la ciencia actual nos encontramos con un aluvión de datos, como los que nos ofrece el magnífico relato de Hubert Reeves en el libro *La historia más bella del mundo* (Reeves *et al.*, 2006):

El gran descubrimiento del siglo xx es que el universo no es inmóvil ni eterno [...] que tiene una historia, no ha cesado de evolucionar, enrareciéndose, enfriándose, estructurándose [...] esta evolución sucede desde un pasado distante [...]. Solo es un caldo de materia informe a una temperatura de millones de grados. Es lo que se ha llamado el big bang [...] Lo consideramos el instante cero de nuestra historia. [...] Partimos de un universo desestructurado en el que, según se va enfriando, aparecen partículas elementales fruto de la interacción material: fotones, electrones, cuarks, neutrinos, entre otras. Estas interacciones llevan a la constitución de niveles de integración energético-material creciente: los cuarks forman protones y neutrones, estos se juntarán con los electrones integrando átomos, que a su vez se asociarán en moléculas. Las interacciones se van produciendo merced al enfriamiento del universo bajo la acción de las cuatro fuerzas que operan en todo él.

Reeves concluye: «Se puede decir que, en cierto modo, la complejidad, la vida y la conciencia ya estaban en potencia desde los primeros instantes del universo, que estaban inscritas en la forma misma de las leyes. Pero no como necesidad, sino como posibilidad».

A continuación, vamos a apoyarnos en estos párrafos sobre la organización del universo para abordar el problema de la información biológica desde un enfoque científico monista, teniendo en cuenta la necesidad de conectar la biología con la evolución general de la materia y sus leyes. No hay camino previo, sin intervención de ideología ni religión alguna, solo pura termodinámica (calor y temperatura): según sea la segunda de estas magnitudes, la materia se integra o se desintegra en niveles crecientes o decrecientes. En determinadas condiciones termodinámicas hay una tendencia universal a la complejidad estructural con propiedades emergentes en cada nuevo nivel, fruto de la continua interacción de la materia, y la vida es una de sus manifestaciones.

Dada la universalidad de las cuatro fuerzas y la estrecha relación entre materia y energía, hemos visto que no hay fuerzas sin partículas materiales, y que las primeras se manifiestan mediante interacción entre las segundas siempre que la temperatura lo permita, y de ella emerge su estructuración en niveles de complejidad creciente. De todo lo dicho hasta ahora, va asomando claramente una relación entre la interacción y la estructura consiguiente de la materia con determinados tipos de información.

Antes de centrarnos en la información biológica, veamos qué entendemos por estructura e información en general. Sabemos que el término estructura atiende a la organización establecida en un cuerpo, o en un conjunto, mediante determinadas distribuciones, disposiciones o relaciones entre sus elementos o partes. Por su parte, la acepción filosófica de información se refiere a dar forma o substancia a una cosa.

En algunos diccionarios de ciencia y filosofía nos podemos encontrar la noción de información como lo opuesto a la entropía: la entropía nos da el grado de desorganización de un sistema, mientras que la información expresa la medida en que dicho sistema está organizado y, por lo tanto, puede ser denominada información estructural.

Así pues, podemos concluir provisionalmente que, al menos desde el *big bang*, la materia se organiza en niveles de integración y complejidad crecientes —merced a la constante interacción mediante campos físicos de fuerzas—, almacenando así información estructural. Es decir, la información en el universo está determinada por la interacción y por la estructura o forma resultante, que informa las siguientes interacciones.

Sin meternos a fondo en la teoría de niveles, conviene resaltar que, a pesar del aparente caos de un universo cambiante, los individuos o entidades de cada nuevo nivel de integración energético-material de la realidad integran a todos los inferiores: partículas elementales, nucleones, átomos, moléculas, células, individuos pluricelulares; y no se forman ninguno de estos seres con cualquier combinación al azar de los anteriores, sino siempre de la misma manera. Por este motivo, conviene distinguir el concepto nivel de integración —constituido por individuos con unidad y existencia independiente— del concepto nivel de organización o complejidad —donde podemos admitir individualidades que nunca han existido libremente, como orgánulos, tejidos, órganos, sistemas, etc.— para definir procesos de diferenciación y complejidad de las partes de un todo unitario —célula o individuo pluricelular—.

Con estas premisas, quizá ya podamos plantearnos: ¿es la información biológica una singularidad en el universo? En una primera aproximación podría parecer que sí, ya que —para el paradigma biológico actual, variacionista y genocéntrico— la única fuente de información es genética, esto es, se almacena y emana del ADN —mediante la ordenación secuencial de las cuatro bases nitrogenadas de sus nucleótidos constituyentes—, fluye unidireccionalmente al ARN y termina expresándose, mediante el código genético, en la estructura y función de las proteínas. Esta perspectiva confunde código —esto es, la correspondencia molecular entre la secuencia de los monómeros de los ácidos nucleicos, ADN y ARN, y los de las proteínas— con «programa genético», es decir, las instrucciones para el desarrollo estructural y funcional de los seres vivos. En los manuales universitarios de biología predomina esta concepción: el material genético constituye el «manual de instrucciones» o el «programa» que sostiene la capacidad de regulación metabólica y de reacción frente a los estímulos del medio. Las «ajustadas adaptaciones» de estas interacciones con el entorno son «fruto de la selección natural».

Para abordar el problema de la información biológica debemos conectar con el concepto más general de la información de la materia en el universo. La biología debe plantearse este problema en el marco de la rampa de la evolución prebiótica que condujo a las biomoléculas informativas (proteínas, ARN y ADN). Es ampliamente admitido que, aunque el ADN almacene la información genética, las proteínas son las biomoléculas informativas que realizan funciones en los seres vivos: determinan la forma y la estructura de la célula, gobiernan el metabolismo y están implicadas en los procesos de reconocimiento molecular. Todo ello merced a la información conformacional que portan en la disposición singular de los átomos de su estructura tridimensional, lo que les permiten acciones moleculares estereoespecíficas frente a sus ligandos mediadas por enlaces débiles: interacciones hidrofóbicas, enlaces de hidrógeno, enlaces iónicos y fuerzas de Van der Waals.

Pero, además, las proteínas son estructuras muy plásticas. Muchos de los enlaces covalentes presentes en las cadenas polipeptídicas tienen amplia libertad de giro, lo que confiere una gran dinámica conformacional al esqueleto de los polipéptidos: las proteínas vibran, al observar su dinamismo parece que «respiran». Cualquiera de estas biomoléculas puede potencialmente adoptar un gran número de formas diferentes o conformaciones, dependiendo, entre otras cosas, del ambiente molecular y de su dinámica funcional. Podemos considerar que esta plasticidad intrínseca de las proteínas constituye, desde las etapas prebióticas, la información y herencia pregenética, esto es, independiente y prioritaria a la relación de código genético. La función biológica de una proteína depende de los grupos funcionales expuestos en su superficie y agrupados en los centros de unión a los ligandos: cavidades y anfractuosidades que la proteína forma según sea su particular dinámica de plegamiento y conformación. Así, por ejemplo, las proteínas alostéricas cambian reversiblemente de forma cuando los ligandos se unen a su superficie. Los cambios conformacionales producidos por un ligando pueden condicionar la unión de otro, y así sucesivamente formando rutas o circuitos funcionales de cambios conformacionales en las proteínas que los integran.

Además, veremos que no es cierto que la información genética contenida en la secuencia de aminoácidos determine inexorablemente el plegamiento y la conformación de las proteínas, como bien saben los bioinformáticos que intentan encontrar programas para su predicción a partir de sus secuencias.

·

El gen y la proteína: ¿quién es el huevo y quién la gallina?

En cualquier texto relacionado con el origen de la vida es muy frecuente presentar el dilema sobre la prioridad entre los dos tipos de biopolímeros informativos —los ácidos nucleicos y las proteínas— acudiendo al clásico problema del huevo y la gallina: ¿qué fue antes? En este caso, deberíamos plantearnos realmente si la información conformacional de las proteínas es expresión de la información genética secuencial del ARN/ADN o si, como pienso, estas últimas biomoléculas son meros instrumentos informativos que utilizan las proteínas en los distintos niveles y etapas de la evolución biológica (precelular, celular y pluricelular). Esta es una polémica antigua entre los biólogos, con diversos matices que por ahora no voy a abordar en su perspectiva histórica. Solo quiero plantear que la biología necesita un cambio, salir del estrecho paradigma genocéntrico actual a un modelo más amplio. Diversas corrientes reformistas se plantean superar los límites establecidos en el marco filosófico y conceptual de la teoría sintética neodarwinista de la evolución y en el dogma central de la biología molecular (DCBM). En un monográfico de *Investigación y Ciencia* de 2019 (n.º 98) se reflexiona sobre la inflexibilidad del planteamiento de la herencia en estas teorías genocéntricas, limitadas a un flujo unidi-reccional de información secuencial desde el ADN a las proteínas devaluando la intervención del medioambiente en los procesos de plasticidad fenotípica. Los reformistas, partidarios de extender la síntesis, se agrupan alrededor de varios puntos críticos: una plas-ticidad fenotípica y de desarrollo mediante variaciones epigenéti-cas previas a los cambios genéticos y una reconstrucción de nichos ecológicos merced a una coevolución de los organismos con sus medios; como consecuencia con estos dos puntos, proponen una herencia inclusiva con componentes genéticos, epigenéticos, ecoló-gicos y culturales. Como señalan en la revista, los genocentristas les responden con la secuencia típica a las nuevas propuestas teóricas: primero, no es cierto; segundo, aunque sea cierto es una cuestión secundaria; tercero, es cierto, pero yo ya lo había dicho. En general, se les reprocha la falta de una estructura coherente que dé cuenta de los procesos observados. Yo creo que el problema de los reformistas es que, en definitiva, se mueven aún en el paradigma genocéntri-co y, naturalmente, los partidarios de este retuercen las críticas de los primeros encerrándolos en un sistema tautológico alrededor de la propia lógica del gen. Pero este escollo se supera cambiando el agente molecular que ocupe el centro de los procesos biológicos celulares. Hay que partir de la lógica de Darwin —reconsiderando la pangénesis, a la luz de los avances en los fenómenos de exocitosis y endocitosis con los exosomas—, y de la plasticidad fenotípica de las proteínas en sus interacciones con el medioambiente.

Genotipo y fenotipo. Mérito y alcance de la genética

El fenotipo es el objeto de la selección natural darwiniana, no es la mera manifestación de un genotipo, sino el resultado, en última instancia, de un proceso más o menos complejo de interacciones proteicas. La única relación directa entre genotipo y fenotipo es la secuencial, donde se relacionan mediante el código genético la secuencia lineal de bases nitrogenadas del ADN (genotipo) con la secuencia lineal de aminoácidos de un polipéptido (fenotipo).

El gran mérito de Mendel fue el desentrañar el mecanismo de transmisión de los denominados factores de herencia (posteriormente denominados genes) dándoles una dimensión particulada, como si fueran dados o monedas.

Cuando lanzamos un dado o una moneda, podemos calcular la probabilidad teórica de un suceso determinado con ellos: sacar cara, cruz, cinco, par, impar, etc. Posteriormente, se puede ver que para que los resultados observados se aproximen a los esperados es conveniente realizar un número muy alto de experiencias. Mendel eligió muy bien los organismos y los caracteres heredables observados y, a ciegas, sin saber qué tipo de «dado» o «moneda» tenía entre manos, realizó sus cruces y observó. Así, sacó sus leyes, y la universalidad de estas tuvo que ver con su hipótesis de que cada carácter estaba determinado por dos factores hereditarios (paterno y materno) que, más tarde, se vio que eran transmitidos de la misma forma que los cromosomas durante la meiosis gametogénica. Con la posterior determinación de que el ADN de los cromosomas es el material genético, se averiguó la naturaleza química del «dado» o «moneda» genética, pero también se vio que todo era más complejo que un simple juego de azar.

Con las leyes de Mendel se estableció la relación «un gen un carácter» sin precisar la naturaleza de este: estructural, funcional, de comportamiento, patológico, etc. Prácticamente se estableció una relación, teleológica y casi teológica del tipo: «Dado un carácter hereditario cualquiera, detrás de él alguien habrá colocado el gen correspondiente».

Aquí la genética, en vez de abandonar su posición genocéntrica, se encerró en dogmas centrales y en abstracciones matemáticas, asfixiando el alma viva de la biología, fundamentalmente la evolucionista que acababa de nacer con Darwin.

Estas abstracciones matemáticas estaban justificadas en Mendel y poco más, pero desde que se averiguó que la relación directa entre genotipo y fenotipo es secuencial, todo lo demás debe ser bioquímica y fisiología *sensu lato*, nada más.

Sobran, pues, todos los artificios complejos para seguir manteniendo el genocentrismo: epistasias, mendelismo complejo, herencia no mendeliana, entre otros, donde los genes tienen el carácter substantivo de «mensaje fenotípico», cuando realmente solo son portadores de una información secuencial para construir un polipéptido. Además, la evidente desproporción entre la complejidad del nematodo y la de los humanos no guarda ninguna relación con el número relativo de sus genes. Naturalmente, esta diferencia no favorece la importancia que actualmente le damos a estos como determinantes biológicos de casi todo. Está claro que ni la complejidad humana ni la del nematodo viene determinada por los genes. Sirva de ejemplo que, en la década de los 60 del siglo pasado, los cálculos sobre el número de genes en humanos no bajaban de cien mil, aunque algunos entusiastas los ampliaban a millones, según fuesen más o menos acuciantes las necesidades de mensajes. Así, por ejemplo, la inmunología planteaba el problema del origen genético de la diversidad de los anticuerpos: ¿cómo es posible explicar mediante la genética clásica que los humanos seamos capaces de sintetizar anticuerpos específicos frente a decenas de millones de determinantes antigénicos diferentes? Además, se estimaba que por cada determinante antigénico o epítopo se producen más de cien anticuerpos específicos distintos que lo reconocen con diferentes grados de afinidad.

En consonancia con el dogma central de la biología molecular, la corriente mayoritaria de pensamiento en inmunología mantenía que la línea germinal debía contener un gen para cada uno de los polipéptidos que integran los anticuerpos, y que con los 3000 millones de pares de bases del ADN había suficiente para ello. En 1965, William J. Dreyer y J. Claude Bennett propusieron la hipótesis somática, donde se postulaba que para formar los polipéptidos de los anticuerpos la línea germinal contendría muchos genes V, uno por cada una de las posibles regiones variables, y un solo gen C para la región constante. A medida que la célula madurara, se seleccionaría al azar uno de los genes V, que se combinaría con el gen C para crear un fragmento único de ADN que codificaría el polipéptido completo de un determinado anticuerpo. Estos postulados chocaban frontalmente con los principios doctrinales de la época. Se consideraba que el genoma debía permanecer intacto a lo largo de todo el desarrollo del organismo y que tan solo se producía recombinación durante el proceso de la meiosis.

Sin embargo, en la década de los años 70, la aplicación de las técnicas del ADN recombinante al estudio de los genes de las inmunoglobulinas demostró que estos sufren reordenación somática y que esta es mucho más complicada de lo que Dreyer y Bennett suponían. Así pues, el grupo de P. Leder (1974) y, sobre todo, el de S. Tonegawa (1976) descubrieron en los procesos de reordenación somática de minigenes V D y J del ADN de los linfocitos B, los responsables de la enorme diversidad que exhiben las regiones variables de los anticuerpos.

Además de lo expuesto hasta ahora sobre el modelo proteocéntrico, a continuación voy a presentar sucintamente algunos argumentos a su favor, que se amplían y especifican más en la segunda parte *Células y virus. La urdimbre y la trama de la vida.*

- **De la información conformacional a la secuencial**

De forma coherente con la evolución de la información material en el universo, basada en la constante interacción y asociada a la estructuración en niveles de integración creciente, la evolución de las proteínas debió pasar por una primera etapa prebiótica donde se seleccionarían muy pocas estructuras secundarias y los módulos básicos de las estructuras tridimensionales que, posteriormente, irían evolucionando a las estructuras terciarias y cuaternarias conocidas. Por sus características y propiedades, es presumible que en esta etapa tuvieran un papel especial varios tipos de estructuras proteicas desordenadas en mayor o menor medida: las denominadas proteínas intrínsecamente desordenadas (IDP, por sus siglas en inglés), los conformones (priones con actividad fisiológica) y las proteínas de choque térmico (HSP, igualmente por sus siglas en inglés, entre las que se encuentran los chaperones o la chaperonas). En este nivel de información prebiótica tridimensional aumenta el número de estructuras seleccionadas, pero donde se produce una auténtica explosión es en la información secuencial, que aparecería en una etapa ya biológica con la interacción espacial proteínas/ARN primero y, posteriormente, con la formación del ADN —desde este momento, las tres moléculas evolucionan conjuntamente—. Siguiendo la lógica gramatical del concepto de código genético, la multiplicación de información secuencial es similar a la de los textos producidos por la humanidad: podríamos decir que el ADN almacenaría la «cultura» molecular de las proteínas.

- **Código genético: primero conformacional y luego secuencial**

Se dice que el código genético es degenerado, y que se da el denominado balanceo de la tercera base en los tripletes o codones del ARNm. Este es el planteamiento de un código secuencial, mediante el cual se descifra la información genética almacenada en el ADN para traducirla en la secuencia de aminoácidos de una cadena polipeptídica. De nuevo, y en coherencia con lo anteriormente dicho, este código secuencial sería un resultado posterior y más acabado de la coevolución inicial entre proteínas y ARN. Esta interacción prebiótica estereoespecífica produciría un código conformacional primitivo, que no presenta degeneración, y se manifiesta en la especificidad entre cada uno de los veinte aminoácidos con sus ARNt correspondientes, mediadas por el mismo número de enzimas aminoacil-ARNt sintetasas específicas de ambos (ARNt y aminoácidos). Cada sintetasa reconoce específicamente uno de los veinte aminoácidos y el mismo bucle D de la estructura tridimensional de sus ARNt correspondientes: si en el código genético secuencial a un determinado aminoácido lo pueden codificar hasta seis tripletes (o codones) distintos, los seis ARNt correspondientes (cada uno con su anticodón complementario) tendrán todos el mismo bucle D que reconocerá la aminoacil-ARNt-sintetasa específica.

- **Análisis genómico y proteómico**

El análisis de los genomas investigados, especialmente el del genoma humano, nos revela, entre otras cosas, que el tamaño del genoma de un organismo no está directamente relacionado con su complejidad biológica. Así, mientras que sorprendentemente en humanos solo se han detectado algo más de 20 000 genes, la planta *Arabidopsis* tiene 25 706, el nematodo *C. elegans,* 18 266, la mosca *Drosophila,* 13 338 y la levadura *Saccharomyces,* aproximadamente 6000.

Además, el genoma humano se asemeja un 98 % al del chimpancé y un 60 % a la mosca *Drosophila melanogaster.* Por otra parte, se estima que más del 95 % del genoma no es codificante y se le denominó ADN «basura», aunque actualmente se le asocia a varias funciones de índole pregenética y epigenética.

Pero lo más desconcertante, desde un punto de vista genómico, es que hay más proteínas que genes. Esto es, más mensajes que genes, y aún más mensajes si tenemos en cuenta el aumento de información causal y casual (contingente) contenida en las rutas o circuitos funcionales de cambios conformacionales de algunas proteínas.

Por su parte, el análisis proteómico nos revela que el conjunto de proteínas expresadas por un genoma experimenta un gran dinamismo:

* Dirigen y regulan la expresión génica.
* Son modificadas, después de su síntesis, por otras proteínas.
* Interaccionan entre sí, formando estructuras proteicas complejas —rutas o circuitos funcionales de cambios conformacionales, complejos enzimáticos, máquinas proteicas—.

La biología actual explica que varios fenómenos pueden generar mayor complejidad en las proteínas expresadas en los eucariontes superiores de la anticipada a partir del análisis genómico:

* El corte y empalme alternativo (*splicing*) de un pre-ARNm da lugar a diferentes ARNm a partir de un mismo gen, en diferentes tipos de células o en distintas etapas del desarrollo. El corte y empalme alternativo puede estar regulado por proteínas de unión al ARN que se unen a secuencias específicas cerca de los sitios de corte y empalme regulados.
* Variaciones en la modificación postraduccional de algunas proteínas.
* Diferencias cualitativas en las interacciones entre proteínas y su integración pueden contribuir significativamente a las diferencias en la complejidad biológica entre los organismos.
* Además, existe el proceso denominado edición del ARN (RNA *editing*) que cambia las secuencias del pre-ARNm en

el núcleo. De estos cambios resulta un ARN maduro con una secuencia diferente a la de los exones correspondientes en el ADN genómico. La consecuencia final de este proceso es una proteína funcionalmente diferente.

Parece claro que todos estos procesos implican a **proteínas** manejando ARN, modificando, interaccionando y, en definitiva, organizando estructuras con otras proteínas; esto es, creando genuina **información biológica**: pregenética, genética y epigenética.

El agente y el objeto: la proteína y el gen

Desde esta interpretación proteocéntrica, los genes podrían ser considerados como instrumentos moleculares que utilizan las proteínas para garantizar la formación de polipéptidos que mantengan la invariancia secuencial y sean coherentes en sus interacciones con otros de su «población molecular» y con su función. Para ello, los polipéptidos deben conservar determinados aminoácidos en sus secuencias, denominados «motivos», que garanticen la interacción estereoespecífica con otros polipéptidos (especificidad de especie) y con sus moléculas ligandos (especificidad de función).

Por otra parte, los genes también son un instrumento importante para lo que podríamos denominar **«baraje» modular**, que implicaría la construcción de nuevas proteínas a partir de los módulos proteicos o dominios codificados en los exones (primeros DIBE). Por duplicación y baraje genético también se consiguen nuevas pautas en el desarrollo ontogénico.

Acabamos de ver la importancia que tiene para la evolución biológica la progresiva complejidad y variabilidad que va adquiriendo el objeto genético (los genes como instrumento de las proteínas), pero, no obstante, la genuina variación fenotípica surge de la interacción entre proteínas y su medio molecular. En este juego, las variaciones genéticas y epigenéticas son resultados y puntos de partida sucesivos a la vez. Ocurre igual con los avances tecnológicos y la evolución humana, donde los principales saltos de nuestra evolución cultural tienen que ver con avances en la información: desde la aparición del lenguaje oral —con la que nos distinguimos como especie social— hasta los sucesivos avances de la comunicación escrita, de los que destacaremos la imprenta y la informática. Aunque en nuestro caso es, a primera vista, más fácil distinguir el agente (el sujeto) del objeto, no olvidemos algunas acepciones del concepto de alienación o enajenación, donde el producto se vuelve ajeno a su productor y lo domina, esto es, el objeto, producto de la actividad humana, aparece con «vida propia».

Sabemos que la evolución biológica requiere variación y herencia de esa variación que le dé coherencia evolutiva. Esto es consecuencia de una de las características fundamentales de la teoría de niveles de integración: todo nivel emergente debe evolucionar sobre la estabilidad de las conquistas evolutivas del nivel inferior. Así, aunque el surgimiento de la célula se hizo sobre la fundamental conquista de los mecanismos genéticos de síntesis de proteínas, condicionantes de toda la evolución posterior, debemos estar atentos y situar siempre el carro detrás de los bueyes para poder avanzar. El proceso evolutivo avanza merced a las interacciones entre proteínas y entre estas y su medio molecular, del que los ácidos nucleicos forman parte. En este sentido, al menos una parte del denominado «ADN basura» podría ser el resultado evolutivo de la peripecia de las proteínas que evolucionan sobre la plantilla genética que asegura su producción coherente. Sería algo así como las notas o borradores de los textos, producidos por las proteínas, y que la selección natural editará como genes.

Esta idea instrumental y proteocéntrica del genoma permite entender muchas paradojas de la genética. Así, por ejemplo, sabemos que algunos genes pequeños de una hebra del ADN pueden, en realidad, estar situados dentro de los intrones de otros genes más largos de la otra. En este caos genético, ¿cómo puede una mutación mejorar ciegamente un producto si, además, influye en otras proteínas de la misma hebra y de la complementaria? Este caos se entiende mejor si, en vez de entidades que se expresan espontáneamente, los genes se consideran como textos manejados por las proteínas, de la misma manera que un escritor maneja sus notas y borradores para editar un libro.

Teoría de niveles y fenotipos

En el enfoque proteocéntrico estos «mensajes» son el resultado de las interacciones proteína-proteína —rutas de interacciones conformacionales y máquinas proteicas— y proteína-ligando — incluidos el ADN y el ARN— en una suerte de **ecología molecular**.

Desde una perspectiva de niveles de integración, conviene distinguir tres **niveles de desarrollo** y tres **niveles de fenotipo**: proteico (conformacional y secuencial), celular y pluricelular.

Hay que correlacionar los tres niveles de desarrollo con lo que va en vanguardia y lo que está automatizado en la evolución. Así, por ejemplo, desde los niveles inferiores a los superiores, como apreciamos tanto en la evolución de las proteínas como en la del cerebro en capas, se aprecia que la parte más externa es la más abierta a las fluctuaciones ambientales, mientras que las más internas están más conservadas y automatizadas.

En estos niveles de integración, más determinados genéticamente o más abiertos a alternativas celulares más complejas, deben actuar proteínas con menor o mayor plasticidad conformacional: tipo llave-cerradura, proteínas alostéricas, ajuste inducido, chaperones, priones e IDP. Como ya hemos comentado, esta plasticidad frente al medio constituye, desde las etapas prebióticas, la información pregenética, que evoluciona de mayor a menor plasticidad, aumentando la estereoespecificidad.

Pero, además de la coherencia de los niveles biológicos y de su información intrínseca, hay que prestar atención a la coherencia entre cada nivel y su medioambiente, determinante de su particular evolución. Así, por ejemplo, en la evolución humana —que presenta un gran número de conquistas en poco tiempo— no solo no hay un gen del habla, sino que tampoco hay un gen del lenguaje escrito, del cálculo infinitesimal, de la mecánica cuántica ni de ninguna de las grandes conquistas culturales; lo que hay es una base biológica de especie —evidentemente, no solo genética— que interactúa con el medio humano social y cultural. De esta relación resultan nuevas conquistas culturales que permiten interacciones más complejas, y así sucesivamente.

Es decir, en general, las interacciones entre el ser vivo y su medio van tejiendo una red de relaciones causales y contingentes (auténtica información estructural), cuya coherencia histórica constituye la herencia biológica —pregenética, genética y epigenética— sobre la que opera la selección natural.

En definitiva, la genética debería rendirse a la evidencia de que los organismos vivos tienen muchos menos genes que mensajes, y que estos últimos tienen otra naturaleza.

¿Qué selecciona la selección natural, genotipos o fenotipos?

La selección natural es un concepto aparentemente fácil, pero ha sufrido un frondoso crecimiento. Desde su formulación por Darwin en *El origen de las especies*, este concepto ha sido objeto de gran controversia. Sin realizar un abordaje demasiado prolijo, me interesa resaltar la diferencia fundamental entre la concepción de Darwin y la de muchos neodarwinistas.

Frecuentemente se critican aspectos de la selección natural darwiniana, como el reduccionismo genético o el gradualismo, que o bien no estaban o no constituían los pilares fundamentales de su teoría evolutiva, aunque si los de la teoría sintética que, nacida entre los años treinta y cuarenta del siglo XX, se ha constituido en una especie de albacea del darwinismo.

La teoría sintética propone un modelo centrado en la población como unidad evolutiva, y donde las únicas fuentes de variación al azar recaen fundamentalmente en la mutación y, para algunos autores también, en la recombinación genética. Es un modelo reduccionista, sobre todo en las versiones representadas por algunos genetistas de poblaciones matemáticos, que ponen el foco de la evolución en la variación de las frecuencias alélicas de las poblaciones. La selección natural constituiría el principal mecanismo que operaría sobre cambios genéticos graduales y lentos de los genotipos. En esta formulación de la teoría sintética, el genotipo —más aún, las frecuencias alélicas— es lo substantivo, y el fenotipo queda postergado a un segundo e impreciso plano.

No obstante, Ernst Mayr (1992) nos dice —respecto a la teoría sintética o síntesis, de la que él es uno de los principales autores no genetistas— en el capítulo 9 de su libro *Una larga controversia: Darwin y el darwinismo*: «Durante el periodo reduccionista de la genética matemática se ignoró la *cohesión del genotipo* que propuso Weismann. En otras palabras, es el genotipo como un todo lo que responde a las fuerzas de la selección natural».

Pero, en sentido contrario, Mayr también marca diferencias con los ambientalistas al afirmar que:

> *Los naturalistas que hasta entonces no lo sabían aprendieron de los genetistas que la herencia siempre es dura, nunca blanda. No puede haber influencia del ambiente heredable, ni herencia de los caracteres adquiridos.*

*Los naturalistas habían sido los más firmes defensores de
la selección natural, pero, al igual que Darwin, casi todos
ellos tendieron a creer simultáneamente en la existencia de
una cierta proporción de herencia blanda.*

Mayr, que representa una de las posiciones más equilibradas
de la teoría sintética y más abierta a integrar nuevos hechos y
teorías, también afirma:

*La unificación de la biología evolutiva conseguida por
la síntesis dibujó la escena a grandes rasgos: la evolución
gradual se debe al ordenamiento por selección natural
de la variación genética y todos los fenómenos evolutivos
pueden explicarse en términos de mecanismos genéticos
conocidos. Esto constituyó una simplificación extrema, teniendo en cuenta que los procesos en la biología de los organismos suelen ser muy complejos, implicando a menudo
varios niveles jerárquicos y soluciones variadas.*

Pero lo que realmente ocurre es que, a pesar de los esfuerzos de
Mayr, esta versión reduccionista de la síntesis, expuesta de forma
matemática por algunos genetistas de poblaciones, aparece, de
hecho, como su dogma fundamental.

Aun así, Mayr insiste en el capítulo 10:

*Los críticos han puesto objeciones continuamente a la afir-
mación de que la evolución darwiniana se debe a la selección
de mutaciones al azar [...] los biólogos que estudian organismos han considerado al individuo en su conjunto como
el nivel de actuación de la selección y, por lo tanto, se ha considerado que la recombinación y la estructura del genotipo
tienen una importancia mucho mayor que las mutaciones
que ocurren en loci individuales.*

Aunque más adelante reconoce que: «Para los genetistas, o al
menos para aquellos influidos por Muller, Fisher y Haldane, el
gen siguió siendo el nivel de actuación básico de la selección y se

consideraba que la mayoría de los genes tienen valores de aptitud (*fitness*) constantes».

Mayr arremete incansablemente contra esta visión: «La creencia de algunos reduccionistas de que el papel de los genes se agota en la contribución de cada gen, básicamente de forma independiente, a algún aspecto concreto del fenotipo, ignora el hecho de que el genotipo es un complejo sistema de interacciones».

En este sentido, bajo el epígrafe «Dominios del genotipo», nos dice:

> *Hoy sabemos que hay diferentes clases de genes y que no solamente desempeñan papeles diferentes en la ontogenia, sino también en la evolución. Además, algunos genes parecen estar agrupados en unidades funcionales y parecen controlar el desarrollo como tales unidades. Aparentemente, representan dominios bien definidos que otorgan una estructura jerárquica al genotipo. La existencia de tales dominios no está necesariamente en conflicto con la segregación mendeliana. Aún no se ha comprendido cómo se consigue la conservación de tales dominios en el desarrollo y en la evolución, aunque el descubrimiento de la presencia muy extendida (desde las levaduras a los mamíferos) de homeoboxes (Robertson, 1985) y el estudio de grupos completos de genes inmunitarios han abierto algunas posibilidades.*

En mi opinión, es bien sabido que la segregación mendeliana de los genes en los cromosomas responde básicamente al fenómeno citológico de la meiosis, mientras que los «dominios del genotipo» están relacionados con las redes de interacciones proteicas implicadas en los sistemas funcionales de las células y de los individuos pluricelulares. Pero la teoría cromosómica de la herencia que sitúa los genes en los cromosomas debe tener en cuenta, además, que estos presentan un gran dinamismo con proteínas que forman parte de su estructura como las histonas, y otras que

interactúan con ellos. Todas ellas intervienen en procesos epigenéticos que son característicos de cada especie y que, a diferencia de lo que ocurre con las escasas diferencias genéticas entre
algunas tan alejadas como nemátodos y humanos, estos procesos
sí son representativos de la complejidad específica.

Aún más, para el modelo proteocéntrico la importancia de
los genes relacionados con el control del plan corporal u homeo-
boxes —que no presentan ninguna característica genética distin-
tiva respecto a los denominados genes estructurales— radica en
las proteínas que codifican y en la secuencia espaciotemporal de
interacciones que estas proteínas establecen durante el desarrollo.
Quizá la diferencia esté en la posible flexibilidad o plasticidad de
las proteínas relacionadas con uno u otro tipo de genes: menor
para los estructurales y mayor para los reguladores, donde la interacción entre proteínas y estos genes está sometida a mayores
variaciones ambientales tanto internas como externas.

Sobre el uso, desuso y herencia de los caracteres adquiridos

Como ya hemos visto, la herencia genética implica la transmisión de ADN que contiene información secuencial, y que esta
condiciona en mayor o menor medida la información conformacional. Pero en todos los niveles biológicos (supramolecular
proteico, celular y pluricelular) se da cierta plasticidad fenotípica
frente al ambiente, como la que hace que, bajo determinadas circunstancias, en las proteínas no se manifiesten conformacional-
mente las mutaciones. En este fenómeno, la coherencia funcional
y estructural de las proteínas que interactúan impone las conformaciones anteriores a las mutaciones, de forma que estas se acumulan con la ayuda de proteínas de choque térmico (HSP), que
actúan como *capacitors* (condensadores o almacenadores de mu-

taciones), y también con la intervención de priones que, además, actúan como propagadores de conformaciones, hasta llegar a un periodo de cambio ambiental drástico (estrés) donde todas las mutaciones almacenadas se liberan y expresan a la vez (Halfmann y Lindquist, 2010).

Este fenómeno puede considerarse la explicación molecular de la teoría de los equilibrios intermitentes de Gould y Eldredge. Así, durante el periodo de equilibrio (estasis), se podría decir que el efecto del «uso» —el fenotipo tensado al máximo frente al medio— se manifestaba y «heredaba», ya que, a lo largo del tiempo, la descendencia se encontraba con un ambiente molecular determinado y la conformación correspondiente de las proteínas, que se mantenía en coherencia con él. Esto constituye un carácter adquirido no genético, dentro de los límites de la plasticidad fenotípica, en este caso proteica, frente a determinadas condiciones ambientales perdurables.

Como ejemplo de la no herencia de los caracteres adquiridos, se suele poner la adquisición de una gran musculatura en un gimnasio y que esta no determina que los hijos desarrollen esos músculos. Pero también podemos poner el ejemplo de mineros que desarrollaban musculatura de mineros, y cuyos descendientes «heredaban» la condición de mineros durante varias generaciones, con todas sus consecuencias somáticas.

Estas ideas ya estaban presentes de alguna manera en Darwin, como afirma Ernst Mayr en el capítulo 8 del libro citado anteriormente:

> *Darwin hace no menos de tres grupos de concesiones a la posibilidad de que el ambiente, en el más amplio sentido de la palabra, pueda inducir variación genética y de que los caracteres adquiridos puedan heredarse. Primero, especuló sobre el efecto directo del ambiente en ciertas estructuras; segundo, emitió hipótesis sobre el efecto indirecto del ambiente en el*

aumento de la variabilidad; y tercero, discutió los efectos del
uso y de la falta de uso.

La tesis principal de Darwin era que el cambio evoluti-
vo se debe a la producción de variación en una población y
a la supervivencia y éxito reproductivo [selección natural y
selección sexual] de algunas de esas variantes. Darwin consi-
deraba que la variación era un fenómeno intermitente, que
ocurría fundamentalmente en circunstancias especiales. Sin
embargo, estaba bastante convencido de que en la naturale-
za hay una inmensa reserva de variación que está siempre
disponible como material para la selección.

También conviene recordar que, fundamentalmente, Darwin
adoptó el gradualismo como postura de oposición frente al catastrofismo creacionista, pero sus consideraciones sobre la variación
como fenómeno intermitente recuerdan más a la teoría evolucionista de los equilibrios intermitentes de Gould y Eldredge que a
la teoría sintética. Él no puede hablar de variacionismo gradualista genético y, sin citar el término fenotipo, siempre se refiere a
características fenotípicas de los organismos. No hay que identificar a Darwin de forma simplista con la teoría sintética —ni
siquiera con la versión menos reduccionista de Mayr—, él solo
habla de «una fuente inagotable de variabilidad» y de «selección
natural» como reproducción diferencial de los individuos de una
especie, no como mecanismo generador de cambios.

Recordemos que en el comienzo del capítulo VI de *El origen
de las especies por selección natural* Darwin se plantea algunas dificultades y objeciones sobre su teoría. En el primer grupo de estas
aborda sus dudas sobre el gradualismo: «Si las especies han des-
cendido por grados de otras especies, ¿por qué no encontramos
en todas partes innumerables formas de transición? ¿Por qué no
está toda la naturaleza confusa, en lugar de estar las especies bien
definidas según las vemos?».

Conviene recordar que en el capítulo IV («Selección natural o la supervivencia de los más adecuados») nos dice:

Verdaderamente, puede decirse que, en domesticidad, todo el organismo se hace plástico en alguna medida. Pero la variabilidad que encontramos casi universalmente en nuestras producciones domésticas no está producida directamente por el hombre; el hombre no puede crear variedades ni impedir su aparición; puede únicamente conservar y acumular aquellas que aparezcan; pero cambios semejantes de condiciones pueden ocurrir, y ocurren, en la naturaleza. Tengamos también presente cuán infinitamente complejas y rigurosamente adaptadas son las relaciones de todos los seres orgánicos entre sí y con condiciones físicas de vida, y, en consecuencia, qué infinitamente variadas diversidades de estructura serían útiles a cada ser en condiciones cambiantes de vida. Si esto ocurre, ¿podemos dudar —recordando que nacen muchos más individuos de los que acaso pueden sobrevivir— que los individuos que tienen ventaja, por ligera que sea, sobre otros tendrían más probabilidades de sobrevivir y procrear su especie? A esta conservación de las diferencias y variaciones individualmente favorables y la destrucción de las que son perjudiciales, la he llamado yo selección natural o supervivencia de los más adecuados.

Más adelante, Darwin vuelve a subrayar el carácter conservador y acumulador —y no generador directo de variaciones— de la selección natural, merced a la reproducción diferencial de los individuos de una especie que presentan los fenotipos más adecuados:

Varios autores han interpretado mal o puesto reparos a la expresión selección natural. Algunos hasta han imaginado que la selección natural produce la variabilidad, siendo así que implica solamente la conservación de las variedades que aparecen y son beneficiosas al ser en sus condiciones de vida.

Para terminar este apartado, vamos a comparar dos casos de herencia ovina que nos ilustran acerca de la diferente complejidad con la que se enfrentan algunos planteamientos genéticos excesivamente reduccionistas.

El primer caso aparece frecuentemente en los libros de texto como ejemplo explicativo de la teoría sintética. Se trata del nacimiento súbito de un carnero con patas cortas y torcidas. Este carnero, que probablemente no habría dejado descendencia por selección natural, fue objeto de selección artificial, con el propósito beneficioso para el granjero de criarlos en cercados con vallas más bajas. Del cruce de este carnero con una oveja normal se transmitió la mutación y lograron dos crías con patas cortas y torcidas. Seleccionando sucesivamente carneros y ovejas de patas cortas y torcidas se logró una raza pura de ovejas de patas cortas, donde todo el rebaño tenía esta mutación dominante. Aquí estamos ante un caso sencillo de herencia mendeliana clásica.

El segundo caso es más complejo y desconcertante para la concepción clásica de la herencia (ver Temas 81 de *Investigación y Ciencia*: Epigenética, p. 44). En resumen:

> *Hace veinte años nació Oro Macizo, un carnero singular que, en virtud de una mutación en el cromosoma 18, presentaba unas ancas poderosas. Oro macizo transmitió este rasgo a la mitad de la descendencia, de acuerdo con el patrón típico de un gen dominante. En generaciones posteriores, sin embargo, se observó que los individuos que heredaban la mutación de la madre mostraban un aspecto normal, incluso cuando le acompañara la mutación del padre. A causa de los efectos epigenéticos, los únicos corderos que desarrollan ancas robustas son los que reciben una sola copia de la mutación y ésta proceda del padre. Esta peculiar herencia implica: un gen codificador de proteína, uno o más genes de solo ARN, dos efectos epigenéticos y una pequeña mutación muy alejada*

de los otros genes. Además podría haber impronta genómica en la genealogía. Toda esta complejidad parece muy alejada de una simple variación de las frecuencias alélicas.

Epigenética, evolución modular y plasticidad fenotípica

En la descripción e interpretación de un universo material en permanente evolución, filósofos y científicos han utilizado ideas contrapuestas como el esencialismo y la contingencia: el primer término hace referencia a la esencia permanente e invariable que hace que un ser sea lo que es; por el contrario, el segundo define la singularidad del objeto o del individuo, y se adquiere de forma accidental sin que su presencia o ausencia afecte a su naturaleza esencial. Vemos en la unicidad de lo vivo unas pocas formas básicas —las cuales podrían considerarse, formalmente, esenciales— que permiten edificar modularmente estructuras más complejas y variables. Así pues, ¿qué papel desempeña la contingencia en la variabilidad biológica?

Posiblemente, la respuesta a esta pregunta se oriente en el sentido de que cuanto más elemental sea el nivel de integración energético-material, más deterministas serán sus posibilidades de interacción y los posibles caminos que seguir, esto es, menor será la contingencia. El esencialismo es más de la física y de la química, al presentar unos niveles de integración energético-material más elementales y definidos. Por su parte, la contingencia es más importante en la biología, ya que es la clave de la evolución, aunque cada grupo taxonómico presenta unas características esenciales.

Al plantearnos la evolución de las **proteínas** debemos tener en cuenta:

- Las **formas** (conformaciones) básicas de las proteínas.

- Las **interacciones**, condicionadas por las formas, por la **información posicional** y por la **contingencia medioambiental**, que aquí se va ampliando.

La evolución va generando nuevas **estructuras**, es decir, **nueva información biológica** (dominios de información biológica estructural, **DIBE**) en forma de patrones epigenéticos. La **epigenética** implica el manejo modular de los genes: cuáles se usan y en qué orden. En este sentido, resulta muy interesante el hecho de que el 88 % de los polimorfismos de un solo nucleótido (*single nucleotide polymorphism*, SNP), que están asociados a un determinado fenotipo, se encuentran en regiones no codificantes como intrones y regiones intergénicas (dbSNP del NCBI). Esto es un gran golpe a la teoría sintética, ya que estas mutaciones no tienen que ver con la variabilidad de la información genética, sino con los efectos epigenéticos de su manejo por proteínas.

De nivel en nivel, las **variaciones de forma** se construyen con los elementos modulares del nivel inferior, de manera que estos **módulos** (estructurales y/o funcionales, DIBE), una vez fijados permiten los cambios experimentales nuevos sujetos a la contingencia de cada momento. Es decir, paulatinamente, se va tejiendo una jerarquía de posición y de interacción.

La selección natural actúa sobre los fenotipos (proteico, celular y pluricelular), resultantes de todas estas fuentes de variación, según sea su papel relativo en la supervivencia. Además, como ya hemos visto, el fenotipo proteico está muy condicionado por las proteínas implicadas en la regulación y propagación de sus conformaciones (chaperones, priones e IDP). La actuación de estas proteínas tiene que ver con el ambiente — por ejemplo, situaciones de estrés—. Así, estas proteínas pasan en cada división celular somática a las células hijas, proporcionando información conformacional y posicional de la peripecia vital anterior. Estas células somáticas tendrán el genoma heredado de sus progenitores y los cambios fenotípicos proteicos adquiridos en su respuesta al ambiente.

Como ya hemos visto, aunque a lo largo del tiempo se acumulen mutaciones en la línea germinal, el fenotipo tiende a mantenerse estable (periodo de estasis) regulado por HSPs (chaperones), hasta que en condiciones de estrés las HSP liberan estas mutaciones (periodo de evolución rápida), lo que implicaría el cambio genotípico y el camino a la **especiación**.

Estos mecanismos moleculares propician la integración no ecléctica de tres de las principales teorías evolucionistas neodarwinistas, que responden a diferentes aspectos de la realidad: las mutaciones se irían acumulando gradualmente en el ADN (**gradualismo**), pero controladas por las HSP no se manifestarían (**neutralismo**), mientras que el cambio fenotípico con implicaciones macroevolutivas se manifestaría en condiciones de estrés y sería saltacionista (**equilibrios intermitentes**).

Teoría de los niveles de integración y evolución modular

La teoría de niveles se opone a la concepción de **evolución gradual al azar**. En el surgimiento de cada nuevo nivel se produce un **salto cualitativo** donde se fijan, se automatizan, las conquistas del nivel anterior y, posteriormente, se experimenta con ellas —evolución chapucera o *tinker*, en vez de nuevo diseño—: dominios proteicos y exones, unidades funcionales animales, evolución humana e información, por ejemplo. Cada nuevo nivel de integración o incluso de complejidad —como tejidos, órganos, sistemas...—, se eleva sobre lo anterior, no parte de cero, no es el resultado de la mera acumulación de cambios en el ADN (aunque esté el ADN y sus cambios). Así, las nuevas conquistas surgen de la evolución modular de lo anterior, combinando dominios de información biológica estructural (DIBE). De esta forma, como en la evolución cultural humana, el despliegue evolutivo es cada vez más rápido, ya que nunca se parte de cero.

En esta evolución articulada por módulos de conquistas previas hay que distinguir muy bien entre los agentes y los instrumentos. De nivel en nivel, desde lo inorgánico a lo vivo las interacciones dan **formas** (y estas son **información de las nuevas interacciones**) que pueden reducirse a unas pocas esenciales. Sabemos que es imposible conseguir una forma viva compleja desde lo inorgánico, a partir de interacciones al azar de partículas subatómicas. Pero también sabemos que es posible si consideramos la perspectiva evolucionista de los niveles de integración-complejidad (genuinos **niveles de información**): partículas subatómicas, átomos, moléculas, células, individuos pluricelulares.

La información que «circula» por los distintos niveles de un ser vivo complejo (por ejemplo, un animal) no puede limitarse al ADN, ni siquiera a la información conformacional. El ser vivo y su ambiente, en permanente interacción, es un todo informativo.

En este sentido, el objetivo de la **proteómica** debe ser desentrañar las interacciones de los complejos puzles proteicos, su orden de prioridad, naturaleza y evolución. Actualmente, no podemos conformarnos con descripciones del tipo: el gen responsable o el gen implicado. No podemos contemplar la «expresión génica» como palomitas de maíz saltando en una sartén, hay que conocer el complejo proceso de las interacciones proteicas que subyacen en cualquier función o subfunción biológica.

La evolución articulada de niveles de complejidad supera la concepción azarosa de la mutación, pero no es teleológica, solo **se apoya en las conquistas previas**.

No obstante, la selección natural y la sexual son importantes, porque seleccionan los individuos que, de generación en generación, transmiten su patrimonio hereditario (pregenético, genético y epigenético). Pero **la selección natural** es también el mecanismo moldeador que hace —en todos los niveles de ser vivo— que las características somáticas estén tensadas al máximo en un **abanico de fenotipos**, aunque no parece ser la responsable de los grandes cambios tipológicos. Está claro que no se puede llamar fenotipo a un chichón, pero tampoco a las amputaciones de las colas de varias generaciones de ratones, como hizo Weismann para ridiculizar la teoría de la herencia de los caracteres adquiridos. El fenotipo es cambiante y tiene un marcado carácter temporal, sobre todo si tiene muchas influencias ambientales.

Al estudiar un proceso o una estructura hay que distinguir bien qué aporta cada parte. Como ya hemos visto, ante la observación de un panal de abejas podemos pensar en las abejas calculando la forma hexagonal de las celdillas, o suponer que un determinado gen o conjunto de genes es el responsable de un comportamiento instintivo que se manifiesta en la construcción del panal con celdillas exactamente hexagonales. Pero también podemos comprobar cómo las gotas de cera (como cualquier gota) tiende a adoptar una forma esférica, y cómo formas esféricas agrupadas estrechamente tienden a adoptar formas hexagonales. Vemos aquí cómo la **información estructural** circula libremente: dadas unas condiciones iniciales, dada una **forma**.

Como la **macroevolución es modular** (módulos proteicos, genéticos…, DIBE), y estos se han conservado estructuralmente, los **patrones conformacionales básicos de las proteínas** son prioritarios (independientes y anteriores) a la **variación secuencial** producida en los procesos de generación de diversidad genética. Así, los cambios de especificidad fina de las proteínas deben darse dentro del marco restrictivo de las conformaciones básicas con las que dichos cambios deben ser permisivos. Además, las HSP actuando como *capacitors* regulan las conformaciones proteicas en el contexto de sus interacciones. Una proteína puede tener una determinada conformación cuando está sola —en libertad— y otras en interacción con otras proteínas —al igual que ya hemos visto que ocurre con las gotas—. En definitiva, la **conformación es relativamente independiente de la secuencia**.

El ser vivo mantiene su independencia activamente (se mantiene vivo) alejándose del estado estacionario. Para ello, realiza y despliega variantes de las funciones vitales. En el despliegue de estas variantes plantea una estrategia de **duplicación de módulos genéticos** que sirven para la **ordenación y relación espaciotemporal de funciones** —algo así como un programa informático general de diseño—, que puede servir para distintos diseños. Las «pinceladas finas» van respondiendo a las variaciones ambientales, pero sin modificar el programa general.

En resumen, debe haber **programas generales de diseño** (como los genes Hox) que respondan a las distintas jerarquías de seres vivos (taxones). Estos planes responderían así a una concepción **esencialista** y **saltacionista**. Por otra parte, dentro de estos tipos generales se despliegan multitud de formas diferentes (específicas) que se ajustan a una **concepción variacionista gradualista**, pero los niveles de integración biológicos están perfectamente trabados por la coherencia del cambio evolutivo.

Las proteínas que forman parte de los complejos proteicos no disponen de espacios libres en su superficie para nuevas interacciones con otras proteínas. En coherencia con ello, cualquier variación en uno de los genes de estas proteínas, que tuviera un efecto estructural y funcional en ella, tendría que venir armonizada por una **constelación de variaciones** en los genes de otras proteínas de los complejos, de modo que la funcionalidad conformacional global no se pierda.

La otra alternativa es la ya citada **contención y acumulación de mutaciones**, llevada a cabo por HSP y priones, mientras los complejos sigan funcionando ante un ambiente coherente y estable.

Perspectiva sistémica del cambio genético

La perspectiva sistémica del cambio genético afecta profundamente a la concepción genética clásica del modelo evolutivo neodarwinista centrado en la actuación de genes individuales y en las frecuencias alélicas de las mutaciones génicas.

En este sentido, los genes Hox y otros sistemas genéticos implicados en el desarrollo de las formas y funciones animales, nos dan un poco la clave del problema de la forma en su relación con la genética.

Los genes Hox (y otros similares) dan solo la pauta general segmental (a modo de programas generales de diseño). Pero también vemos que los denominados **genes *downstream*** son muy parecidos, ya que van a originar proteínas similares. La similitud de estas proteínas está mucho más acentuada a nivel estructural, y las diferencias interespecíficas pueden afectar a las interacciones de estas proteínas en las complejas «máquinas y factorías» que integran (Sampedro, 2002). Esta coherencia funcional y estructural en las interacciones entre proteínas en las células de una determinada especie implica que la plasticidad fenotípica proteica sea prioritaria a la duplicación génica (ver figura en el apartado «Contingencia y selección natural» del capítulo 7). Podemos imaginarnos a dos proteínas idénticas adoptando conformaciones funcionales más o menos diferentes frente a ligandos semejantes, en un proceso adaptativo. El uso paulatino de esta diferente tensión conformacional orientaría epigenéticamente, y seleccionaría, las variantes de las posibles duplicaciones de los genes de estas proteínas que experimentan una adaptación divergente.

Un ejemplo de plasticidad conformacional proteica lo tenemos en los denominados dímeros de Bence-Jones formados por la interacción de dos cadenas ligeras de inmunoglobulinas con la misma secuencia de aminoácidos. Estos apareamientos proteicos se detectaron en células de mieloma múltiple y, sorprendentemente, forman sitios específicos de unión al antígeno. Lo más notable es que la geometría de este sitio (el paratopo) impone que una de las dos cadenas ligeras idénticas adopte una conformación de cadena pesada, mientras que la otra mantiene la de cadena ligera. Vemos cómo la exigencia funcional del reconocimiento antigénico actúa sobre la plasticidad proteica forzando su conformación. Así pues, las secuencias polipeptídicas —codificadas genéticamente— albergan un amplio abanico de posibilidades conformacionales —mayor o menor según el tipo de proteínas— que permitirá iniciar el camino de las adaptaciones moleculares y seleccionar las variaciones genéticas coherentes con ellas. En la segunda parte del libro veremos con más detalle este proceso adaptativo de la plasticidad conformacional frente al medio en otras proteínas del sistema inmunitario.

Pero volviendo a la perspectiva sistémica del cambio genético, el manejo de los genes Hox y otros sistemas se basa en la **afinidad de la interacción de las proteínas que los regulan** con las respectivas porciones de ADN que son sus ligandos. La afinidad de la interacción radica en la información conformacional de las proteínas, como podría esperarse si éstas fuesen las que llevasen la batuta de los procesos supramoleculares. Además, parece que esta afinidad depende de otras proteínas que podrían actuar como «mandos de volumen celular o sintonizadores». Todo esto abunda en la idea de la **prioridad de la información conformacional** en la relación entre fenotipo y genotipo.

No es ya que muchas proteínas («expresión del genotipo») tengan más de una conformación y más de un estado funcional, pasando de forma discreta (encendido y apagado, «blanco y negro») de uno a otro bajo la influencia ambiental, sino que ahora nos encontramos frente a toda una gama de grises como posibilidad. Cada una de estas variantes somáticas fenotípicas no responde a un alelo distinto, son variantes estructurales y funcionales de la misma secuencia de aminoácidos frente a variaciones ambientales (pH, temperatura, concentración de metabolitos, interacciones entre proteínas...).

Así, en los complejos proteicos, la conformación y el estado funcional de cada proteína debe repercutir en las de todas las demás según sea su posición y papel en el conjunto. Esta explosión de **variabilidad fenotípica** coordinada emana de la **plasticidad conformacional y funcional** implícita en las interacciones entre las proteínas y su ambiente, en una suerte de **ecología molecular**.

Información genética e información estructural

En un apartado anterior concluíamos con la idea de que la genética debería rendirse a la evidencia de que **los organismos vivos tienen muchos menos genes que mensajes biológicos,** sino que además estos mensajes tienen otra naturaleza que la mera relación secuencial entre ADN y proteínas (Lewontin, 2000).

En este sentido, en su tratado de genética (2008) Griffiths, Wessler, Lewontin y Carroll, al tratar de los genes, el ambiente y el organismo plantean tres modelos de herencia y de desarrollo del organismo:

Modelo I. Determinación genética. *La posibilidad de gran parte de la genética experimental depende del hecho de que muchas diferencias fenotípicas entre individuos mutantes y de tipo salvaje que resultan de diferencias alélicas son* *insensibles a las condiciones ambientales. Por ejemplo, en la anemia falciforme. Es el modelo inicial de la genética.*

Modelo II. Determinación ambiental. *En este modelo los genes inciden en el sistema para darle ciertas señales generales para el desarrollo, pero es el medioambiente el que determina el curso real de la acción. Por ejemplo, dos gemelos monocigóticos educados en dos países muy distintos, China y Hungría, adquirirán costumbres, idioma y valores culturales muy distintos.*

Modelo III. Interacción genotipo-ambiente. *Para un organismo es importante no solo qué ambientes encuentra, sino en qué orden se los encuentra. Una mosca de la fruta (D. melanogaster) se desarrolla normalmente a 25 °C. Si la temperatura se eleva hasta 37 °C durante un breve periodo de tiempo en la etapa inicial de su desarrollo de pupa, algunas de las moscas adultas carecen de parte del patrón normal de venas de sus alas. Sin embargo, si este choque térmico se administra solo 24 horas después, la mosca desarrolla el patrón normal de las venas. En un sentido biológico, los individuos solo heredan las estructuras moleculares del cigoto a partir de las cuales se desarrollan. Los individuos heredan sus genes, no los resultados finales de su desarrollo histórico particular.*

Así, esperamos variaciones aleatorias en rasgos fenotípicos tales como el número de células del ojo, el número de cabellos, la forma exacta de pequeños caracteres o las conexiones de las neuronas en un sistema nervioso central muy complejo, aun cuando el genotipo y el ambiente estén alejados de forma precisa. Los acontecimientos aleatorios durante el desarrollo conducen a una variación en el fenotipo que se denomina ruido del desarrollo (contingencia).

Para mi **modelo proteocéntrico**, más que interacciones entre genotipo y medioambiente se dan interacciones entre **proteínas**

y medioambiente. Así, cada «mensaje» (digamos mejor este tipo de información biológica) es el resultado de las **interacciones proteína-proteína** (rutas de interacciones conformacionales y complejos proteicos) y **proteína-ligando** (incluidos el ADN y el ARN como ligandos) en una suerte de **ecología molecular**.

También decíamos que desde una perspectiva de niveles de integración conviene distinguir **tres niveles de desarrollo y tres niveles de fenotipo**: proteico (tanto secuencial como conformacional), celular y pluricelular.

En estos niveles, según sea su grado de determinismo genético o su apertura a alternativas celulares más complejas, deben actuar proteínas con menor o mayor plasticidad conformacional: tipo llave-cerradura, ajuste inducido, proteínas alostéricas, chaperones, priones y proteínas intrínsecamente desestructuradas.

Así, la **información genética secuencial** atendería a las conformaciones de los módulos proteicos, seleccionados básicamente en una primera etapa evolutiva y presentes en todos los seres vivos. Por otra parte, la denominada **epigenética** respondería a la información y herencia relativa a la evolución singular de los seres vivos de los niveles celular y pluricelular que comprende los cambios heredables de la expresión génica o del fenotipo sin que se produzcan cambios en las secuencias de ADN. La epigenética es claramente información estructural, mientras que la genética lo es indirectamente, ya que los genes serían los depositarios secuenciales de la información estructural de las proteínas.

Bajo la denominación epigenética se incluyen dos significados distintos:

- **Epigenética**, *sensu stricto*, **sobre el genoma**, como información almacenada mediante señalizaciones moleculares (metilaciones, entre otras) en las proteínas que se unen al ADN en un proceso selectivo de la utilización de su información genética, sin alterar su secuencia.

- **Epigenética,** *sensu lato,* **como información sobre procesos celulares**, que constituiría una suerte de herencia estructural y fisiológica, como ya hemos visto en algunos procesos inmunológicos o como, por ejemplo, se cita en la p. 667 del *Molecular Biology of the Cell* (Alberts, 2002):

> *Un nuevo RE no puede ser hecho sin otro preexistente. La información requerida para construir un orgánulo de membrana no reside exclusivamente en el ADN que especifica las proteínas del orgánulo. También se requiere* **información epigenética en forma de alguna proteína que preexista en el orgánulo.** *Tal información es esencial para la propagación de la organización compartimental celular.*

Realmente, esto es pura información estructural y supondría admitir cierta herencia de caracteres adquiridos somáticos, al menos a nivel celular. En cualquier caso, como ya hemos visto, hay que admitir una especie de **herencia medioambiental** que marca una coherencia de información epigenética y de la consiguiente **herencia epigenética**.

A mi juicio, la epigenética debe desentrañar qué genes se expresan en cada momento (el denominado patrón epigenético) controlados por proteínas que los marcan de diferentes maneras según las circunstancias medioambientales.

En los organismos que sobreviven hasta dejar descendencia, esta hereda las características secuenciales, conformacionales y posicionales de las proteínas y también las características epigenéticas de otras estructuras celulares de sus progenitores.

Además de la coherencia interna de cada uno de los niveles biológicos y de su información intrínseca, hay que prestar atención a la coherencia entre cada nivel y su medioambiente; determinantes ambas, interna y externa, de la evolución particular de cada organismo.

Es decir, en general, las **interacciones entre cada nivel de ser vivo y su medioambiente** van tejiendo una red de relaciones causales y contingentes, auténtica **información estructural epigenética** cuya coherencia histórica constituye el polo externo de la herencia biológica sobre la que opera la selección natural.

Desde esta perspectiva, parece claro que la **selección natural** actúa sobre organismos distinguibles por un conjunto de **caracteres fenotípicos**, basados en la **plasticidad conformacional pregenética** de interacciones proteicas que tienen un **sustrato heredable**, tanto secuencial (**genético**) como estructural (**epigenético**).

Esta **información biológica estructural heredable**, fundamentada en la **funcionalidad de las proteínas**, ha debido propagarse de forma continua desde el origen de la vida hasta la actualidad, y constituye el núcleo central del **modelo proteocéntrico**.

Capítulo 6
Evolución biológica mediante la concatenación de la necesidad y la contingencia

Las posibilidades del universo y los mundos posibles

Como vimos en el capítulo 5 (Reeves *et al.*, 2006), si el universo fuese infinito, en él se podrían realizar continuamente todos los mundos posibles: las necesidades elementales concatenadas en innúmeros fenómenos materiales y las infinitas contingencias que marquen todas las historias de los sucesos posibles. Así, se podría decir que en la evolución del universo todas las posibilidades de existencia material están potencialmente escritas (son contingentes), pero no todas de una vez ni nunca en una historia única. Esta interpretación puede parecer lógica aun en un universo finito, aunque inmenso y con las alternativas de la física cuántica; pero si además existiese el multiverso, infinitas veces se podrían repetir todas las posibles interacciones materiales, y cada particularidad, cada contingencia sería una de las infinitas posibilidades más o menos parecidas. Cuesta imaginar esta especulación: un sinfín mareante de interacciones materiales en un espacio-tiempo sin límites. En este escenario, nuestra propia existencia podría repetirse infinitas veces con todas las posibles variantes a partir del nacimiento. El curso de la historia de la humanidad —tal como la conocemos— podría repetirse paso a paso o con variantes mayores o menores según la importancia relativa de los personajes afectados: no sería lo mismo que, en algunas de estas alternativas, muriesen en la infancia Julio César, Napoleón o Hitler a que esto les sucediera a cualquiera de sus soldados. Y lo mismo podríamos decir de la historia geológica y de la evolución biológica que conocemos. La vida en la Tierra podría haber desaparecido totalmente en alguna de las extinciones masivas de las que tenemos noticia sin que necesariamente hubiesen surgido muchas especies; la humana, entre otras.

Pero, además, debemos tener en cuenta que la influencia de las contingencias posibles en nuestra historia, y en la evolución biológica, presenta algunas diferencias con el desarrollo de un proceso físico o de una reacción química. En los niveles de integración inferiores (átomos y moléculas), los fenómenos necesarios —los que no pueden dejar de ocurrir porque tienen una probabilidad altísima de que se produzcan— dependen aparentemente del azar del movimiento de sus partículas, aunque presentan una tendencia casi finalista a su realización. Por el contrario, en los niveles de integración propios de los seres vivos observaremos una influencia creciente de la contingencia, a pesar de que en ocasiones podamos observarlos como algo parecido a un fenómeno fisicoquímico. En este sentido, desde el siglo XIX se aplica un nuevo método —desarrollado por Boltzmann y denominado termodinámica estadística— al análisis de los procesos de estos niveles inferiores, donde están implicados grandes números de átomos y moléculas y la peripecia individual no importa: solo se tienen en cuenta los valores medios del número de colisiones y la probabilidad de choque. La universal segunda ley de la termodinámica da una apariencia teleológica a la necesidad de todos los fenómenos materiales, incluida la vida, con su imperativo aumento de la entropía. Así, en un fenómeno como la expansión de un gas analizaremos el movimiento de sus moléculas y los choques aleatorios entre ellas —asociados a parámetros físicos como el calor, la presión y la temperatura, de acuerdo con esta ley—, sin importarnos ni las trayectorias ni los cambios de velocidad de estas partículas tras cada impacto. La necesidad de los fenómenos la vemos igualmente en una reacción química como, por ejemplo, la de un ácido y una base: imperativamente se va a producir una sal y agua, independientemente de cuál sea la sucesión de choques fortuitos entre las moléculas concretas. Si pudiésemos numerar las $6,022 \cdot 10^{23}$ moléculas de cada mol de ácido y base, e igualmente pudiéramos seguir el curso de sus choques y transformaciones, veríamos que este es distinto en cada reacción, pero el resultado final es el mismo: sal y agua.

Más parecido a la historia humana, pero intermedio entre esta y las reacciones químicas, es el caso de las migraciones anuales de los ñúes atravesando sabana y ríos. Aunque en estos sucesos aumenta mucho la contingencia, en su estudio no nos importa la vida anterior ni la peripecia de cada ñu en la travesía; el resultado final es parecido cada año en el número de muertos y supervivientes.

No obstante, en el análisis de fenómenos que implican grandes números de individualidades, la mera observación siempre puede producir cierta confusión. Así, por ejemplo, al contemplar desde una ventana a una multitud moviéndose por una ciudad podríamos pensar que sus desplazamientos son al azar, aunque por experiencia directa sabemos que, en muchos casos, no son simples paseantes sin rumbo: entre ellos hay personas que caminan con una motivación, con una intencionalidad; pero, es más —y aquí aparece la contingencia—, para algunos, una llamada inesperada o un encuentro fortuito puede producir no solo un cambio de dirección, sino incluso un giro copernicano en su vida.

En cualquier caso, sea finito o infinito el universo, todas las historias posibles de su evolución material están potencialmente escritas y, centrándonos en los seres vivos, hay dos formas de escribirlas, de llegar a realizarlas:

- Del azar a la necesidad teleológica, que podemos encontrar codificada mediante un juego fortuito con las claves informativas de la vida.

- De la necesidad imperativa de los fenómenos naturales (físicos y químicos) a su selección e integración funcional, orgánica y dinámica, como necesidades fisiológicas, en la red medioambiental de sucesos contingentes.

Siguiendo con el símil literario, en el primer caso —el del puro azar— sería algo parecido a poner a un mono frente a un ordenador a escribir punto por punto una determinada historia aporreando las teclas aleatoriamente; mientras que en el segundo (el del despliegue funcional) la historia no estaría prefijada y se escribiría al tiempo que se fuera realizando mediante la selección de interacciones funcionales en el universo de lo posible. Por supuesto que la primera opción también es posible, sobre todo contando con el infinito, pero cuesta más llegar a ella y, sobre todo, que sea coherente con el resto de la evolución biológica, integrando, por ejemplo, la biosfera.

Estas dos posibilidades están íntimamente relacionadas con el problema de la apariencia finalista de los fenómenos materiales en general y los procesos biológicos en particular. Como apuntábamos en la introducción, la solución es distinta según qué coloquemos en el centro al interpretar la evolución biológica:

despliegue de estructuras al azar siguiendo un programa genético con variaciones, o integración funcional coherente de las estructuras modificadas en las nuevas interacciones con sus respectivos medios. De momento, no vamos a profundizar en este problema, tan solo señalar que los biólogos deben tener muy claro en qué consisten los planteamientos y las interpretaciones teleológicas para evitar caer en puntos de vista confusos.

En primer lugar, conviene distinguir —como ya apuntamos anteriormente con la segunda ley de la termodinámica— entre la tendencia o muy alta probabilidad de los fenómenos materiales a conducirse hacia determinados estados y la problemática teleología. El primer tipo de tendencias, aunque aparenten finalidad, y algunos utilicen el término teleomatismo para nombrarlas sin problema, no son sino consecuencia de las leyes físicas y químicas de la naturaleza y, por lo tanto, compatibles con el método científico. En este sentido, como ya explicamos, es mejor denominarlas necesidades materiales imperativas. Por el contrario, entre los planteamientos de la teleología problemática nos encontramos con el proyecto o diseño ahistórico de la naturaleza por algún tipo de ente inmaterial, es decir, con cualquiera de las distintas versiones del creacionismo divino. Este tipo de interpretación se sale del ámbito de la ciencia, pero también en el terreno científico y, sobre todo en biología, se plantea —como ya vimos en la introducción con Jacob y Monod— la inevitable teleología, fundamentalmente asociada a la idea de un programa genético, lo que implica naturalmente un proyecto. Es en este punto donde ambos investigadores coinciden, aunque en el aspecto formal presenten soluciones distintas al problema epistemológico del enfoque teleológico: mientras que el primero acepta la teleología «legalizada por la idea de programa genético», el segundo la sustituye por el concepto de teleonomía que, con un envoltorio de lujo, implica igualmente que la estructura, fruto del azar, es prioritaria sobre la función. La misma idea de *tinkering* en la evolución —propuesta por Jacob en oposición al diseño divino— se suele emplear con la acepción de bricolaje en vez de chapuza. No es baladí el escoger una u otra: la primera implica, en mayor o menor medida, un proyecto a partir de unas estructuras y herramientas previas, mientras que en la segunda opción —la de un chapucero remendón— no hay proyecto, tan solo camino, y las herramientas son menos sofisticadas, más bien para «salir del problema», como encontrar algo que flote en un naufragio. Así expone Jacob su opinión sobre la teleología:

> *Es la meta de la reproducción la que justifica tanto la estructura de los sistemas vivos como su historia. Por una parte, es el propósito de todo organismo. Por otra, orienta la historia sin propósito de los organismos. Hace ya mucho tiempo que el biólogo se encuentra frente a la teleología como ante una mujer de la que no puede prescindir, pero en cuya compañía no quiere ser visto en público. El concepto de programa otorga ahora estatuto legal a esta relación oculta (Jacob, 2014).*

Quizá no sea este el mejor momento para sacar a la luz esta frase, algo machiniana (de Antonio Machín), de Jacob. Tanto las letras del cantante como la frase del científico son muy ilustrativas del amor prohibido y de la inevitable tentación de los biólogos con la teleología. No vamos a juzgar la frase, que es fruto de una época, sino la idea de que «el programa otorga ahora estatuto legal a esta relación oculta». La noción de programa genético basado en el determinismo de la información secuencial que fluye unidireccionalmente, según dicta el dogma central de la biología molecular (DCBM), nos recuerda la imagen de las Tablas de la Ley con los diez mandamientos que Moisés recibe de Dios en el monte Sinaí. De momento, solo adelantar que prefiero la imagen más machadiana (de Antonio Machado) del «se hace camino al andar».

Jacob termina reduciendo a las ideas de información genética unidireccional y de programa genético los conceptos evolutivos de ontogenia y filogenia. En su magnífico libro sobre historia y filosofía de la biología, *La lógica de lo viviente,* se topa continuamente —al igual que su colega Monod en *El azar y la necesidad*— con la necesaria, pero molesta teleología, pero, como acabamos de ver, a diferencia de él, no acude a la ayuda de una palabra mágica que alivie la incomodidad de la situación. De hecho, ambos coinciden en minimizar esta incomodidad aparcando la teleología en los orígenes informativos de la vida. Como veremos a continuación, mientras Monod sitúa la invariancia reproductiva en vanguardia frente a la funcionalidad —las *performances*, según su terminología—, Jacob se ciñe, de una forma más pragmática, a las diferentes interpretaciones sobre la formación de los seres vivos acordes al desarrollo histórico del análisis de los objetos. De esta manera, con el avance de las técnicas de investigación biológica, las explicaciones acerca del origen y naturaleza de la vida van descansando en los niveles estructurales que, de mayor a menor tamaño, se van descubriendo:

1. Descripción de las superficies visibles de los seres vivos.
2. Estructuras funcionales, como órganos, tejidos y células.
3. Estructuras informativas subcelulares, como cromosomas y genes.
4. Estructuras informativas moleculares propias de los ácidos nucleicos.

Además de propender al reduccionismo, es obvio que esta perspectiva histórica del conocimiento biológico invierte el orden natural de la evolución de los niveles de integración material, incluidos los seres vivos. En este progreso epistemológico sorprende el desfase entre las nuevas técnicas analíticas y su interpretación teórica. Así, por ejemplo, desde el descubrimiento en el siglo XVII, de forma independiente, del nivel celular por Robert Hooke y Antoni van Leeuwenhoek hasta la formulación de la teoría celular en el XIX pasan casi doscientos años. Como subraya Jacob, durante todo este tiempo, el desarrollo de las ideas solo gira alrededor de la continua refutación y posterior resurgimiento de la generación espontánea. Con este planteamiento teleológico de la reproducción, Jacob va del exterior de los individuos pluricelulares al interior, recorriendo hacia abajo los niveles de complejidad estructural que distingue: órganos, tejidos, células, cromosomas, genes y ácidos nucleicos. Es evidente que él no ve la evolución invertida; estos niveles estructurales son el resultado del avance analítico de la biología, de lo más grande y externo a lo más pequeño e interno, pero —como subraya varias veces a lo largo del libro en referencia a otros momentos históricos—, estos progresos técnicos carecen del esfuerzo sintético, del necesario desarrollo de las ideas que eviten de nuevo caer en antiguos vicios interpretativos: vitalismo, teleología y reduccionismo, entre otros.

Así pues, como ya señalamos, un programa genético supone la intervención de algún tipo de voluntad externa inmaterial que lo asocie a la idea del determinismo informativo de las secuencias del ADN. En la concepción contraria —tanto al diseño divino como al bricolaje programado—, la función es prioritaria a la estructura y, en este juego funcional integrador, las nuevas estructuras aparecen como resultado de la plasticidad de las previas en su continua interacción coherente con un medio cambiante.

A continuación, vamos a ver cómo, a diferencia de Jacob, Monod intenta justificar teóricamente la teleología implícita en el programa genético, elaborando para ello una terminología muy particular.

El azar y la necesidad

En el prefacio de su célebre libro *El azar y la necesidad* (1970, edición en castellano de 1981), Jacques Monod reflexiona sobre el subtítulo de este: *Ensayo sobre la filosofía natural de la biología moderna*. Al respecto, afirma:

> *Hoy en día resulta imprudente, por parte de un hombre de ciencia, emplear la palabra filosofía, aun siendo natural, en el título (o incluso en el subtítulo) de una obra. Se tiene la seguridad de que será acogida con desconfianza por los científicos y, a lo mejor, con condescendencia por los filósofos [...] Desde luego hay que evitar toda confusión entre las ideas sugeridas por la ciencia y la ciencia misma; pero también hay que llevar sin titubeos hasta sus límites las conclusiones que la ciencia autoriza, a fin de revelar su plena significación.*

Más adelante añade: «Asumo la total responsabilidad de los desarrollos de orden ético, si no político, que no he querido eludir, por peligrosos que fuesen o por ingenuos o demasiado ambiciosos que puedan, a pesar mío, parecer: la modestia conviene al sabio, pero no a las ideas que posee y que debe defender».

Ya antes del prefacio, Monod elige dos citas que anuncian sus preocupaciones filosóficas. La primera, de Demócrito, da título al libro: «Todo lo que existe en el universo es fruto del azar y la necesidad». La segunda, más larga (que no cito literalmente), es de Albert Camus en *El mito de Sísifo*, sobre el destino del ser humano enfrentado a la necesidad de encontrar sentido a la propia existencia en un universo sin dueño. En esta obra, Camus se enfrenta al nihilismo cuando dice: «Sísifo ha comprendido que la vida no tiene ningún sentido en ningún lugar».

Pero, además de sustraerme al pesimismo implícito en este mito y en sus diferentes interpretaciones, debemos resaltar que los científicos no buscan el sentido humano de las cosas, sino cómo son objetivamente. El universo es, y nos interesa conocer cómo es, sin ninguna intervención divina.

En el desarrollo de este ensayo, Monod intenta elevar el reduccionismo mecanicista de la naciente biología molecular a una perspectiva más metafísica, pero procurando no salirse del ámbito de la concepción materialista de la ciencia. No obstante, este reduccionismo viene de más lejos y, con diversos matices, ha tenido efectos beneficiosos algunas veces y perjudiciales las más en el desarrollo de la biología. Sin entrar a fondo en el tema, entre los perjudiciales podemos destacar la profunda transformación de las ideas originales de Darwin, que comienza en la primera época del neodarwinismo y, sobre todo, con la posterior teoría sintética de la evolución y el denominado «dogma central de la biología molecular». Este ensayo de Monod «sobre la filosofía natural de la biología moderna» es rigurosamente científico y sirve de referente para otros ensayos alternativos más o menos críticos con el paradigma genético vigente, enmarcado en las teorías generales citadas.

A lo largo de la historia y la filosofía de la ciencia, los progresos en el abordaje experimental del análisis de los objetos han permitido familiarizarse con ellos, adquiriendo así nuevos conceptos. Como ya hemos comentado, determinados problemas han sido interpretados con estos, pero el desarrollo de las ideas filosóficas no ha ido siempre parejo con estos avances. Así, vemos cómo, para distinguir un artefacto de un ser vivo, Monod se plantea saber cuál ha sido su proceso de formación: fuerzas externas para el primero e internas para el segundo. Esto es fácil en el caso de un útil, como un cuchillo o un plato, siempre cosas proyectivas resultantes de una intencionalidad creadora para un fin determinado de los humanos, pero en los procesos biológicos suele ser más difícil deslindar el agente de la acción, del objeto de esta o del artefacto o útil que maneja el agente. Por compleja que sea una actividad humana y los artefactos para realizarla —como los instrumentos de un cirujano—, a nadie se le ocurriría decir que la operación la realiza un bisturí. Tampoco se puede razonar que un vehículo robótico sin conductor tiene un origen ajeno a la creatividad humana.

Monod comienza su exposición otorgando particular importancia al que él considera que es el postulado básico del método científico, el **postulado de objetividad**, que atribuye a Galileo y Descartes: «La naturaleza es objetiva, y no proyectiva». Esto es, no hay proyecto finalista o teleología alguna en la naturaleza. Pero el postulado de objetividad entra en contradicción aparente con una propiedad que Monod considera fundamental para distinguir a los seres vivos de las demás estructuras del universo, la teleonomía: «Los seres vivos son objetos dotados de un proyecto que a la vez representan en sus estructuras y cumplen con sus *performances*».

Monod utiliza el término *performances* como logros o ejecuciones conseguidas, tales como, por ejemplo, lo que conocemos como funciones y subfunciones vitales, pero también la creación de artefactos. Es posible que para Monod el concepto de funciones vitales tenga una connotación teleológica (de proyecto con finalidad) y en su lugar prefiera utilizar *performances,* que, asociado a la propiedad de la teleonomía, le serviría para denominar un proyecto o propósito sin aparente causa final.

Pero, precisamente para distinguir un ser vivo de un artefacto, Monod plantea que hace falta algo más que el mero examen de la estructura acabada y el análisis de sus *performances*: además de identificar el proyecto, hay que conocer a su autor. Para ello, hay que estudiar «no solo el objeto actual, sino su origen, su historia y su modo de construcción». Así, por ejemplo: «La estructura macroscópica de un artefacto es el resultado de la aplicación de fuerzas exteriores al objeto mismo».

Por el contrario, afirma que:

La estructura de un ser vivo [...] no debe casi nada a la acción de las fuerzas exteriores, y en cambio lo debe todo [...] a interacciones morfogenéticas internas al objeto mismo. Estructura que atestigua pues un determinismo autónomo, preciso, riguroso que implica una libertad casi total respecto a los agentes o condiciones exteriores.

Monod, al igual que la teoría sintética y el dogma central de la biología molecular, excluye totalmente la influencia informativa y hereditaria del ambiente en la evolución de los seres vivos y las centra totalmente en el determinismo estructural del denominado *programa genético*.

Además de la *teleonomía*, Monod distingue otras dos «propiedades generales que caracterizan a los seres vivos y los distinguen del resto del universo: la *morfogénesis autónoma* y la *invariancia reproductiva*».

Ya hemos visto que mediante la morfogénesis autónoma surge la estructura de un ser vivo, merced a fuerzas o interacciones internas al ser. Por su parte, mediante la invariancia reproductiva se asegura que «el emisor de la información expresada en la estructura de un ser vivo sea *siempre* otro objeto idéntico al primero». Así, Monod define «el proyecto teleonómico esencial como consistente en la transmisión de una generación a otra del contenido de invariancia característico de la especie» y considera que

estas tres propiedades están estrechamente asociadas en todos los seres vivientes [...], aunque la estructuración espontánea debe más bien ser considerada como un mecanismo [...] que interviene tanto en la reproducción de la información invariante como en la construcción de las estructuras teleonómicas.

A pesar de esta íntima asociación, Monod distingue perfectamente entre teleonomía e invariancia. Asocia a «las proteínas como responsables de casi todas las estructuras y *performances* teleonómicas, mientras que la invariancia genética está ligada exclusivamente a los ácidos nucleicos». Para Monod, la única hipótesis coherente con el postulado de objetividad: «La única aceptable a los ojos de la ciencia moderna [debe considerar]: que la invariancia precede necesariamente a la teleonomía».

Evolución biológica mediante la concatenación de la necesidad y la contingencia

Acabamos de ver cómo Monod, al poner la invariancia delante de la teleonomía, plantea de hecho que el azar es prioritario a la necesidad: la fortuna en el bingo de las secuencias del ARN y ADN sería, en este modelo, anterior y determinante de la estructura y las interacciones fisicoquímicas de las proteínas. El término «prioridad» no se utiliza aquí en el sentido de «preferencia», sino en la acepción de «anterioridad o precedencia de una cosa respecto de otra que depende o procede de ella».

Así pues, de acuerdo con la teoría sintética y el dogma central de la biología molecular, plantea igualmente otras relaciones de prioridad: el ADN y el ARN sobre las proteínas; la información secuencial sobre la información conformacional, tanto en los ácidos nucleicos como en las proteínas; la mutación al azar sobre la contingencia ambiental; y, sobre todo, la estructura sobre la función.

Antes de continuar con el análisis crítico de la filosofía natural de la biología molecular, y aunque ya hemos usado repetidamente estos términos, conviene precisar qué entendemos por azar, necesidad y contingencia.

El término «azar» se define como sucesos o fenómenos cuya causa no está bien definida, y que, por lo tanto, se ignora. En este sentido, figuran como sinónimos 'caso fortuito' y 'aleatorio'. Con esta última palabra se suele designar lo relativo a los denominados juegos de azar en los que generalmente todos los casos son equiprobables. Aunque en ciertas ocasiones los términos «eventualidad», «accidente» y «contingencia» se utilizan como sinónimos de 'azar', en los tres puede averiguarse la causa; se puede contar de antemano con posibles contingencias, eventualidades o accidentes.

De esta forma, tomando como **contingencia** la posibilidad de que una cosa suceda o no —lo que, pese a reunir todas las condiciones necesarias para suceder, puede acabar por no suceder, ya que no es necesario— y siendo potencialmente consciente de su causa, podemos razonar que, a medida que aumenta la complejidad de los niveles de ser material en el universo, hasta llegar a los de los seres vivos, aumentan también las interacciones entre los agentes implicados en los sucesos posibles y, por lo tanto, la contingencia.

Respecto a la **necesidad** —aunque afirmemos que lo contingente no es necesario, pero sí posible—, debemos tener en cuenta que, desde un planteamiento científico materialista, monista y evolucionista, y al menos desde el nivel atómico hacia los niveles superiores, no solo todo lo necesario es posible, sino que también todo lo contingentemente posible estará —al menos potencialmente— constituido por elementos materiales en interacción que cumplan con las condiciones de necesidad para poder suceder. Es decir, dadas unas determinadas condiciones energético materiales iniciales, **necesariamente** se dará un determinado suceso que, por lo tanto, será posible con mayor o menor probabilidad en función de la mayor o menor probabilidad de las condiciones iniciales. Precisamente, nuestra percepción de contingencia viene del desconocimiento de la probabilidad de dichas condiciones iniciales. En este punto, debemos volver a subrayar lo que expuse en la introducción acerca del carácter relativo de los conceptos de lo necesario y lo contingente…, ambos dependen del marco (ideológico y físico) de referencia… De forma que, desde una perspectiva científica —materialista, monista y evolucionista, en el marco espacial y temporal de la historia de la Tierra en el sistema solar actual—, debemos limitar **lo necesario** a los seres o unidades de los niveles de integración subatómico, atómico y molecular…, así como a las leyes fisicoquímicas que rigen en ellos y a su evolución contingente que —en las condiciones adecuadas— dio lugar a la emergencia de la vida. A esto me refiero cuando hablo de necesidad elemental imperativa, y con estos elementos en constante interacción se tejen las funciones vitales y sus estructuras informativas y, en definitiva, la evolución biológica.

Ante la clásica pregunta acerca de si el origen de la vida es fruto del azar o de la necesidad, conviene plantearla en otros términos: ¿el paso del nivel de integración molecular a la vida es contingente o necesario? Para encontrar la respuesta, lo primero que debemos tener en cuenta es que los conceptos de necesidad y contingencia no son opuestos para la biología evolucionista, pero sí lo son los asociados con ellos, esencia (con necesidad) y variación singular (con contingencia), lo que nos lleva directamente a la unidad y unicidad de los seres vivos, respectivamente. El esencialismo se refiere a la esencia permanente e invariable que define a la unidad de un ser, mientras que la variabilidad o diversidad define la singularidad o unicidad del individuo, y se adquiere de forma casual sin que su presencia o ausencia afecte a su naturaleza esencial de ser unitario de un determinado nivel de integración.

Considero que esta matización es importante, ya que al concepto general de contingencia como lo que puede ser o no ser, a veces se añade «lo que siendo posible no es necesario», (Rodríguez, 2023), con lo que estoy básicamente de acuerdo, pero considerando como tal solo las leyes naturales y sin excluir la concatenación de elementos necesarios que se dan en las contingencias.

Así, en el paso del nivel molecular a la vida se concatenan ambas categorías: por una parte, es contingente porque se dieron las condiciones ambientales adecuadas para ello en este rincón del universo y, por otra, en este marco ambiental se produjeron las reacciones elementales necesarias que pusieron en marcha el proceso.

En la evolución de la materia, la necesidad imperativa hay que circunscribirla a las leyes de la naturaleza, fundamentalmente a las fisicoquímicas. Así, en todo suceso contingente siempre habrá fenómenos elementales en los que se manifiesten estas leyes; lo que puede ser más o menos probable es la concatenación de los elementos que lleve al suceso contingente. Pongamos como ejemplo una estancia grande y amueblada, donde unos tubos comenzaran a lanzar con fuerza bolas en todas las direcciones..., estas rebotarían, rodarían y, finalmente, se asentarían. Muchas lo harían en el suelo, otras encima o debajo de los muebles, pocas en sitios más recónditos, pero si buscamos el sitio más escondido de la sala, el rincón, anfractuosidad o hueco más improbable donde se pudiera aposentar una de estas bolas, incluso allí podría producirse este suceso contingente. La concatenación de botes y rebotes que llevasen una bola allí puede ser improbable, incluso podrían darse distintas combinaciones de estos con el mismo resultado, pero cada uno de ellos es «necesario» en lo relativo al cumplimiento de las leyes físicas de la mecánica..., igual de necesario que los más probables, en este sentido. De hecho, vuelvo a subrayar que no hay nada necesario (ninguna formulación de existencia es necesaria) en el universo más allá de los niveles elementales de la materia y las leyes de la naturaleza, todo lo demás son interacciones espaciotemporales, más o menos probables, entre los agentes de cada nivel de integración. Laplace define muy bien la probabilidad como «existencia de sucesos fortuitos por la coincidencia casual de procesos causales interferentes: casualidad no significa ausencia de causalidad» (Rodríguez, 2023). Es decir, contingencia no significa ausencia de necesidad; en los sucesos contingentes hay concatenación de fenómenos elementales necesarios sometidos a las leyes de la termodinámica, las cuatro fuerzas del universo —la gravitación universal, la nuclear fuerte, la electromagnética y la nuclear débil—, las leyes de la mecánica..., lo que no hace que cada contingencia sea necesaria, tan solo posible. En la evolución de la materia (incluida la viva) solo están las leyes naturales —que gobiernan los niveles de integración energético material, en constante interacción dinámica— y la historia contingente de las interacciones, donde la necesidad de los fenómenos y la contingencia de los sucesos aparecen cada vez más concatenadas.

Antes de continuar a vueltas con estos conceptos filosóficos, quiero reiterar que mi propósito (acorde con mi incompetencia en la materia) es meramente utilitario, para intentar entender el origen, naturaleza y evolución de la vida, sin ningún ánimo de revisión exhaustiva ni conceptual ni histórica, tan solo lo imprescindible para explicar y contrastar mi modelo con otros, fundamentalmente el vigente paradigma genocéntrico, que podemos representar en el DCBM y en la teoría sintética de la evolución. Quizá la mejor y más conocida referencia filosófica de este sean las ideas de J. Monod recogidas en su libro *El azar y la necesidad*. Para ello me apoyo en algunos autores clásicos y modernos, espero que con el suficiente rigor para poder avanzar en la exposición de mis ideas. Así, por ejemplo, Leucipo, maestro de Demócrito, enunció el principio de causalidad: «Nada sucede porque sí, sino que todo sucede con razón y por necesidad».

Términos que, respectivamente, encuentran su justificación no especulativa en el abordaje matemático de la física teórica y en el experimental de la física, la química y, en lo posible, de la biología y la geología. Podríamos decir que los científicos recrean en sus experimentos partes del experimento universal de la realidad material, procurando apartar todo elemento subjetivo y observando solo a los seres materiales y sus procesos.

El determinismo científico alcanza su mayor nivel de desarrollo con Laplace (Rodríguez, 2023), que, entre otras cosas, decía: «Todas las cosas eran consecuencia de otras, y debían estar necesariamente regidas por leyes fijas e inmutables».

Laplace respondió a una pregunta de Napoleón sobre la presencia del creador en su obra, diciéndole que «Dios era una hipótesis no necesaria». Igualmente, subrayando la predictibilidad de su concepción científica determinista, también contestó al respecto: «Aunque la hipótesis de Dios pueda explicar todo, no permite predecir nada».

Por otra parte, Monod, que enarbola el postulado de objetividad intentando desterrar a Dios, dioses o cualquier otra concepción teleológica del origen, la naturaleza y la evolución de los seres vivos, encuentra en el azar la fórmula para seleccionar la invariancia reproductiva, prioritaria sobre las estructuras y *performances* teleonómicas sobre las que opera la selección natural, ya en el reino de la necesidad. Pero tal como lo plantea Monod —y también el dogma central de la biología molecular—, el problema se complica, pues hay que encontrar una larga clave o combinación única en las moléculas invariantes que dé cuenta al menos de unas muy complejas estructuras y funciones en las moléculas teleonómicas. Esto, sin entrar en cómo se establece la relación entre las primeras y las segundas. Además, la mera existencia de una clave permitiría también la posibilidad de una subjetividad creadora supra material, con lo que no nos libraríamos del enfoque finalista.

Por el contrario, no veo ningún problema teleológico para proponer que, en la nomenclatura de Monod, las *performances* —es decir, las interacciones necesarias que devendrán en funciones— y estructuras teleonómicas —con aparente finalidad o proyecto— sean prioritarias a la invariancia reproductiva, y que esta sea resultado de aquellas, y no de una suerte de ruleta cósmica.

Después de descartar el Verbo, la Mente y la Fuerza, el *Fausto* de Goethe encuentra el principio explicativo de toda obra y creación: «En el principio era la acción». El estado actual del conocimiento científico está de acuerdo con Goethe. Así, concebimos el universo como un todo material en evolución no dirigida —sin proyecto alguno, pero sin saltarse las leyes naturales— resultante de interacciones energético materiales contingentes.

Es muy probable que, en determinados ambientes moleculares del universo conocido, las condiciones termodinámicas puedan permitir las interacciones necesarias —alejadas del equilibrio de las reacciones químicas convencionales— que conduzcan a la formación de protofunciones y protoestructuras cada vez más complejas. De esta manera, la función —producto de las interacciones necesarias del experimento de la realidad material— organizaría necesariamente estructuras que, tras ser seleccionadas, harían necesarias nuevas interacciones (paulatinamente con mayores grados de libertad) que darían lugar a otras funciones. Estaríamos ante una concatenación universal no programada, no dirigida, de evolución material en estructuración creciente y sometida a la selección natural de la contingencia medioambiental:

1. Necesidad fisicoquímica primaria, como lo inevitable o imperativo, lo que no puede dejar de ser en determinadas condiciones.
2. Contingencia selectiva de las estructuras resultantes, por su funcionalidad.
3. Desarrollo de necesidades secundarias o funcionales.

O, lo que es lo mismo:

1. Primeras interacciones necesarias imperativas y primeras estructuras.
2. Contingencias ambientales selectivas de protofunciones y protoestructuras que favorecen la vida.
3. Nuevas interacciones sobre la base de las estructuras seleccionadas, que paulatinamente van tejiendo una red de interacciones necesarias cada vez más funcionales.

Las estructuras y funciones resultantes de la contingencia selectiva previa se enfrentan con nuevas interacciones funcionales, tanto en el interior del organismo como en el entorno. Una nueva contingencia ambiental, mantenida en el tiempo, tensará la plasticidad de todos los fenotipos (proteínas, células y órganos) de forma coherente, integrando así nuevas necesidades funcionales en información biológica (pregenética, genética y epigenética) que constituirá el nexo entre la filogenia y la ontogenia.

En el origen de la vida la necesidad tiene que ver con la interacción de la materia y la información estructural resultante. La necesidad imperativa parte de lo que químicamente no puede dejar de ser como, por ejemplo, la interacción selectiva del agua con los grupos hidrofílicos e hidrofóbicos de las proteínas que condiciona sus plegamientos y termina, tras un largo proceso selectivo de interacciones funcionales, generando un nuevo ser que, por sus estructuras y funciones, denominamos vivo.

Por su parte, la contingencia selectiva va haciendo camino y, en determinadas ocasiones, puede marcar un verdadero punto de inflexión que cambie drásticamente el curso de la evolución, como, por ejemplo, el origen animal, la naturaleza social y la evolución cultural de la especie humana. Sin entrar en detalle, es posible que un cambio geológico y ambiental —no mayor ni distinto de otros anteriores— impulsara a un grupo de simios a abandonar la seguridad de los árboles y adentrarse en la sabana. Esto pudo suponer la iniciación de una serie de contingencias encadenadas que, sin propósito alguno, propiciaran rápidos procesos de hominización y de humanización: mantenimiento de la postura erecta; liberación de las extremidades anteriores que se irían transformando en manos; actividad social creciente con acciones cada vez más complejas; transformaciones en el esqueleto y en el aparato fonador; aumento de la capacidad de articular sonidos que devendrían en palabras, con significado y significante; aumento del desarrollo cerebral asociado al uso de la mano y al lenguaje desarrollado alrededor de la creciente complejidad de las acciones y, en definitiva, la organización social y el desarrollo cultural, en torno al lenguaje hablado y escrito que caracterizan la naturaleza y la evolución de la especie humana.

Recordando la ley biogenética de Haeckel, «la ontogenia recapitula la filogenia», y a lo largo de los procesos filogenéticos las ontogenias son como sus hilvanes. Así, la necesidad imperativa ante lo nuevo y la necesidad funcional aparecen como las dos caras de una moneda indivisiblemente asociadas con los procesos evolutivos de la ontogenia y filogenia. Dadas unas determinadas condiciones iniciales y parafraseando a Goethe: en todo principio, la acción —interacciones y funciones primordiales— creará estructuras y así, paulatinamente, se irán organizando los sistemas vitales, integrando organismos, de forma necesaria imperativa primero, y con la recapitulación funcional, aparentemente proyectiva, de la acción estructurada después.

En la evolución conjunta de los seres vivos se produce la selección natural de necesidades generales y contingencias particulares concatenadas, que va trabando la ontogenia con la filogenia.

Rebobinando lo dicho acerca de la contingencia, es el momento de retomar algunas preguntas de capítulos anteriores.

¿En la interpretación de la evolución de la materia, puede haber una síntesis entre esencialismo y variacionismo?, por otra parte, vemos en la unicidad de lo vivo unas pocas formas básicas que permiten edificar modularmente estructuras más complejas y variables. Así pues, ¿qué papel juega la contingencia en la multiplicidad innúmera de formas vivas?

Como ya vimos —además de la magnífica descripción de los tipos esenciales de los animales que aportan, desde sus respectivos campos, tanto Cuvier como Von Baer—, la clasificación inicial de las especies vivas seguía criterios esencialistas, pero las enormes dificultades de clasificación con las que se encontró Linneo, a causa de la ingente variabilidad, le llevaron a introducir la consideración del parecido por descendencia, esto es, el parentesco. Recordemos que esta forma natural de clasificación dio pie a la idea de descendencia con modificación de Darwin, que más tarde se denominó evolución, donde la contingencia medioambiental juega un papel fundamental en la variabilidad adaptativa.

Acabamos de ver que en la evolución del universo material los fenómenos responden a las leyes fisicoquímicas de la naturaleza, pero la contingencia se da en la concatenación de los fenómenos posibles (con mayor o menor probabilidad); esto es, necesidad imperativa (lo que no puede dejar de ser) de los fenómenos elementales y contingencia de los sucesos en la evolución conjunta de los seres vivos y sus medios.

Podríamos considerar la selección natural como el permanente equilibrio dinámico de sucesos contingentes en la continua interacción entre los factores bióticos y abióticos de la ecosfera en evolución conjunta. La selección natural representaría la sucesión de ajustes posibles en la coevolución de toda la información de la naturaleza.

Capítulo 7
El telar de la vida se teje a partir de la evolución de la materia

La evolución de la materia

Como ya hemos visto en los capítulos anteriores, la información biológica (funcional y estructural) es generada a partir de la evolución de la materia en constante interacción. En este proceso universal, la tendencia es a la formación de sucesivos niveles de integración energético-material en los que la vida emerge de forma dinámica como nivel supramolecular. En el modelo proteocéntrico y funcional que propongo, no hay ninguna causa ajena a la materia que sea responsable de las funciones y estructuras vitales, sino que resultan exclusivamente de la continua interacción de esta, de acuerdo con las leyes naturales fisicoquímicas del universo en evolución.

Conviene recordar que en el desarrollo de la filosofía y la ciencia ha influido notablemente el pensamiento de Aristóteles, que frecuentemente nos llega matizado por la escolástica. En la biología, esta influencia se manifiesta mediante la relación de prioridad entre estructura y función en el origen de las formas y, sobre todo, en la finalidad o propósito de la evolución de los seres vivos.

El filósofo griego propuso cuatro causas para explicar el cambio o movimiento en el universo: la causa material, que define la composición material de las cosas que cambian; la causa formal, como aquello que organiza la materia cambiante y le proporciona su esencia; la causa eficiente, como el agente que origina el cambio de un objeto, y la causa final, que marca el fin o propósito en el cambio o movimiento de un objeto. Así, en su teoría hilemórfica, Aristóteles nos dice que la forma es la esencia de las cosas materiales y, en este sentido, propone una cosmología esencialista —donde todo se explica por la naturaleza inmanente de los cuerpos físicos—, materialista —aunque dualista— y teológica —donde toda sustancia tiende hacia una causa final dirigida por su naturaleza para la realización de su propia forma—.

El complejo pensamiento de Aristóteles ha llegado hasta nuestros días frecuentemente fragmentado y modificado. Su concepción teleológica de la naturaleza ha sido uno de los pilares de la escolástica, aunque deformada por la supeditación de la razón filosófica clásica a la teología cristiana medieval, centrada en la revelación divina, donde el ser necesario y único es Dios, mientras que el resto de los seres son contingentes y no necesarios.

A partir del siglo XVII surge la ciencia experimental de la mano del mecanicismo materialista, que, aunque evita la explicación divina, es dualista y excesivamente reduccionista para el estudio de los seres vivos. Además, a pesar de que el método científico se centre en la búsqueda de las causas eficientes que expliquen la dinámica de la naturaleza, la teleología se resiste a desaparecer, sobre todo, en la biología. En la actualidad, el caso más extremo lo encontramos en los autodenominados creacionistas «científicos» del diseño inteligente, que intentan convencernos de la intervención de una inteligencia divina en el origen de los seres vivos, en vez de la explicación científica de una evolución por selección natural sin propósito ni dirección. Ya en el ámbito de la biología evolutiva, nos encontramos con posturas intermedias que defienden la teleología, como las de T. Dobzhansky, que cree que la evolución es un instrumento divino para crear los seres vivos, y su discípulo F. J. Ayala —antiguo fraile dominico que opina que la evolución es compatible con el catolicismo, aunque no con el creacionismo—, entre otros.

Actualmente, Iglesias como la católica distinguen entre la dimensión física, que puede ser susceptible de cambios evolutivos, y la espiritual del alma, inmutable, de origen divino y, por lo tanto, sagrada. La convivencia de estas dos dimensiones obliga a planteamientos evolutivos materialistas dualistas.

Pero, como ya vimos, la teleología también aparece, a veces de forma incómoda, en autores materialistas, agnósticos o ateos. En mayor o menor medida, estas reminiscencias filosóficas modifican la teoría original de la selección natural, dando lugar a las distintas formas de neodarwinismo, que se alejan de la perspectiva materialista monista de Darwin.

En las ideas que desarrollo en este libro he intentado aplicar la genuina filosofía natural darwinista, al interpretar los principales hechos relativos al origen, naturaleza y evolución de los seres vivos en el marco general del permanente cambio del universo material. La ciencia intenta simplificar y unificar las causas que expliquen la materia y su movimiento. En este sentido, todas las causas que propone Aristóteles para entender el universo pueden unificarse en la necesaria interacción energético material que origina su estructuración en sucesivos niveles de integración.

En línea con el pensamiento biológico principal del siglo XIX y con algunos destacados biólogos modernos, como S. J. Gould, en mi modelo proteocéntrico defiendo la prioridad de la función sobre la estructura y el papel determinante de la contingencia en el origen y evolución de los seres vivos. Igualmente, opino que en el proceso continuo de interacción entre seres vivos y medioambiente se genera información biológica de tres tipos: pregenética conformacional —diferentes conformaciones resultantes de la interacción entre regiones desordenadas de las proteínas y los correspondientes ligandos—, genética secuencial —secuencias codificantes y no codificantes del ARN y ADN— y epigenética estructural —modificaciones del ADN y de otras estructuras celulares, que no afectan a las secuencias genéticas—. De esta manera se consigue la coordinación de las adaptaciones orgánicas de los niveles de integración (molecular, celular y pluricelular) mediante la concatenación continua de los tres tipos de información biológica.

El problema de definir la vida

La perspectiva de encontrar señales de vida en el cosmos, y más concretamente en otros lugares del sistema solar como Marte o algunos satélites de Júpiter, ha vuelto a poner de actualidad el debate sobre su definición. Esta se complica cuando asistimos a un creciente aluvión de datos acerca de la desconcertante diversidad microbiana y sus complejas interacciones ecológicas. Por otra parte, para abordar correctamente este problema debemos tener en cuenta varios enfoques —además de los relativos a la física, la química, la geología y la biología—, como los concernientes a la historia de la ciencia y la filosofía. Empezando por estos últimos, y recapitulando algunos aspectos ya vistos, la definición moderna de los seres vivos y su origen se consigue en la segunda mitad del siglo XIX con el establecimiento de la teoría celular y la refutación de la idea de generación espontánea. Hasta ese momento, la idea medieval de una confusa cadena continua de los seres creados por Dios y recreados por generación impedía plantear científicamente el problema de la continuidad de las especies de seres vivos.

Schleiden, Schwann, Virchow y Pasteur, pero también Darwin con su obra *El origen de las especies por selección natural*, ponen la primera piedra para entender la naturaleza objetiva de los seres vivos como unidades de vida. En este momento, la biología es eminentemente funcionalista: el organismo —celular o pluricelular— surgía de la integración de sus orgánulos u órganos en una permanente evolución de sus funciones vitales. En el siglo XX retorna un enfoque predominantemente estructural, ahora de origen genético, aunque conviene adelantar que la naturaleza de algo no se explica por su estructura en sí, sino por su proceso de origen.

No obstante, como primera aproximación, deberemos tener en cuenta el enorme despliegue de formas vivas y la disposición de sus partes, pero aun para genetistas totalmente fieles a la doctrina del dogma central de la biología molecular (DCBM) y a la teoría sintética de la evolución, los **virus** no constituyen organismos vivos, ya que, a pesar del peso que tuvieron las investigaciones con bacteriófagos en estos campos, se considera que no realizan plenamente las funciones vitales. Esto también los excluye de la imagen del árbol de la vida que propuso inicialmente Darwin, que, además, para los biólogos genocentristas posteriores tiene unas connotaciones más reduccionistas y teleológicas: el medio tiene un papel exclusivamente selector y actúa sobre genes aislados que se transmiten por herencia vertical. Así, con el aumento del conocimiento, esta representación arborescente de la vida en evolución se aleja de la realidad biológica.

Además de la enorme diversidad funcional y estructural de los seres vivos, observamos otro tanto en lo relativo a los límites ambientales de cada especie en sus respectivos hábitats. Toda esta variabilidad debe ser tenida en cuenta en las posibles definiciones de la vida, entonces, ¿qué es la vida? Hemos visto que para intentar definir su naturaleza no basta con el conocimiento de la diversidad y complejidad de animales, plantas y protoctistas con los que estamos más familiarizados, sino que también es preciso comprender su origen y evolución.

Con la refutación experimental de la idea de generación espontánea, Pasteur reforzó el aforismo *omnis cellula ex cellula*, con el que Virchow puso el broche de oro a la teoría celular, pero al mismo tiempo se alejaba del planteamiento científico del origen de la vida, quizá imposible de abordar en ese momento. Años después escribió esto, refiriéndose a la generación espontánea de vida: «La he estado buscando durante veinte años sin encontrarla, pero no creo que sea una imposibilidad».

Es difícil definir científicamente la vida, pero quizá sea su dificultad la que incite a formulaciones más o menos atrevidas e imprecisas. Aquí van tres de las más representativas. En el terreno de la ciencia, podemos tomar definiciones puramente físicas como la que Erwin Schrödinger nos ofrece en su libro *Qué es la vida* (1944), donde afirma: «La vida se alimenta de entropía negativa». Es decir, construye estructuras ordenadas en oposición al aumento de entropía que predice el segundo principio de la termodinámica. Aquí queda claro que la vida implica una evolución material hacia procesos alejados del equilibrio termodinámico en los que se minimiza la producción de entropía. También tenemos muchas definiciones más químicas como, por ejemplo, la del programa de exobiología de la NASA: «La vida es un sistema químico automantenido capaz de evolución darwiniana». Igualmente abundan las definiciones más biológicas, menos reduccionistas, que recogen el consenso de especialistas en el tema como Pier Luigi Luisi:

La forma de vida mínima es un sistema circunscrito por un compartimento semipermeable de su propia fabricación, que se automantiene produciendo sus propios elementos constitutivos por la transformación de la energía y de los nutrientes exteriores, gracias a sus propios mecanismos de producción.

Estas definiciones de vida, de más a menos reduccionistas, son meras abstracciones de las propiedades de los seres que denominamos vivos merced a sus funciones singulares, las que por ello clásicamente denominamos vitales: nutrición, relación y reproducción y, además, producción de variabilidad sometida a selección natural. Por lo tanto, debemos plantearnos qué nivel de complejidad material merece el atributo de vivo, es decir, a partir de qué nivel de organización de la materia se cumplen estas funciones. En todas las descripciones se tiene en cuenta que los seres vivos no vulneran los principios físicos y químicos, pero se alejan de sus equilibrios consumiendo energía y aumentando la entropía del entorno.

Vida: la parte y el todo

Con la formulación de la teoría celular se alcanza un consenso generalizado al considerar a la célula como unidad de vida, pero, como ya hemos visto, existen agentes patógenos como los virus y otros aún más elementales que no reúnen los requisitos mínimos establecidos para considerarlos vivos, a pesar de la complejidad de sus interferencias con las células. En biología son muy frecuentes las paradojas y aquí nos enfrentamos a una de ellas: agentes patógenos relativamente sencillos en comparación con la complejidad celular, pero que influyen y pueden causar grandes alteraciones sistémicas no solo en los organismos sino también en la biosfera. Efectivamente, agentes con distinto grado de organización estructural —que podríamos situar entre lo subcelular y lo supramolecular— como virus, viroides y priones están implicados en diferentes patologías, pero también en otros procesos vitales beneficiosos. Tanto la dificultad para situar dentro de la categoría de seres vivos a estas individualidades como el contraste de la complejidad de sus interacciones y alteraciones, nos obliga a ampliar el actual marco conceptual de la vida. Aunque los seres que denominamos vivos singularizan los fenómenos vitales, la explicación de algunas de sus paradojas implica el considerar la vida, *sensu lato*, como un sistema de organización material supraquímica que poblaría determinados rincones del cosmos con distintos niveles de integración funcional y estructural. En esta perspectiva, la función es prioritaria a la estructura en el sentido de los fenómenos fisicoquímicos previos a la consecución de una determinada organización supramolecular. Quiero recordar que aquí aplicamos la acepción de prioridad como «anterioridad o precedencia de una cosa respecto de otra que depende de ella».

En la Tierra y probablemente en otros lugares del universo, las principales moléculas portadoras de información biológica, tanto conformacional como secuencial, son las proteínas, el ARN y el ADN. Estas biomoléculas forman parte de los seres vivos bien definidos y también de los agentes supramoleculares que interfieren con algunos fenómenos vitales. Estos entes materiales, con manifestaciones vitales, no son ni han podido llegar a ser sin el concurso del agua líquida. Así, esta pequeña molécula dipolar —organizada en retículos espaciales— modela las largas cadenas de estos biopolímeros informativos ubicando de forma selectiva sus grupos hidrofóbicos en el interior y los hidrofílicos en el exterior de las estructuras finales resultantes En las etapas prebióticas, serían entes que tenderían hacia la vida, en contacto con el agua líquida —genuino puente entre lo no vivo y lo vivo— e integrarían funcionalmente las primeras células, pero posteriormente también podrían entrar en acción como entidades que interaccionan con la vida.

En la lógica que estamos siguiendo para encontrar una definición de vida, debemos descartar que esta sea una idea sustantiva, pero también el que los seres que denominamos vivos —como productos de un determinado proceso de evolución material— sean considerados independientes del medioambiente. No existe ningún ser vivo sin su medio, y la vida constituye un retículo que resulta de las interacciones materiales físicas y químicas. Entonces, ¿cómo se originan los seres vivos? ¿De dónde surge la semilla inicial? ¿Cómo se teje la red de la vida y de qué forma surgen los seres que la anudan? De forma sucinta, solo voy a esbozar aquí un esquema básico de algunos caminos posibles —ya presentes en algunas entradas de mi blog, como la de marzo de 2017, «Origen de la vida y origen de la célula eucariota»—. La hipótesis más clásica apunta a que la vida pudo surgir en la Tierra de forma abiótica desde lo inorgánico. En la entrada citada, defiendo la hipótesis de que en este escenario la prioridad funcional pudo correr a cargo de la plasticidad de las proteínas. Como ya hemos visto, posteriormente, con el establecimiento del código genético la información biológica reposaría sobre tres pilares: conformacional pregenética de proteínas y ARN, secuencial genética de ADN/ARN y de regulación epigenética. En mi interpretación, la naturaleza esencial de este origen de la vida en la Tierra es prioritariamente eucariota y centrada en las proteínas. La etapa prebiótica podría caracterizarse por la coevolución de información conformacional de los ancestros de tres tipos de proteínas: las proteínas intrínsecamente desordenadas (IDP); chaperones, dentro de las proteínas de choque térmico

(HSP); y priones, proteínas capaces de propagar información conformacional a otras proteínas similares (Ogayar y Sánchez-Pérez 1998, Shorter y Lindquist 2005). De la evolución conjunta de proteínas y ribozimas se formarían ribonucleoproteínas, y de esta relación surgiría el código genético: primero conformacional y luego secuencial. Esta triada proteica puede constituir el mecanismo general de adaptación al medio en el nivel supramolecular: las IDP se moldearían funcionalmente por unión a nuevos ligandos; las HSP-chaperones participarían estabilizando y guardando la coherencia funcional de las estructuras proteicas resultantes, tanto las iniciales pregenéticas como posteriormente las genéticas y epigenéticas (Halfmann y Lindquist, 2010) y los conformones (priones funcionales) seleccionarían y propagarían las nuevas conformaciones desde las etapas prebióticas, anteriores al establecimiento del código genético (Ogayar y Sánchez-Pérez, 1998).

No obstante, la vida puede surgir también desde otra previa. Y en este caso tenemos dos posibilidades: un origen extraterrestre, como la hipótesis de la panspermia, o bien un origen terrestre. En ambos escenarios, su naturaleza puede ser proteica, genética o mixta como en los virus, aunque en estos destaca el componente genético. Sin entrar a fondo en el tema, quiero destacar la enorme diferencia, en cuanto a la naturaleza de su prioridad de origen, entre la proteica funcional de la vida eucariota y la genética estructural de los virus. En mi hipótesis, los virus y otros acariotas (arqueas y bacterias) pudieron surgir de vesículas de exocitosis —semejantes a los actuales exosomas— desde las primeras células de naturaleza eucariota que, por ello, denominamos protocariotas.

Antes de continuar, quiero volver a subrayar la enorme diferencia de naturaleza vital entre estos dos extremos que cohabitan en la Tierra, sobre la que conviene reflexionar, y para ello volvamos a plantear la pregunta ¿cómo se teje la red de la vida y de qué forma surgen los seres que la anudan?

La vida como organismo de la naturaleza

En la naturaleza como un todo podemos observar una gran diversidad de sucesos materiales, fenómenos y procesos que implican distintos niveles de organización. Muy sucintamente, cuando hablamos de un fenómeno material elemental nos referimos a la manifestación de una actividad que se produce de forma necesaria en la naturaleza, mientras que por proceso entendemos la sucesión de las fases de un fenómeno complejo o una serie de fenómenos encadenados que conducen a una finalidad. Ya hemos hablado en páginas anteriores de teleología y teleonomía, aquí solo voy a recordar que el aparente proyecto de los procesos solo tiene que ver con la necesidad imperativa de los fenómenos materiales, esto es, lo que no puede dejar de ser por inevitable: las leyes de la naturaleza como, por ejemplo, la de la gravedad o la segunda de la termodinámica. La concatenación de sucesos necesarios en determinados ámbitos puede conducir a la organización de la naturaleza en ciclos, protofunciones y protoestructuras que inician, sin propósito alguno, la conexión de la necesidad imperativa con algún tipo de necesidad fisiológica vital. La vida es un resultado, no un proyecto. Así, por ejemplo, cuando el agua líquida alberga determinadas moléculas anfipáticas, como fosfolípidos o polipéptidos, la coherencia estructural de su retículo de puentes de hidrógeno se impone a la perturbación de los grupos apolares hidrófobos de estas moléculas, de forma que los empaqueta en el interior de estructuras más estables termodinámicamente como membranas biológicas o proteínas globulares. De esta manera, y partiendo de lo inorgánico, se pudieron ir integrando algunos fenómenos necesarios y los consiguientes procesos fisiológicos seleccionados, en un sistema orgánico de interacciones alrededor de las denominadas funciones y subfunciones vitales: interacción con el agua líquida y selección de fosfolípidos que llevó a la formación de membranas biológicas, con las que se iniciarían los compartimentos, la individualidad y la homeostasis; interacción de polipéptidos, selección de módulos funcionales y estructurales proteicos por sus capacidades metabólicas y de propagación estructural, inicio de sistemas alejados del equilibrio y replicativos; coselección de polipéptidos y ribozimas que terminarían formando ribonucleoproteínas y estableciendo un código genético..., entre otras muchas interacciones que sin propósito previo alguno originarían funciones y estructuras dotadas de finalidad vital. Cada nueva estructura funcional seleccionada interaccionará necesariamente con su entorno orgánico e inorgánico y se enfrentará a las nuevas contingencias con su creciente información biológica —proteica pregenética, genética y epigenética— tanto en la ontogenia como en la filogenia. Así, en mayor o menor medida, los nuevos sucesos contingentes provocaran la ramificación de los procesos seleccionados, y vuelta a empezar: necesidad imperativa del fenómeno emergente y las consiguientes protofunción, protoestructura, necesidad funcional... y así hasta la simbiosis de algas y hongos formando líquenes o los guepardos corriendo tras las gacelas.

La imagen de la vida como una red donde los nudos serían los organismos celulares y pluricelulares que clásicamente denominamos vivos se nos queda corta. Sabemos que estos no son los únicos entes que interaccionan, también lo hacen algunos acelulares como los virus, entre otros, con difícil acomodo en los nudos. Por otra parte, los esquemas interpretativos de la biología actual presentan grandes dificultades para explicar el gran salto de los procariotas a los eucariotas. Esta representación reticular, frecuentemente utilizada en las relaciones tróficas, también se consideró útil para interpretar el creciente aluvión de hechos acerca de la herencia horizontal, que deshilachan la individualidad genética filiativa de las especies y enmarañan la imagen del árbol de la vida. En la hipótesis que propongo, la naturaleza esencial del primer origen de la vida en la Tierra —mediante conexión funcional entre la necesidad imperativa de los fenómenos elementales y la contingencia histórica de los sucesos— es eucariota y centrada en las proteínas. Los virus, entre otros seres acariotas, tendrían un origen posterior predominantemente genético a partir de la primera vida en la Tierra. La interacción entre estas dos naturalezas vitales diferentes era igualmente inevitable, obedecía y obedece a la misma necesidad imperativa de los fenómenos materiales —aunque ahora en un mayor nivel de organización— y la selección natural propició el equilibrio entre ambas. Más aún, como he expuesto en otras entradas del blog (ver «Origen de la célula eucariota», de 27 de mayo de 2020), la selección natural debería interpretarse como el resultado en cada instante de la dialéctica entre los seres vivos y sus medios: el estado dinámico funcional, momento a momento, de la estructura material de la naturaleza viva coseleccionada en su constante interacción. Podríamos decir que, a pesar de su naturaleza distinta y de que no se consideren seres vivos, los virus están plenamente integrados en la vida considerada como un todo funcional.

El telar de la vida

Con lo expuesto hasta el momento, podríamos concluir que la imagen de la red no sea la más adecuada, pero, aun a riesgo de simplificar la enorme complejidad de la vida, siempre ayuda apoyar las ideas en alguna, aunque no sea perfecta. Quizá pudiera ser más representativa del entrecruzamiento evolutivo de las dos naturalezas vitales, la imagen de un **telar** con su **urdimbre** y su **trama**. Por una parte, hemos visto que la explicación de fenómenos de transferencia genética horizontal difumina cada vez más al ser vivo con su medio, afectando al mismo concepto de especie como conjunto unitario de genes. Por otra, vemos la integración funcional de dos naturalezas vitales muy diferentes, aunque relacionadas en su origen: la eucariota (celular y pluricelular), proteocéntrica y la acariota, más genocéntrica. En este último grupo, se aprecia que el determinismo genético aumenta desde las arqueas —más parecidas a los eucariotas— a los virus — agentes genéticos móviles—, pasando por las bacterias como estado intermedio.

Cada vez es más frecuente el descubrimiento de nuevos virus y su influencia en todos los ecosistemas terrestres. Dadas sus singulares características como parásitos intracelulares obligados y su elevada tasa de mutación, son los principales dinamizadores de la herencia horizontal y de la diversidad genética en la biosfera (ver la entrada de mi blog de 26 de enero de 2021, «Virus y sistema inmunitario»). En mi propuesta, no obstante que la naturaleza acariota de arqueas y bacterias difiere de la eucariota, los tres grupos se ramifican del tronco protocariota inicial, de forma que en mayor o menor medida todos forman parte de la urdimbre, aunque las células acariotas frecuentemente se enredan como un zurcido entre los hilos de esta. Solo los virus son un verso suelto, pura trama.

Contingencia y selección natural: la función y la estructura de los seres vivos

La función es prioritaria a la estructura, va en vanguardia y modela o guía los cambios de la segunda enfrentada a la concatenación histórica de necesidad y contingencia medioambiental, tanto los directos, basados en la plasticidad fenotípica, como los indirectos de origen genético. Los cambios estructurales pueden ser pregenéticos, genéticos o epigenéticos, pero siempre guiados por las interacciones funcionales. Así pues, en una interpretación genuinamente darwiniana, las estructuras vivas almacenan la información biológica de sus cambios frente a los externos de la contingencia medioambiental. Según sea la magnitud de estos últimos y su repercusión en los organismos, podemos clasificarlos como grandes o pequeños. Los primeros (a veces grandes catástrofes) serían responsables de la selección de los principales tipos o planes estructurales de organización biológica, independientes entre sí, mientras que los segundos se relacionarían con adaptaciones morfológicas más específicas de los principales planes estructurales, frente a contingencias medioambientales locales, más pequeñas y mantenidas en el tiempo. En general, las contingencias grandes pueden ser más puntuales —relacionadas con la evolución a saltos— y provocar cambios drásticos en la biosfera, incluso enormes extinciones, mientras que las pequeñas favorecen una evolución mantenida, más gradual.

Como ya vimos en el capítulo 3, este esquema interpretativo de la evolución está en dos grandes científicos que, paradójicamente, no son evolucionistas: Cuvier y Von Baer. El primero, desde una perspectiva funcionalista de los organismos, establece el denominado «principio de correlación» como guía de la anatomía comparada y de la paleontología, donde propugna la constancia de las principales funciones fisiológicas en la diversidad específica. En su clasificación de los animales, los agrupa en cuatro tipos independientes o planes estructurales de organización: radiados, articulados, moluscos y vertebrados. Para explicar la independencia de estos grupos y los vacíos en el registro fósil, el sabio francés propone la posibilidad de extinciones masivas de especies por grandes contingencias catastróficas y su sustitución por otras procedentes de zonas de la Tierra no afectadas por la catástrofe.

Desde la embriología e influido por Cuvier, Von Baer pudo ratificar la existencia de estos cuatro planes estructurales independientes y enuncia cuatro grandes leyes del desarrollo embrionario, donde subraya que los caracteres generales del grupo son prioritarios a los específicos y que los primeros aparecen en todas las especies, mientras que los segundos solo aparecen en cada una de ellas. Estas observaciones ofrecen una imagen ramificada del desarrollo embrionario desde el tronco común de cada tipo estructural hasta las particularidades morfológicas específicas.

Naturalmente, tanto los trabajos de Cuvier y Von Baer como los de Linneo no pasaron inadvertidos para Darwin, quien los valoró e incorporó en su teoría evolucionista. Gould (2004) subraya la importancia del concepto de esencia tanto para las teorías —primer apartado del capítulo 1: «Las teorías necesitan historias y esencias»— como para los organismos. En los capítulos 4 y 5 trata de las aportaciones de Cuvier y Von Baer para la biología evolucionista, acerca de los grandes tipos esenciales o *Baupläne* de los taxones superiores. Como ya vimos en el capítulo 6, el concepto de esencia —lo permanente e invariable que define a un ser— nos lleva al de unidad —recordemos la célula como unidad de origen, estructura y función de los seres vivos—, esto es, el origen común de la vida o, posteriormente, de cada grupo de seres vivos. Por otra parte, la ingente variabilidad de la vida nos lleva al concepto de unicidad, la cualidad de único que presentan todos y cada uno de los seres y procesos materiales, lo que, en el caso de los seres vivos, nos lleva a su necesaria adaptación singular frente a la enorme diversidad de factores bióticos y abióticos de la contingencia medioambiental. Parece claro que la paradoja entre unidad y unicidad la resuelve la teoría darwiniana de la evolución por selección natural.

En este sentido, para ilustrar el problema y de paso dar un repaso conceptual, me ha llamado la atención una crítica reciente a S. J. Gould —otra más, a este gran biólogo evolucionista, que incomoda a muchos autores por sus originales interpretaciones— sobre su concepto de contingencia (Parra, 2021). Este filósofo objeta la «tesis de la contingencia radical», donde el célebre paleontólogo propone que si rebobinásemos la evolución y empezásemos de nuevo, esta seguiría un camino radicalmente diferente del actual. Frente a esta tesis se presenta el denominado «punto de vista robusto de la vida»: ciertos rasgos biológicos tenderán a repetirse o a converger, porque constituyen la solución óptima que la selección natural provee a los organismos para adaptarse. Siguiendo estos argumentos, el autor se une a los que proponen que «la manera como opera la evolución por selección natural es tal que se da una separación entre forma y función biológica».

En el artículo, parece claro que muchas de las distintas interpretaciones evolucionistas de los hechos biológicos vienen de los diferentes puntos de vista entre los autores a la hora de manejar los principales conceptos, como, por ejemplo: selección natural, necesidad, contingencia, adaptación, función, estructura y forma, entre otros.

Empezando por el concepto de necesidad, como hemos visto en el capítulo 6, no es lo mismo hablar de que esta sea imperativa funcional o teleológica estructural.

También son importantes los matices respecto al concepto de selección natural que, partiendo de la formulación de Darwin, no debe ser considerada como un mecanismo generador de variabilidad individual, sino, más bien, el proceso de acumulación de las variantes más adaptadas, cuyas características pasan a la siguiente generación mediante reproducción; pero tampoco actúa aisladamente sobre cada especie, sino como ajuste continuo entre los seres vivos —relaciones específicas e interespecíficas— y sus entornos abióticos. Por otra parte, en este proceso de evolución conjunta en equilibrio dinámico, de todos los factores bióticos y abióticos de la ecosfera, se genera, sin propósito alguno, abundante variabilidad en forma de información biológica pregenética, genética y epigenética —auténtica cultura molecular— que, como herencia, pasa de una generación a la siguiente mediante la reproducción. En este sentido, la información y herencia genéticas son como el farol que más ilumina, pero que también deslumbra. Su gran importancia epistemológica es innegable, pero cuesta salir de ese foco de luz y mirar más allá. Debemos tener en cuenta que los genes están en los cromosomas en forma de ADN, pero también que en estos reside parte de la información epigenética; además, se sabe sobradamente que las proteínas no cumplen el DCBM en lo relativo al enunciado determinista «una secuencia, una estructura» —como se ve en las diferencias secuenciales tanto intraespecíficas como, sobre todo, interespecíficas del mismo tipo de proteína—. A mayor abundamiento, debemos recordar que muchas de las proteínas codificadas en los genes portan una porción más o menos grande de estructura desordenada, y que esto amplía la violación de los enunciados deterministas del dogma, ya que estas estructuras pueden acomodarse a varios ligandos, lo que supone pasar de «una secuencia, una estructura y una función» a «una secuencia, varias estructuras y varias funciones». Esto plantea una perspectiva funcional donde la plasticidad conformacional de las proteínas se manifiesta en la información pregenética y epigenética; además, el medio no solo ejerce una función selectora, sino también moldeadora. Como ya hemos visto, este modelo de concatenación funcional entre la necesidad y la contingencia medioambiental, es radicalmente diferente al estructural del azar y la necesidad donde la invariancia reproductiva de la herencia genética se expresa como proyecto teleonómico esencial supeditando todas las estructuras y funciones a su cumplimiento mediante mecanismos deterministas de morfogénesis autónoma.

Continuando con la precisión de conceptos frecuentemente confusos en la biología evolucionista, debemos recordar lo ya visto respecto a la prioridad de la función sobre la estructura y a la distinción entre estructura y forma, en la que la primera es prioritaria a la segunda, y se define como la disposición y orden de las partes de una cosa, mientras que la segunda atiende a la configuración externa de algo. Alejados de cualquier enfoque idealista, podríamos decir que en el origen y evolución de los seres vivos, las estructuras primigenias se originan desde la necesidad imperativa de fenómenos y procesos fisicoquímicos que llevan a la organización y selección funcional de la materia en continua interacción; de esta manera, podemos considerarlas funciones vitales y estructuras esenciales. Así, desde las etapas moleculares prebióticas hasta el surgimiento de las primeras células, unas estructuras derivan de otras anteriores, en el juego incesante de la interacción material, mediante la selección natural de fenómenos encadenados en procesos, donde de forma inesperada las necesidades imperativas devienen en las funcionales de los seres vivos. En una representación arborescente del tronco estructural, seleccionado por satisfacer las funciones vitales, van surgiendo nuevas ramas adecuadas a las necesidades funcionales emergentes, seleccionadas por la viva dinámica de las contingencias medioambientales. Debemos tener en cuenta que, en la ecosfera como un todo, los factores bióticos y abióticos están conectados en una red de incesantes interacciones, de manera que las perturbaciones contingentes «resuenan» por toda ella. Como ya hemos dicho repetidamente, la selección natural representa el equilibrio dinámico, instante a instante, de esa ola de perturbación que la recorre sin cesar.

Por su parte, las formas representan las singularidades individuales de cada rama estructural, ya sean adaptativas o no; por ejemplo, todos los individuos de una especie tienen la misma estructura esencial, pero presentan diferencias formales en su configuración externa, como el tamaño, el color, etc. Esta variabilidad puede ser adaptativa según sea la contingencia medioambiental, como vemos en el conocido caso de la mariposa *Biston betularia*, donde el oscurecimiento de la blanca corteza de los abedules por la contaminación industrial favorece la supervivencia de la variante oscura sobre la clara, ya que evita mejor el ser vista por sus pájaros depredadores. También vemos que presentan la misma estructura esencial todos los seres vivos agrupados en una categoría taxonómica superior, como, por ejemplo, los mamíferos, donde apreciamos la ramificación adaptativa de estructuras y formas secundarias tan distintas como las de los murciélagos, ballenas o lobos, entre otros.

Pero volviendo a la idea de contingencia radical de Gould, vemos que él subraya dos importantes aspectos de ella: la dependencia causal y la impredecibilidad. En el primer concepto estamos ante una cadena causal de contingencias históricas, en la que cada fenómeno o proceso depende de que se produzca la concatenación de todos los anteriores que han conducido a él. En el segundo, se plantea que es imposible predecir los nuevos sucesos contingentes a partir de los previos. Aquí tenemos de nuevo dos aproximaciones distintas a este problema, según sea el origen de la impredecibilidad: la interna, donde se atiende al azar de las mutaciones genéticas, y la externa, resultante de la red dinámica de interacciones medioambientales.

A este respecto, opino que aunque, como es evidente, las mutaciones al azar presentan un alto grado de impredecibilidad, la que afecta a la contingencia de los sucesos es predominantemente externa, e incluso afecta a la selección natural de los genes mutados. Es decir, las mutaciones se producen al azar, pero, como se vio en el capítulo 5, su selección depende de que las proteínas codificadas por los genes mutados presenten unas conformaciones que

mejoren las previas, resultantes de la plasticidad fenotípica pregenética tensada frente a los cambios mantenidos del medio. El
mecanismo molecular que subyace a este proceso de selección de
genes debe estar basado en la plasticidad pregenética de algunas
proteínas ante ligandos semejantes, y en la duplicación génica (Fig.
1). Así, podemos partir de un gen *A* que codifica una proteína A
que actúa sobre un ligando **a**; si, por cambios ambientales, aparece
un nuevo ligando **a'** (pequeña variante de **a**), la proteína A puede
seguir uniéndolo mediante un mecanismo de ajuste inducido; esto
es, A experimenta un cambio conformacional al tensar su estructura terciaria globular ante la unión de **a'**. El gen *A* puede sufrir
una serie de mutaciones, por ejemplo: *A'*, *A''* y *B*; de estos nuevos
genes, solo *A'* será seleccionado, ya que la proteína A', codificada
por él, une mejor el ligando **a'** (mediante un mecanismo llave-cerradura) de como lo hacía A por ajuste inducido. En este modelo,
es importante apreciar que, en el interregno hasta la selección de
A', la función de A se basa en la información conformacional pregenética de las proteínas, dentro de los márgenes que le permita su
secuencia genética. En general, las funciones y estructuras vitales
dependen de la plasticidad fenotípica pregenética, que sería prioritaria en el origen de la vida y en su evolución, tanto en la ontogénesis como en la filogénesis.

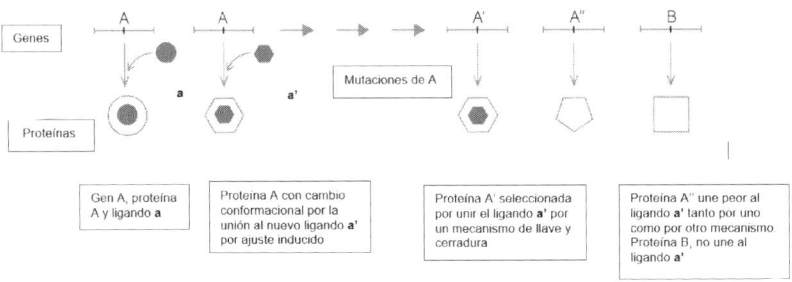

Figura 1

La selección natural va acumulando de forma dinámica (selección positiva y negativa) las variantes de información biológica (pregenética, genética y epigenética) en el transcurso de los sucesivos equilibrios de la evolución de la ecosfera. Esta perspectiva de la vida es radicalmente diferente de la que plantea su origen y evolución como una suerte de bingo cósmico de mutaciones al azar y genes independientes, donde la selección natural actuaría de forma incoherente e instantánea, como un portero de discoteca, sobre funciones atomizadas. Estas diferencias se reflejan, entre otras cosas, en el concepto de adaptación y en la cuestión de si todas las formas son adaptativas o, lo que es lo mismo, si todas las formas son siempre funcionales.

Gould (2004) plantea que el concepto de exaptación (Gould y Vrba, 1982) completa y racionaliza la terminología del cambio evolutivo por reconversión funcional. Como antecedente del problema de la aparición no adaptativa de un rasgo como consecuencia de la selección de otro, Gould y Lewontin ponen un ejemplo arquitectónico sobre las pechinas de una de las cúpulas circulares de la veneciana Catedral de San Marco. Estos huecos triangulares responden a espacios sobrantes entre la base de la cúpula y el par de arcos ortogonales adyacentes. Gould y Lewontin toman el resultado estructural de las pechinas como ejemplo de un efecto colateral de una decisión arquitectónica previa, por lo que no podían contemplarse como rasgos adaptativos. Son meros efectos colaterales de carácter estructural, no rasgos funcionales (Gould y Lewontin, 1979).

Demostrando un legítimo interés por el buen uso del lenguaje para manejar rigurosamente los conceptos, Gould encuentra alguna contradicción en el término «adaptación» (*ad*, 'para'; *aptus*, 'uso') referido tanto al proceso de producción de un rasgo con una utilidad particular como al resultado de este, fundamentalmente cuando surge una utilidad posterior del rasgo diferente a la inicial. En este sentido, Gould y Vrba prefieren el uso de «aptación» como «término descriptivo general para cualquier carácter que contribuya a la aptitud, con exaptación y adaptación definidas como subcategorías de la primera, para reconocer la distinción crucial entre cooptación y modelado directo en la construcción histórica de los caracteres». Así pues, en esta taxonomía el término adaptación quedaría referido al carácter modelado para su uso funcional actual. Por su parte, el término exaptación se refiere tanto a un carácter previamente modelado por la selección natural para una función particular (una adaptación) que posteriormente es cooptado accidentalmente para un nuevo uso no funcional, como también a una no adaptación (sin intervención directa de la selección natural) que luego es cooptada para su uso no funcional actual (Gould 2004, p. 1264).

En esta perspectiva evolucionista de Gould y Vrba, la selección natural se ejerce sobre la concatenación de adaptaciones funcionales, intercaladas por exaptaciones que pueden volver o no a integrarse en la cadena adaptativa. Estos científicos ponen algunos ejemplos de esto, como la evolución del vuelo en las aves a partir de los reptiles. Al parecer, las plumas del *Archaeopterix* tenían una función adaptativa inicial implicada en la regulación de la temperatura corporal, pero con el ensanchamiento de los brazos se facilita la captura de insectos y otras utilidades accidentales. Algunas de estas exaptaciones se tornan en adaptaciones funcionales al vuelo mediante cambios que afectan al esqueleto y a patrones neuromotores.

Podemos añadir que este patrón evolutivo implica la concatenación continua de los tres procesos de información biológica (pregenética, genética y epigenética) y los tres niveles de integración (molecular, celular y pluricelular) enfrentados a sus respectivos medios: diversificación de proteínas como las moléculas de adhesión celular (CAM), modificaciones de las estructuras óseas y redes neuronales, entre otras. Este modelo dista mucho del reduccionismo genocéntrico estructuralista, totalmente incoherente, donde se atomizan (se reducen a genes independientes) las funciones en subfunciones estructurales, todas con la categoría de adaptaciones. Así, en la nueva función no interviene solo la exaptación de la anterior, sino una constelación de nuevas adaptaciones, procedan o no de una función previa. Es decir, lo realmente importante es que la exaptación se convierte en adaptación cuando se integra en una nueva función junto a otros rasgos distintos de los que acompañaban a la adaptación original en su primitiva función. El proceso exploratorio de nuevas interacciones en los tres niveles es constante, en él se seleccionan algunas de las posibles integraciones funcionales de rasgos que así devienen en adaptaciones estructurales, no necesariamente las mejores consideradas de forma aislada, pero seguramente las que mejor favorecen al organismo como conjunto enfrentado al medioambiente.

Como ya hemos visto, esta perspectiva funcionalista está en la biología desde el siglo XVIII con Buffon, Lamarck y Cuvier, entre otros, y, por supuesto, en Darwin y los primeros darwinistas, ya en el XIX, pero, con la irrupción de la genética en el XX, la biología adopta un sesgo mayoritariamente estructuralista, que va desde posturas ajenas a la evolución biológica, como las del «diseño inteligente», a otras con un trasfondo más o menos teleológico. No obstante, debemos recordar que algunos autores, como Jacob, con su teoría de la evolución chapucera (*tinker*), y otros, como Gould y Vrba, con la diferenciación entre adaptación y exaptación, retornan en mayor o menor medida a la tradición funcionalista.

Quiero subrayar de nuevo la prioridad de la función sobre la estructura en el origen, naturaleza y evolución de los seres vivos. Es la savia de la urdimbre en el telar de la vida. En la trama pueden aparecer estructuras que no respondan a la coherencia histórica funcional de la ontogénesis y la filogénesis; aquí predominan los fenómenos de información genética horizontal, en los que desempeñan un papel fundamental las bacterias y, sobre todo, los virus.

La urdimbre y la trama de la vida

De los tres tipos de información biológica propuestos en este modelo, la genética es la más visible y manejable (es como la información escrita para los seres humanos), y fluye tanto por la urdimbre arborescente celular como por la trama ortogonal que se entrecruza, mayoritariamente vírica. Mientras que la primera información genética citada constituye la denominada herencia vertical, que va de progenitores a descendientes, y es seleccionada por su contribución a la coherencia funcional del organismo, la correspondiente a la trama se propaga de forma horizontal entre individuos no emparentados que, en principio, no guardan ningún tipo de relación filogenética. Pero este cruce de información, aparentemente incoherente en el telar de la vida, puede tener alguna conexión previa.

Como ya he expuesto de forma reiterada, mi modelo propone un origen de la vida proteocéntrico con una primera célula de naturaleza protocariota, de manera que, a lo largo de la evolución, la información biológica se va tejiendo ordenadamente en todos los procesos vitales (ontogenia, filogenia y fisiología). Primero, de forma prioritaria, una selección pregenética basada en la plasticidad conformacional de las proteínas que les permita la mejor unión posible al contactar con sus ligandos —más estereoespecífica cuanto más intrínsecamente desordenadas sean las estructuras de sus dominios globulares—. Posteriormente, y guiada por la información obtenida por la tensión conformacional previa, una selección genética merced a las mutaciones puntuales de las bases del ADN que faciliten una mayor estereoespecificidad de los sitios de unión a los ligandos, pasando así del ajuste inducido previo al encaje tipo llave-cerradura. Por último, se seleccionan epigenéticamente los reordenamientos estructurales de los distintos elementos relacionados con el control de los genes en los procesos adaptativos. La evolución de los eucariotas es sobre todo modular, actúa seleccionando funcionalmente las nuevas estructuras que se van originando en cada nivel, combinándolas de diferentes maneras —dominios de información biológica estructural, DIBE— en la permanente concatenación entre la exaptación accidental y la adquisición funcional de una nueva adaptación. En esta concepción de dominios estructurales —como disposición y orden de las partes en interacción de una cosa— están recogidos todos los tipos de información biológica, desde la molecular pregenética y genética hasta la epigenética celular.

En la evolución de los procesos materiales hay una tendencia al equilibrio dinámico que se alcanza cuando la sucesión de fenómenos elementales necesarios cierra un ciclo, que tiende a repetirse; posteriormente, en mayor o menor medida, las contingencias del entorno rompen esos equilibrios y se acelera la evolución material: ciclos geológicos, ciclos meteorológicos, ciclos metabólicos, ciclo celular, ciclos biológicos... En este sentido, podemos preguntarnos: ¿cuándo y cómo la filogenia se hace ontogenia? Seguramente cuando los procesos adaptativos concatenados se hagan cíclicos de forma epigenética. Desde este punto de vista, ¿pueden los individuos de una especie tener diferencias singulares, más o menos marcadas, durante su desarrollo embrionario?, ¿podrían estas diferencias contribuir a la especiación? No olvidemos que los cromosomas portan la información genética (codificante y no codificante) y la epigenética. Además, el genoma de especies muy complejas y evolucionadas, como la humana, consta de un número de genes mucho menor al que le correspondería, según el paradigma genocéntrico estricto, en comparación a especies muy inferiores; más bien, la mayor parte del ADN forma secuencias repetidas, pseudogenes y retrovirus endógenos, entre otras. Por el contrario, la especie humana destaca en la complejidad de su epigenética e interactoma, que estudia fundamentalmente el conjunto de las interacciones entre las proteínas de una célula y las que establecen con sus ligandos (Fernández y Lynch, 2011). Estos datos apoyan mi hipótesis de que el origen y el alcance evolutivo de los genes se circunscribe a etapas muy tempranas de selección de los módulos estructurales proteicos (DIBE) y de sus correspondientes exones, mientras que toda la complejidad posterior se eleva sobre base de las interacciones proteicas y es de índole epigenética. En sentido opuesto, el genoma bacteriano está constituido fundamentalmente por genes codificantes. En línea con la hipótesis de los módulos prebióticos, la evolución de las secuencias génicas se produce de manera mayoritaria por procesos de duplicación, mezcla y cambios en la expresión y regulación de elementos ancestrales usados repetidamente. Estos hechos apoyan también la hipótesis de F. Jacob (1977) de la evolución chapucera frente al modelo de la evolución gradual por mutaciones puntuales.

Mi modelo considera que, ya desde las etapas prebióticas, toda la coevolución estructural entre ARN y proteínas aporta variabilidad. Esta, como siempre, debe ser seleccionada por el coajuste conformacional del proteoma. La contingencia y la diversidad son ciegas: la selección natural, no. Ella es la que da coherencia a la evolución. Aunque, como ya he anunciado, la información correspondiente al origen de la vida se trata en la segunda parte del libro, quiero adelantar aquí, muy sucintamente, algunos hechos y opiniones respecto a algunos componentes del genoma de los eucariotas, en relación con el nivel de complejidad de las especies. Así, por ejemplo, las secuencias de los elementos genéticos transponibles con capacidad para su movilización dentro de los cromosomas, como los transposones y retrotransposones, son más abundantes en plantas y animales que en protistas y hongos. Estos elementos móviles actúan reordenando los genomas y ejerciendo funciones específicas como señales de expresión alternativa y de transcripción a ARN no codificante. Este tiene un marcado papel epigenético por su intervención en mecanismos de interferencia y su herencia citoplásmica. Algunas de estas funciones albergan un enorme potencial evolutivo, pero otras pueden resultar perjudiciales si no se articulan mecanismos reguladores de sus efectos.

Así, la transferencia genética horizontal (HGT), llevada a cabo por los virus, desempeña un papel desigual según sean sus destinatarios de naturaleza acariota o eucariota. Para empezar, la segunda está fundamentada en la tendencia a una organización funcional y estructural creciente que hace más rara la integración coherente de cualquier flujo genético foráneo. En este tipo celular, la información recibida mediante infecciones víricas tiene difícil el cristalizar en una nueva adaptación. Es posible que pueda producirse algún tipo de concatenación adaptativa a nivel molecular y celular, como las que ya mencionamos, con exaptaciones intercaladas, resultantes de fenómenos de HGT. Esta información puede ser utilizada más fácilmente si el gen transferido tiene una versión funcional similar en el huésped. De igual forma, también se ve favorecida su inclusión si la proteína que codifica actúa de forma más o menos libre, sin estar integrada en un gran complejo estructural. Es difícil explicar, dada la complejidad estructural y funcional de la célula eucariota (máquinas proteicas, interactoma, etc.), que la evolución pueda depender de la variabilidad genética que originen las mutaciones puntuales de genes individuales o los virus. Sin embargo, es más probable que este flujo informativo al azar, sin propósito alguno, pueda tener un efecto directo significativo entre los acariotas celulares. Quizá sea posible que, previa selección funcional y de forma indirecta a través de ellos, pueda funcionar también en eucariotas.

En este sentido, quiero dedicar unas líneas a la consideración de un interesante modelo evolucionista alternativo del actual, el de Máximo Sandín y su escuela de pensamiento neolamarckista (Sandín, 1995; Heredia, 2014). En principio, compartimos un marco común crítico con el paradigma genocéntrico del DCBM y la teoría sintética de la evolución. En esta línea, también coincidimos a grandes rasgos en valorar el papel del medioambiente en la evolución y la información epigenética, aunque su original enfoque neolamarckista los lleve a denostar a Darwin —a mi parecer, injustificadamente— y a sobreestimar los virus como mensajeros ambientales en la evolución. En las dos obras citadas, mi discrepancia viene de la falta de prioridad en los agentes de la evolución biológica, que aparecen como meros elementos de un sistema, además, sin partir de un origen terrestre de la vida que defina su naturaleza y permita entender su evolución. Esto aparece de forma más marcada en el libro *Lamarck y los mensajeros. La función de los virus en la evolución* (Sandín, 1995), donde nos encontramos directamente con una orientación teleológica, no solo señalada en el prólogo, sino asumida por el autor en el texto. En el primero, al investigador del CSIC Juan Carlos Stockert le parece: «... un poco teleológico [...] el excitante enfoque genético que presenta la obra». Más adelante, sigue destacando esta perspectiva:

> *Un argumento central para el autor es que, para poder prosperar, grandes cambios en la organización del genoma debieron aparecer de manera simultánea en las poblaciones biológicas, y tales cambios podrían ser explicados mediante procesos genéticos de carácter infectivo. Así, propone la integración de genes virales en el patrimonio genético de los organismos como un elemento importante en la evolución*

*biológica [...] Que los genes adquiridos mediante este me-
canismo sean precisamente los necesarios para responder y
adaptarse mejor a nuevas condiciones ambientales, es una
explicación teleológica (también muy en el pensamiento de
Lamarck), o apunta peligrosamente a la intervención de designios inteligentes y ajenos al proceso evolutivo.*

Stockert continúa con la crítica a la posición teleológica y
panspérmica de Sandín:

*... por el contrario, la hipótesis del aporte de genes a or-
ganismos terrestres por microorganismos exteriores, obliga a
que la química de ambos sistemas genéticos deba ser idéntica
[...] Aparte de que el código genético llamado universal sea
realmente el único y común para todo el universo, habría
que admitir también que los microorganismos mensajeros
fueran portadores de una información genética adecuada,
que una vez integrada en sus huéspedes sirviese a los procesos
de adaptación y especiación precisamente en las condiciones
en que estos se producen [...] colonización genética tan específica y un tanto fantástica.*

Aquí se pone de manifiesto la contraposición entre las ideas
neolamarckistas de una dirección, una finalidad en la evolución,
y las dominantes de la nueva síntesis de cambio al azar sin sentido
ni dirección. Sandín se opone nítidamente a lo que considera una
falta de valores de índole ética en este paradigma: «Al no existir
ninguna finalidad, tampoco existe ningún contenido ético ni
moral en la búsqueda del conocimiento».

Además, la idea de siembra panspérmica, mediante virus transportados desde el espacio por meteoritos hasta la Tierra contrasta
con la de «ruleta cósmica» de Monod. Para Sandín: «... la vida
no sería un fenómeno aislado, fortuito y único en la Tierra [...]
un fenómeno más amplio, inherente al universo [...] finalista».

Sin embargo, aunque difieren en la singularidad o no del fenómeno en la Tierra, coinciden en encontrar las claves de la vida en unos genes: de las primeras células en el origen de la vida en la Tierra, en un acierto único de la «ruleta cósmica», para el primero; y de virus universales adecuados para sembrar la vida en múltiples rincones del universo, como la Tierra, para el segundo. En ambos casos, estamos ante una perspectiva estructuralista de la biología, donde la estructura está prefigurada en unas claves previas. Aunque con muchos matices, opino que tanto los neodarwinistas de la teoría sintética como los neolamarckistas no saben situar la información genética como fuente de variabilidad en su justo término: los primeros la encierran en el gen y en el DCBM, aislándola del entorno, mientras que neolamarckistas, como Sandín y su grupo, la abren de forma teleológica a los virus como mensajeros universales adecuados, susceptibles de mutación frente a los cambios ambientales, que posibilitan la herencia de los caracteres adquiridos del modelo lamarckiano. En este sentido, creo que mi modelo conecta más con las teorías originales de Darwin, y también de Lamarck (ver capítulo 3), en el sentido del carácter moldeador del medio en relación con la plasticidad fenotípica, tanto de la información proteica pregenética como de la epigenética estructural. La primera tiene que ver con la dinámica conformacional que exhiben las proteínas en las interacciones con sus ligandos del medioambiente mediante ajuste inducido. El abanico de fenotipos proteicos (con la misma secuencia genética) que se abre en las interacciones con el entorno sirve de guía para la selección, mediante integración funcional y estructural, de las variantes obtenidas mediante cambios genotípicos.

Como vimos en el capítulo 3, Darwin y Lamarck comparten algunos aspectos relativos al efecto que tiene sobre el organismo el uso y desuso en la interacción adaptativa entre el ser vivo y su medio, dentro del marco común de evolución funcional, donde los órganos están integrados en el funcionamiento de los organismos frente al entorno. Pero, a pesar de su compromiso funcionalista existen diferencias, algunas de las cuales tienen que ver con la interpretación de la cadena causal frente a los cambios del medioambiente: influencia del entorno sobre el hábito y de este sobre la función y la estructura de los organismos. Mientras que para Lamarck (2017) los hábitos alterados inducen modificaciones heredables directas (lo que se conoce por herencia «blanda»), para Darwin (1980) ejercen nuevas presiones selectivas. Actualmente, la teoría sintética neodarwinista no admite ninguna idea relativa a la herencia «blanda» y centra toda la selección sobre los genes y su herencia, pero, como vimos en el capítulo 4, Darwin dejó bien claro que la selección natural no era un mecanismo generador de variabilidad, sino que solo la acumulaba; necesitaba, pues, un proceso generador de información y de herencia biológica. Entre otros textos, en Darwin (2008) encontramos una teoría de la herencia de carácter lamarckiano, la «pangénesis», basada en la «herencia del uso y del desuso»: los hábitos adquiridos por un individuo modificarían sus órganos corporales y estos producirían unas entidades microscópicas denominadas «gémulas» que se acumularían en las gónadas, transfiriendo así las modificaciones de los órganos de los progenitores a los órganos de la descendencia.

Aunque algunos experimentos poco rigurosos descartaron la existencia de las gémulas, las recientes investigaciones sobre los exosomas proporcionan apoyo a la teoría darwiniana de la herencia. Estas diminutas vesículas extracelulares (EV) se producen en los endosomas de la mayoría de las células eucariotas, desde donde se liberan al medio extracelular —se han encontrado en todo tipo de fluidos de animales y plantas— e intervienen en la comunicación entre todos los tipos celulares, incluidos los gametos. Esta función los implica en una amplia variedad de procesos, tanto fisiológicos —comunicación intercelular y orquestación de la respuesta inmunitaria, entre otros— como patológicos, por ejemplo, cáncer, procesos inflamatorios y enfermedades neurodegenerativas. Tienen un tamaño que oscila entre 30 a 200 nm y portan un amplio surtido de la peripecia molecular de las células y los órganos del organismo, lípidos y un amplio surtido de proteínas y ácidos nucleicos que varía en función del tipo celular y de su estado fisiológico: proteínas de adhesión celular, de fusión, transportadores de membrana, citoesqueléticas, de señalización intracelular, relacionadas con la síntesis de proteínas, de respuesta a estrés, enzimas variadas, y también varios tipos de ARN, así como múltiples fragmentos de ADN que portarían secuencias de todos los cromosomas (García Rodríguez, 2018; Colombo *et al.*, 2014). En los procesos fisiológicos de comunicación intercelular los exosomas portan moléculas que favorecen la funcionalidad del sistema implicado; por ejemplo, algunas células del sistema inmunológico envían antígenos mediante exosomas a otras implicadas en la respuesta inmunitaria, activándose todas de forma coordinada. En este caso, vemos que los exosomas no albergan solo moléculas de producción propia, sino también moléculas ambientales, como los antígenos. Por otra parte, en los procesos patológicos como, por ejemplo, el cáncer, los exosomas viajan desde las células del tumor a otras sanas —al parecer, con cierta direccionalidad— portando la información molecular que facilitará la transformación de estas últimas en células cancerígenas (Melo *et al.*, 2014).

Recuperando al Darwin genuino, a la luz de los nuevos datos que la biología evolucionista viene acumulando en las últimas décadas, no sería descabellado opinar que las nuevas presiones selectivas establecidas por los hábitos alterados (en la terminología del siglo XIX) se canalicen directamente sobre los mecanismos de variabilidad genotípica por las modificaciones fenotípicas previas. Es decir, la secuencia causal sería: cambios mantenidos en el medioambiente inducen modificaciones compatibles con la plasticidad estructural de los agentes biológicos que, a su vez, canalizan la selección de los cambios genéticos. Repito que, en mi modelo, la selección natural supone el coajuste de todos los factores bióticos y abióticos de la ecosfera en cada instante, tanto entre los seres vivos y sus entornos como entre los niveles biológicos integrados en un organismo. Así, en lo relativo al nivel molecular, y sobre la base de la herencia genética previa, los cambios ambientales suponen variaciones cuantitativas y cualitativas de las moléculas representativas de un tipo celular, que se reflejan en el contenido de los exosomas. Pero, concretamente, sus proteínas pueden sufrir tensiones conformacionales que serán seleccionadas por el coajuste estructural y funcional con otras moléculas que exija el organismo celular. Si los cambios ambientales y las consiguientes modificaciones conformacionales proteicas se mantienen en el tiempo, los sucesivos cambios genotípicos serán seleccionados positivamente cuando las proteínas resultantes sean aún más adecuadas para facilitar este coajuste previo.

Además de proporcionar apoyo a la teoría de la pangénesis de Darwin, los exosomas también están presentes en mi modelo de eucariogénesis y evolución celular, expuesto con más detalle en la segunda parte de este libro.

En la lógica del modelo proteocéntrico propuesto, la primera célula tendría una naturaleza esencialmente eucariota. LUCA (la célula ancestral común) sería básicamente una arquea similar a un núcleo primitivo, con un metabolismo elemental dirigido a la producción de proteínas en su interior y una fisiología centrada en el tránsito de información externa de la membrana celular al núcleo (rutas de transducción de señales) y de respuesta adaptativa interna desde este a la membrana plasmática. En el inicio y en el final de ambas rutas informativas debería estar presente la triada formada por IDP, chaperones y conformones, entre otras proteínas. Además, este flujo de información entre el primordio de la célula eucariota, a la que por ello denominamos protocariota, y el medio externo iría reforzado por una continua y contingente producción de vesículas de exocitosis semejantes a los actuales exosomas. Estas irían cargadas, en principio de forma accidental, de proteínas y ácidos nucleicos, y constituirían un particular sistema de evolucionabilidad.

En este modelo funcional de la evolución proteica, como resultado de un continuo baile de exocitosis y endocitosis, se formarían tanto los eucariotas —monofiléticos y con una naturaleza basada en la plasticidad pregenética de las proteínas— como todos los acariotas, entidades sin núcleo definido y de naturaleza fundamentalmente genética: dos filos de arqueas y muchos más de bacterias, y también virus. Este modelo podría denominarse de **exocitosis** y **endocitosis sucesivas** o, quizá mejor, de **comunicación intercelular mediada por vesículas**..., inicialmente entre células protocariotas, mediada por las vesículas acariotas producidas por ellas, a las que —con el aumento de complejidad evolutiva—, posteriormente, se unirían las interacciones entre toda la urdimbre celular (eucariotas, arqueas y bacterias) y la trama vírica.

Como apoyo de esta hipótesis, en el análisis genómico comparado vemos que las bacterias aparecen como las portadoras de los genes del metabolismo, las arqueas los correspondientes al procesamiento y transmisión de la información genética (replicación, transcripción y traducción), mientras que los que son exclusivos de los eucariotas están implicados en la actividad productiva del núcleo, spliceosoma incluido, en la transducción de señales y en los mecanismos de exocitosis y endocitosis.

Sin entrar en muchos detalles, quiero plantear aquí la posible relación de los exosomas —por su universalidad, filogénica y funcional, en la comunicación intercelular— con las vesículas o «semillas» de evolucionabilidad que devendrían en arqueas, bacterias y virus.

En una entrada de mi blog («Origen de la vida y origen de la célula eucariota») propuse la **hipótesis del protocarionte** o **protocariota** como la primera célula en el origen de la vida. Esta célula primitiva tendría las características básicas de los eucariotas —correspondientes a 347 genes exclusivos de ellos, relacionados con la endocitosis, el sistema de transducción de señales y la síntesis de proteínas en el núcleo— y un particular sistema de evolucionabilidad (Sampedro, 2002).

Entre las principales ventajas de estas vesículas de evolucionabilidad —el término «semillas» solo es para dar fuerza expresiva a la idea de **siembra** contingente de vesículas acariotas— estaría la exaltación de mecanismos de herencia horizontal que propiciaran una evolución externa al protocarionte, como la formación exógena del metabolismo energético a cargo de algunas de estas vesículas, que posteriormente devendrían en bacterias. Las vesículas que al azar portasen un equipamiento enzimático primitivo, fundamental para realizar un metabolismo básico, podrían ir colonizando ambientes diversos, y luego ser fagocitadas por el protocariota.

Así pues, el metabolismo se desarrollaría desde las vesículas acariotas (bacterias) expulsadas y posteriormente endocitadas de forma sucesiva por los protocariotas. Sería un metabolismo externo a ellos y realizado en el acariota con las proteínas y genes que, al menos inicialmente, le proporcionara el protocariota. La externalización tendría como ventaja inicial la selección en ambientes muy diversos de las adaptaciones metabólicas más ventajosas, y que esto fuese más fácil que el desarrollo interno directo de un complejo sistema funcional en el protocariota.

En el modelo de **comunicación intercelular mediada por vesículas**, los eucariotas se formarían mediante el «baile» continuo de interacciones entre protocariotas y acariotas. Entre los primeros, los más eficaces serían los que comenzaran una actividad fagocítica cada vez más específica, de la que dependería su nutrición, ya que la sopa primigenia se iría esquilmando. Es probable que la aparición del oxígeno —tras la fotosíntesis oxigénica— y su toxicidad para los protocariotas, promoviera en estos el paso de la fagocitosis a la endosimbiosis, fundamentalmente para aprovechar los sistemas enzimáticos de adaptación al 0_2 de las bacterias precursoras de las mitocondrias.

Inicialmente al menos, todas las proteínas con especificidad complementaria, tanto las de las membranas protocariotas como las de las membranas acariotas, procederían de los protocariotas. Así, durante este largo periodo la selección natural favorecería las variaciones de los protocariotas que lograran:

1. Producir exomódulos acariotas, englobados en vesículas extracelulares, con un metabolismo cada vez más eficaz que interiorizara los metabolitos ambientales más apropiados y los transformara convenientemente. Esto constituiría una especie de cultivo celular acariota.

2. Expulsar, por exocitosis, y posteriormente endocitar, de forma continua, las vesículas y exomódulos con especificidad creciente, y seleccionarlos por su eficacia metabólica, desarrollando así un sistema interno de transducción de señales. Este proceso culminaría con la adquisición de mitocondrias y la consiguiente formación de la célula eucariota moderna.

3. Desarrollar los mecanismos genéticos que exaltasen la variabilidad y especificidad: elementos genéticos móviles, virus y otros mecanismos de herencia genética horizontal.

Así, paulatinamente se produciría el origen único (monofilético) de la célula eucariota, con la posterior selección e incorporación de las vesículas y exomódulos acariotas más eficaces —ya que los protocariotas constituirían el único vórtice de esta selección—, y al mismo tiempo una auténtica explosión de diversidad acariota de vida libre: arqueas, bacterias y virus.

Debemos tener presente que los exosomas actuales son un producto muy especializado de la evolución biológica, y que tanto ellos como, según mi hipótesis, los acariotas y algunos elementos genéticos móviles derivarían de una actividad exocítica primitiva producida de forma contingente por los primigenios protocariotas. Tanto en el origen de la vida como en el de la célula eucariota, la continua concatenación de exocitosis y endocitosis desempeñó un importante papel informativo (aumentando la HGT) sobre la formación del metabolismo externo, semejante al que actualmente realizan los exosomas en el medio interno pluricelular. En este sentido, la idea de Sandín sobre el papel de los virus como mensajeros y guías de la evolución no solo es teleológica, sino también incoherente con la evolución funcional de los organismos. No obstante, se abren muchas cuestiones: ¿podrían los exosomas actuales formar nuevos acariotas viables?, ¿qué relación mantienen con los virus en el interior de un organismo pluricelular?, ¿están los exosomas más cerca de los retrovirus endógenos y otros elementos genéticos móviles que de los virus exógenos? En cualquier caso, en el telar de la vida los hilos de información biológica de la urdimbre —prioritariamente pregenética y epigenética— y de la trama —prioritariamente genética— aparecen más o menos entrecruzados en cada especie, dando un grosor característico de la complejidad de cada una.

La vida en la Tierra se teje en el **telar** de una evolución sin sentido. Sus hilos representan estas dos naturalezas: la **urdimbre** celular tiende como un arbusto ascendente, pero enredado, hacia la complejidad de la integración creciente que resulta de la necesaria interacción funcional material, mientras que la **trama** vírica tiende a exaltar la variabilidad genética y sus hilos se insertan entre los primeros de una forma aún más ciega y enmarañada.

No obstante estas particularidades, en un planteamiento global aumenta la diversidad funcional y estructural de los individuos y la complejidad orgánica y sistémica de las interacciones. Solo la selección natural pone cordura como inteligencia universal que actúa equilibrando esta aparente locura.

2.ª PARTE:
CÉLULAS Y VIRUS. LA URDIMBRE Y LA TRAMA DE LA VIDA

Capítulo 8
El origen de la
información biológica

El inicio de la urdimbre

Una vez escogida la imagen del telar de la vida, debemos plantearnos cómo se pudo formar la urdimbre vital en la Tierra en un escenario abiótico partiendo de la primera célula como su semilla elemental. Actualmente, hay consenso en considerar como imprescindible para el origen celular de la vida un mínimo de tres sistemas integrados fisiológicamente: compartimentos membranosos, metabolismo y replicación. La formación sin propósito previo de esta triada permitió y sigue permitiendo el establecimiento y mantenimiento de dos medios diferenciados en constante interacción dinámica: el interno del organismo, regulado por procesos homeostáticos, y el externo, que influye y es influido por el ser vivo.

La nutrición implica un intercambio de materia y energía con el entorno, lo que exige un límite entre el ser vivo y el ambiente que lo rodea —esto es, algún tipo de **compartimentación** con permeabilidad selectiva, como la membrana plasmática de lípidos y proteínas— y, además, la transformación química enzimática de moléculas en rutas metabólicas para reponer las estructuras y obtener energía, esto es, un **metabolismo celular.**

La relación atiende a la toma de noticia de todo lo significativo que ocurre en el entorno. La célula recibe información del exterior mediante receptores proteicos específicos situados en su membrana y, tras su paso, realiza la respuesta fisiológica adecuada. El procesamiento de la información lleva asociado la transducción de la señal inicial —mediante algún tipo de cascada de modificaciones químicas y cambios conformacionales proteicos— desde el receptor de membrana inicial hasta la parte efectora, desde donde se dirige la respuesta.

La reproducción, en su acepción más sencilla, implica la formación de copias del ser vivo que heredan las principales ventajas evolutivas conquistadas, lo que implica la copia o **replicación** de las biomoléculas portadoras de información biológica: los ácidos nucleicos y las proteínas. Así pues, es necesario establecer una relación objetiva material coherente entre el nivel celular y el molecular prebiótico para llegar a estas biomoléculas. No obstante, aquí vemos que tanto en las funciones vitales como en los tres sistemas asociados a ellas desempeñan un papel destacado las proteínas, por lo que la mayor parte del espacio de este capítulo estará dedicado a la reflexión sobre el clásico problema del huevo y la gallina, en este caso formulado en términos de la prioridad en la replicación entre los dos tipos de biomoléculas informativas.

Además de pasar someramente sobre los sistemas relativos al metabolismo y el compartimento, tampoco nos detendremos en explicar la selección de bioelementos y biomoléculas en la evolución prebiótica —todos estos aspectos presentan menos controversia y hay suficiente literatura científica sobre ellos—, tan solo haremos hincapié en algunos de los monómeros de los biopolímeros, especialmente los informativos.

Si bien la biología comenzó como ciencia experimental dentro del marco teórico proporcionado por la teoría de la evolución y la teoría celular, los primeros resultados de este desarrollo fue el surgimiento en los albores del siglo XX de dos grandes ramas, relativamente independientes, alrededor del aislamiento y caracterización química de las sustancias celulares, la bioquímica, y del estudio de la herencia de los caracteres de animales y plantas, la genética.

Como ya vimos en otros capítulos, este despliegue de la biología fue preparando el abordaje científico del problema del origen de la vida una vez superados tanto el planteamiento vitalista original de la idea de generación espontánea como el neovitalismo de Pasteur, que circunscribía las reacciones químicas vitales al nivel celular. Así pues, hacía falta un abordaje inicialmente reduccionista del problema para imaginar y reconstruir el posible camino recorrido desde el nivel molecular al celular o, dicho de otra forma, desde el mundo de lo inorgánico al organismo vivo.

Una vez que la bioquímica ha caracterizado los principales tipos de biomoléculas (glúcidos, lípidos, proteínas y ácidos nucleicos) y sus monómeros constituyentes, uno de los primeros problemas a abordar es el de cómo se pudieron formar estas biomoléculas a partir del escenario geológico inorgánico de la Tierra primitiva. Después de la formación de monómeros orgánicos, y en su caso de los biopolímeros correspondientes, hay que reconstruir el camino de coevolución que condujo a la formación de los sistemas celulares esenciales y la célula primitiva. En 1924, el bioquímico soviético Alexander Ivanovitch Oparin —reconocido como el pionero en la consideración del origen no biológico o abiogénico de la vida— escribió la primera versión de su conocido libro *El origen de la vida*. En 1929, J. B. S. Haldane publicó un artículo también titulado «El origen de la vida» donde proponía un modelo similar al de Oparin. La hipótesis central del modelo Oparin-Haldane suponía que las condiciones fisicoquímicas ambientales en los inicios de la Tierra dentro del sistema solar eran muy diferentes de las condiciones actuales. Planteaban que la atmósfera primitiva de la Tierra era reductora (no oxidante, como la actual) y que estaría formada por hidrógeno, metano, amoniaco, dióxido de carbono y vapor de agua. Los rayos ultravioleta del Sol constituirían la fuente energética primordial suficiente para hacer reaccionar estas moléculas sencillas originando compuestos orgánicos que se acumularían en el seno de mares someros, formando la denominada sopa primitiva. Posteriormente, algunos de estos compuestos se recombinarían para originar polímeros más complejos, entre los cuales se seleccionarían las biomoléculas conocidas: polisacáridos, proteínas, ácidos nucleicos y lípidos como los fosfolípidos, entre otras.

Polimerización y formación de protobiontes

Las reacciones de polimerización se verían beneficiadas por procesos que permitieran la concentración de moléculas orgánicas en la sopa prebiótica y, por tanto, favorecieran las interacciones entre moléculas. Entre otros citaremos dos:

* La evaporación del agua en las orillas de océanos y lagos.
* La acción de ciertos compuestos arcillosos, del tipo de la montmorillonita, que pueden servir de catalizadores de la polimerización, pues en su estructura aparecen capas de silicatos amontonadas, entre las que se disponen capas de agua, que permiten la interacción de moléculas orgánicas procedentes de la sopa primitiva.

Las capas de silicatos ofrecen una enorme superficie de adsorción, donde pueden concentrarse las moléculas orgánicas, y presentan además cargas eléctricas positivas y negativas que pudieron actuar como centros catalíticos de las primeras reacciones de polimerización. Se dispondría, así, de una suerte de catálisis mineral previa a la enzimática. Por otra parte, las arcillas crecen por yuxtaposición, disponiendo sus nuevas capas según el molde de las anteriores. Podríamos estar, por tanto, ante una especie de «herencia mineral» previa a la biológica.

Estos polímeros disueltos en la «sopa primitiva» pudieron concentrarse en el interior de pequeñas gotas que posteriormente podrían formar a los protobiontes o progenotes, ancestros de los primeros seres vivos y dotados de una química e identidad propias. Así pues, a partir de la unión de aminoácidos se formarían proteínas, y con la de nucleótidos los ácidos nucleicos ARN y ADN. Estas tres biomoléculas son fundamentales para los seres vivos, ya que son portadoras de información biológica: además de la estructural intrínseca que determina sus interacciones con otras moléculas, poseen información secuencial, en el orden o secuencia de sus monómeros constituyentes, que condiciona su estructura espacial en mayor o menor medida. Como ya apuntamos anteriormente, en el abordaje científico del origen de la vida y su evolución, ya es inevitable el planteamiento de la clásica paradoja del huevo y la gallina en su versión molecular moderna: ¿quiénes fueron primero, las proteínas o los ácidos nucleicos?

¿Mundo de ARN o mundo de proteínas?

Los ácidos nucleicos son portadores de información genética ya que llevan en sus secuencias de nucleótidos la pauta para la síntesis de cadenas polipeptídicas que exhiban el orden correspondiente en sus secuencias de aminoácidos, según el código genético. Pero, por otra parte, las proteínas son necesarias para ejecutar a nivel molecular todas las funciones de los seres vivos, entre otras el manejo absoluto de los ácidos nucleicos: replicación del ADN, su transcripción a todos los tipos de ARN y su traducción a polipéptidos; formación de los distintos estados de empaquetamiento de la cromatina hasta llegar a cromosomas; regulación epigenética, entre otras muchas acciones.

En un sucinto resumen histórico, podemos decir que en los planteamientos iniciales del origen abiótico de la vida, algunos científicos consideraban a las proteínas como la molécula prioritaria en el proceso. Entre ellos estaban los que no podían plantearse esta disyuntiva, como Darwin, que no solo no conocía los trabajos de Mendel, sino que tampoco podía asociar el recién descubierto ADN por Miescher (1869) con la herencia. En 1863, en una carta a Joseph Hooker, escribía: «Por el momento, es una pura idiotez pensar en el origen de la vida; lo mismo podríamos ponernos a pensar en el origen de la materia».

Pero en 1871, escribió de nuevo a Hooker:

> *Se dice con frecuencia que en la actualidad se dan todas las condiciones que hayan podido existir en otros tiempos para la generación de organismos vivos. Pero si [...] pudiéramos imaginar que en un pequeño estanque cálido, con toda clase de sales amoniacales y fosfóricas, calor, electricidad, etc., se formara químicamente un compuesto proteínico, capaz de experimentar cambios aún más complejos.*

Es evidente que Darwin reconocía que podían darse circunstancias en las que la vida pudiera surgir espontáneamente a partir de materiales inorgánicos.

Como hemos visto anteriormente, unos pocos años después (1878) Pasteur se planteaba también el problema del origen de la vida. Parece probable que ambos estuviesen influidos por la opinión del evolucionista alemán Ernst Haeckel, que ya en 1868 afirmaba que los primeros seres vivos pudieron aparecer en la Tierra primitiva por agrupación espontánea de sustancias químicas. Asimismo, pensaba que más tarde la selección natural nos llevaría hasta las formas de vida actuales. Así pues, de forma pionera, Haeckel proponía ya una evolución química prebiótica y otra biótica darwiniana.

También encontramos algunos partidarios de la prioridad de las proteínas entre los científicos que iniciaron sus trabajos alrededor del inicio de la polémica. Entre estos podemos destacar al premio nobel ya citado, A. I. Oparin, y su modelo de los coacervados (1924), a S. Miller, que realizó un ensayo (1953) de la teoría de Oparin en el laboratorio de H. C. Urey, y a S. Fox, con su modelo de proteinoides termales formadores de microsferas, desarrollado desde la década de 1960 hasta la de 1980.

Oparin observó la tendencia fisicoquímica de las soluciones acuosas de polímeros a agruparse espontáneamente originando pequeñas gotitas a las que denominó coacervados. Construía estos sistemas artificiales mediante la incorporación de enzimas en el interior de las gotitas. Cuando la gotita alcanzaba un tamaño crítico, se producía su división en dos, las cuales a su vez continuaban creciendo siempre que dispusieran de enzima en su interior. El problema es que tanto el metabolismo en el interior de las gotitas, como su crecimiento y multiplicación, dependían de la presencia de una enzima de procedencia celular.

Sidney Fox intentó corregir este problema creando un tipo de coacervado con actividad catalítica inherente a su propia estructura y proceso de formación, y por lo tanto más cercano a lo que pudieron ser los protobiontes primitivos. Partiendo de mezclas de aminoácidos, las desecaba y calentaba a 130 °C, observando la formación de polipéptidos a los que denominó proteinoides termales, por ser unas condiciones similares a las de volcanes próximos al mar. También observó que cuando se calienta una solución de proteinoides a temperaturas entre 130 °C y 180 °C, estos se agrupan para formar pequeñas microsferas rodeadas de una membrana parecida a la doble capa lipídica que, con una actividad enzimática poco específica, crecen y se dividen por procesos de bipartición y gemación.

No obstante, tanto las microesferas de Fox como los coacervados de Oparin carecen de mecanismos de herencia genética que aseguren la información biológica conquistada. Sin embargo, estos modelos tienen a su favor la mucho mayor facilidad de formación y conservación de los monómeros de las proteínas que la de los ácidos nucleicos, como se comprueba tanto en los modelos abióticos de laboratorio como en el análisis molecular de meteoritos.

Por su parte, los partidarios de los ácidos nucleicos están en el origen mismo de la polémica, que ya viene del planteamiento de cuál es la naturaleza química del material genético. Esta cuestión concluye en 1953 con la determinación de la estructura tridimensional de la molécula del ADN. En un principio, los investigadores centraban el problema en él, pero desde los años 60 y, sobre todo, a principios de la década de los 80, con el descubrimiento de cierta actividad autocatalítica en el ARN, esta molécula pasó a ocupar el papel central en el origen de la vida. S. Altman y T. Cech demostraron que el ARN es capaz de catalizar una serie de reacciones, incluida la polimerización de nucleótidos. Por lo tanto, el ARN era capaz de servir como molde para catalizar su propia replicación. Además, el análisis cristalográfico del ribosoma, realizado por el equipo de Thomas Steiz, muestra que el sitio de unión de los aminoácidos (centro peptidil-transferasa) está formado íntegramente por ARN. No obstante, la participación de moléculas nucleotídicas en las reacciones enzimáticas no es nueva, ya que muchas coenzimas tienen esta naturaleza.

W. Gilbert propone en 1986 que el ARN constituyó el primer sistema genético en un «mundo de ARN» previo al ADN: en él, todas las funciones celulares esenciales habrían sido realizadas por el ARN. Este modelo ha pasado a ser el preferido por los investigadores actuales (Briones, 2015).

En el principio fue la acción

Por otra parte, tanto la metáfora lingüística del código como la idea de «programa genético» nos sirven para ilustrar el conflicto teórico sobre la prioridad entre proteínas y ácidos nucleicos o, *sensu lato*, entre función y estructura. En este sentido, propongo que en la etapa prebiótica del origen de la vida la información pregenética sería conformacional: se produciría una coselección de los módulos estructurales básicos (DIBE), hidrofílicos e hidrofóbicos, de los polipéptidos y de los ARN pequeños y las ribozimas. Esta información conformacional pregenética, modelada frente al medio molecular, representaría la palabra hablada en la metáfora.

Con el establecimiento de la relación de código genético entre las secuencias de los polipéptidos y las de los nucleótidos del ARN y del ADN, entramos en la etapa genética, propia de la evolución celular. En este momento, por una parte, se alcanza la invariancia de los módulos estructurales de los polipéptidos seleccionados en la etapa anterior y, por otra, la posibilidad de combinarlos y empalmarlos entre sí, aumentando la diversidad. Ya no hay límite para la longitud de los polipéptidos ni para la combinación funcional de sus dominios, tanto en estructuras terciarias como cuaternarias.

La genética se correspondería con el lenguaje escrito. Por su parte, la evolución celular y pluricelular, fundamentalmente eucariota, se realiza sobre la exaltación del gobierno epigenético de las conquistas genéticas frente a los cambios medioambientales: en definitiva, la plasticidad conformacional intrínseca aplicada al manejo espaciotemporal de los módulos genéticos. En la metáfora, esta información epigenética se correspondería con la etapa actual de la humanidad, embebida en la cultura de las nuevas tecnologías de la información y la comunicación.

El problema que plantea el paradigma genocéntrico —y su dogma central— para que arranque la vida en la Tierra por puro azar, es similar al de colocar a un mono delante de un ordenador y esperar cuánto tarda en escribir punto por punto el Quijote. Creo que no he sido muy exigente con las condiciones del experimento mental propuesto: solo he incluido el Quijote y he puesto ya a un mono y, además, con un soporte digital. Sin embargo, todos sabemos lo que tardó un mono en hacerse humano, y que de la evolución humana surgiese Cervantes y escribiese el *Quijote*. Y no solo Cervantes, y no solo el *Quijote*. Ese tiempo es un suspiro comparado con el calvario infinito del mono ante un ordenador. La plasticidad biológica frente al medio —social, en el caso del animal humano— es inmensa, y en ella opera la información pregenética, genética y epigenética sobre la base de la necesidad imperativa de las interacciones materiales de los niveles vivos (supramolecular, celular y pluricelular) frente a la cambiante contingencia ambiental. Así, desde Darwin sabemos que no hay proyecto ni propósito en la evolución, que los seres vivos que han sido, son o serán pertenecen al universo de lo posible, pero que ese universo no se va a plasmar en ningún rincón a la vez.

La evolución de la vida en la Tierra podría haber cursado sin que apareciéramos los humanos y, por supuesto, la evolución humana podría no haber tenido a Cervantes; o sí, pero sin ser escritor; o siendo escritor, pero sin escribir el *Quijote*, etc. No hay determinismo ni en el origen ni en la naturaleza ni en la evolución, solo la necesidad imperativa de los fenómenos y la contingencia de los sucesos en las interacciones materiales concatenadas. Así pues, en cualquier historia, incluida la evolución biológica en la

Tierra, vamos a ver la importancia que tiene entender el origen de un proceso para entender de forma coherente su naturaleza y su evolución. Como decía Goethe en su *Fausto*: «En el principio fue la acción».

En cuanto a los otros dos sistemas esenciales para alcanzar la autonomía funcional y estructural propias de la unidad mínima de vida, solo decir que cobra fuerza la hipótesis del despliegue temprano de un metabolismo mineral, anterior a la aparición de las biomoléculas informativas con su actividad enzimática y replicativa. La formación de un compartimento membranoso no es tan problemática una vez que se sinteticen metabólicamente los componentes proteicos y lipídicos necesarios, ya que la termodinámica favorece la agrupación de lípidos en agua formando bicapas lipídicas y, por otra, no es tan importante su prioridad respecto al metabolismo o la replicación.

Como ya hemos visto, en el planteamiento del origen de la vida tenemos básicamente dos modelos: el genocéntrico de estructuras formadas al azar o el proteocéntrico de estructuras modeladas por una actividad funcional coherente frente al medioambiente. Pero, realmente podemos incluir más elementos en estas dos alternativas:

- La vida surgió por **azar** en la Tierra, y quizá sea un suceso único, lo que algunos investigadores llaman «un accidente congelado». En este modelo estaría el paradigma genocéntrico, actualmente representado principalmente por la hipótesis del «mundo de ARN».
- La vida surgió en la Tierra o en otros rincones del Cosmos como consecuencia directa funcional de leyes naturales físicas y químicas, esto es, como resultado de la **necesidad imperativa** de los fenómenos naturales. Este modelo podría ser compatible con alguna versión del proteocéntrico y alguna hipótesis nueva relacionada con el desarrollo tem-

prano del metabolismo como punto de arranque de los procesos vitales.

¿Pudo arrancar el metabolismo sin actividad enzimática?

El metabolismo sí plantea ya algunas hipótesis alternativas: puede organizarse bajo la actividad catalítica del ARN o bajo la actividad enzimática de las proteínas. Pero ahora también surge la posibilidad alternativa de la hipótesis «primero el metabolismo». Esta hipótesis ignora la posible prioridad de las proteínas, tanto en el metabolismo como en la replicación, y se centra en disputarla en exclusiva con el ARN. Entre otros autores —J. Trefil, H. J.Morowitz y E. Smith— argumentan al respecto que la hipótesis del «mundo de ARN», aunque tiene a su favor el presentar una molécula autorreplicante con cierta actividad catalítica, responde al modelo de «accidente congelado» producido por azar:

> Un escenario del tipo «primero el ARN» en el que no se explique cómo surgieron las moléculas de ARN nos parece una base inapropiada para establecer una teoría sobre el origen de la vida. La molécula de ARN, demasiado compleja, requiere un primer ensamblaje de monómeros y la concatenación posterior de monómeros para dar lugar a polímeros. Tratándose de un acontecimiento aleatorio en ausencia de un contexto químico estructurado, la probabilidad de que se produjera semejante secuencia de sucesos es prohibitivamente baja; asimismo, el proceso carece de una explicación química convincente.

En la hipótesis de «primero el metabolismo» plantean que «la vida fue el resultado inevitable y progresivo del funcionamiento de las leyes de la física y de la química». Se originaría, así, un ciclo metabólico reductor compuesto por entramados sencillos de pequeñas moléculas e impulsado de forma necesaria por la termodinámica, esto es, la tendencia de los procesos hacia estados de menor energía libre.

Las primeras reacciones podrían haberse desarrollado en los huecos de rocas porosas llenos de geles orgánicos. El metabolismo primitivo podría consistir en una serie de reacciones químicas sencillas que transcurrirían por la actividad catalítica de entramados de moléculas pequeñas, quizá ayudadas por minerales allí presentes. El inicio pudo partir del núcleo del metabolismo actual —el ciclo de Krebs, del ácido cítrico o de los ácidos tricarboxílicos—, pero operando en el sentido reductor de los organismos quimiolitotrofos: aceptando electrones energéticos para formar macromoléculas reducidas a partir de otras oxidadas más pequeñas. En las fuentes hidrotermales profundas se originan moléculas de hidrógeno y de dióxido de carbono; la tendencia termodinámica hace necesario el descenso de electrones hacia niveles de menor energía, por lo que los electrones del H_2 se transfieren al CO_2, produciendo acético y agua.

Las etapas fundamentales del origen y evolución de la vida deben explicarse mediante largos procesos concatenados y escalonados, sin recurrir a sucesos aleatorios altamente improbables. De esta manera, se iniciaría el metabolismo antes de la entrada en escena del ARN. Pero quizá las proteínas —que no tienen las dificultades del ARN ni para su síntesis ni para su estabilidad— pudieron haber intervenido en el origen del metabolismo o coevolucionar con el mismo.

En cualquier caso, el modelo proteocéntrico coincide con la hipótesis de «primero el metabolismo» en salirse de la lógica del «accidente congelado» como fruto único del azar, para considerar la vida hija legítima de la evolución de la materia, regida por los mismos principios físicos y químicos en todo los rincones del cosmos. Pasaríamos, así, **del azar y la necesidad**, que proponía J. Monod, a la **necesidad imperativa** de los fenómenos y la **contingencia histórica** de los sucesos.

¿Pudo surgir la vida de las proteínas?

Por otra parte, las contradicciones del paradigma genético actual —que gira alrededor del azar de un **accidente congelado**— me llevaron a proponer una hipótesis proteocéntrica del origen y evolución de los seres vivos como resultado inevitable y progresivo del funcionamiento de las leyes de la física y la química (A. Ogayar, 1991 y A. Ogayar, M. Sánchez-Pérez, 1998). Esta hipótesis, además, guarda coherencia con otra más amplia que incluye la evolución celular y la eucariogénesis.

En el modelo funcional proteocéntrico, la vida habría surgido de forma contingente sobre las interacciones moleculares necesarias —entre distintas estructuras proteicas y sus ligandos, mediadas por el agua líquida— que, así, producen estructuras abocadas a un nuevo baile entre ellas. Algunas de estas podrían ser seleccionadas si integran las protofunciones vitales y las protoestructuras que las permiten y mantienen. Antes de continuar, debemos recordar sucintamente lo ya dicho en este capítulo acerca de qué entendemos por necesidad (ver también el relacionado con el azar, la necesidad y la contingencia). En la concatenación de interacciones materiales no programadas que originan las estructuras vivas, debemos distinguir entre necesidad imperativa —la que no puede dejar de ser, dadas unas determinadas condiciones— y necesidad funcional —igualmente imperativa, pero ya encauzada en una función—. Así, partiendo de unas determinadas condiciones físicas y químicas, unas moléculas iniciales interaccionan de forma necesaria (imperativamente) y originan unas nuevas estructuras moleculares; la contingencia ambiental imperante selecciona algunas de estas estructuras, que interaccionaran a su vez de forma necesaria según sean sus propiedades en las condiciones ambientales físicas y químicas.

Está universalmente reconocido que en el arranque del proceso contingente que condujo a la vida tuvo una importancia fundamental la intervención de una molécula extraordinaria: el agua líquida. Esta molécula presenta unas propiedades físicas y químicas extraordinarias que le permiten implicarse en una constelación de funciones biológicas muy importantes. Todo esto deriva de la peculiar estructura reticular del agua líquida. Esta red dinámica se basa en la formación y rotura de puentes de hidrógeno entre los dipolos de moléculas de agua contiguas. Entre las propiedades más citadas del agua destacan: una constante dieléctrica alta, con la que se opone a las fuerzas de atracción electrostáticas de los compuestos iónicos, y la constituye en el disolvente universal; las elevadas fuerzas de cohesión y adhesión; el gran calor específico; el elevado calor latente de vaporización; densidad anómala del agua al pasar del estado líquido al sólido; los usos bioquímicos del agua en la fotosíntesis y en las reacciones de hidrólisis, etcétera. Pero aquí me interesa señalar una propiedad que no se destaca tanto en los libros de texto: la capacidad del agua para formar estructuras. La fuerte tendencia del agua a mantener su estructura reticular, y a oponerse a cualquier otra molécula que la altere, hace que el agua rodee a los grupos polares y empaquete los apolares entre sí, esto es, «se lleve bien» con los primeros, que por ello se denominan **hidrófilos**, y mal con los segundos, que por ello se denominan **hidrófobos**. Cuando en el agua hay moléculas anfipáticas —esto es, que presentan los dos tipos de grupos, polares y apolares—, su coherencia estructural empuja y empaqueta, mediante fuerzas hidrofóbicas, los grupos apolares que le molestan y mantiene el contacto con los grupos polares. Con este reordenamiento molecular de los grupos hidrofílicos e hidrofóbicos en el seno del agua, se van generando estructuras esenciales para la vida, que se mantienen bien mediante fuerzas débiles pero cooperativas: de los grupos hidrofílicos con el agua que los rodea, y de los grupos hidrofóbicos entre sí, ya que fuertemente empaquetados por el agua pueden experimentar la atracción de las denominadas fuerzas de Van der Waals.

Así pues, del imperativamente necesario baile del agua con los grupos hidrofílicos e hidrofóbicos de determinadas moléculas presentes en la denominada **sopa prebiótica**, se irían formando y seleccionando macroestructuras moleculares como bicapas lipídicas y polipéptidos, con los que, merced a sus nuevas interacciones necesarias, se irían seleccionando, en coherencia funcional, las membranas del compartimento celular, las proteínas autorreplicativas tipo prión y las enzimas del metabolismo primitivo: compartimento, replicación y metabolismo, los tres sistemas básicos celulares de las tres funciones vitales generales, nutrición, relación y reproducción. Recordamos que tanto en los tres sistemas como en las tres funciones originarias tienen un papel fundamental las proteínas.

En contraste con el paradigma genocéntrico, de naturaleza estructural, aquí se presenta un modelo funcional que, sobre la base de la información conformacional de las proteínas, explica el universo de las interacciones moleculares que estructuraron a los seres vivos en la Tierra desde su origen y durante su evolución. Así pues, en este modelo se propone que la etapa prebiótica pregenética podría caracterizarse por la coevolución de información conformacional de tres tipos de proteínas en interacción con el ARN, formando ribonucleoproteínas, de la que surgiría el código genético: primero uno conformacional y posteriormente el secuencial. En este triunvirato proteico, que puede constituir el mecanismo general de adaptación al medio en el nivel supramolecular, tendríamos:

- Las proteínas intrínsecamente desordenadas (IDP), capaces de moldearse y adaptarse funcionalmente mediante unión a nuevos ligandos.
- Los chaperones, que participarían estabilizando y guardando la coherencia funcional de las estructuras proteicas resultantes, tanto las pregenéticas como las genéticas.

- Los conformones (priones funcionales), que seleccionarían y propagarían las nuevas conformaciones desde las etapas prebióticas.

En este modelo, la función es prioritaria a la estructura, y las nuevas aparecen como resultado de la plasticidad de las previas en su continua interacción (necesidad fisiológica) frente a las contingencias de un medio cambiante. Así, los niveles de información pregenética, genética y epigenética responderían a la acumulación de «cultura molecular» de las proteínas en su peripecia evolutiva, desde el origen de la vida. De esta manera, el código genético se hace funcionalmente, no se «acierta».

En este escenario, la prioridad funcional pudo correr a cargo de la plasticidad de las proteínas. Posteriormente, con el establecimiento del código genético la información biológica —en la ontogenia, en la filogenia y en la fisiología— reposaría de forma ordenada sobre tres pilares: 1) conformacional pregenético de proteínas y ARN, 2) secuencial genético de ADN/ARN y 3) de regulación epigenética.

Las proteínas que aparentemente se comportan como virus y genes: priones y conformones

Los priones se descubrieron como agentes infecciosos, de naturaleza exclusivamente proteica, en determinadas enfermedades neurodegenerativas de mamíferos, donde se comportan como un virus. También se asociaron a determinados procesos de «herencia no mendeliana» donde aparentemente se comportan como un gen. En este caso, a estas proteínas funcionales, propagadoras de información conformacional, es mejor denominarlas **conformones** para diferenciarlas del comportamiento patológico de los priones (Ogayar y Sánchez-Pérez, 1998). En ambos tipos de procesos, patológicos y fisiológicos, los priones y conformones pueden transmitir información estructural y autorreplicarse, induciendo el correspondiente cambio conformacional en otras formas proteicas con idéntica o muy semejante secuencia. El comportamiento anómalo de estas proteínas hidrofóbicas fue estudiado por S. Prusiner, quien en 1982 acuñó el acrónimo prión a partir de la denominación de estos agentes como *proteinaceus infectious particles*, más eufónico que *proin*. Prusiner propuso la hipótesis de «la proteína solo»: la propagación priónica se realiza mediante un mecanismo de cambio conformacional o moldeamiento inducido de la proteína celular normal por la proteína patogénica, mediante interacción directa entre ambas. Más sorprendentes aún para el tema que nos ocupa —la prioridad entre información secuencial y conformacional, y entre estructura y función— son las diferencias de los patrones de variabilidad con los virus, a los que, en principio, se asemejan en comportamiento. Antes de seguir con este tema, tan solo quiero volver a subrayar que utilizo el término «prioridad» no en el sentido de 'capricho' o 'preferencia', sino en la acepción de 'anterioridad o precedencia de una cosa respecto de otra que depende o procede de ella'. En los patógenos clásicos, las diferencias aparecen en su genoma (ADN o ARN), manifestándose en forma de especies y subespecies o cepas. Pero, en el caso de los priones, ¿cómo puede solo una proteína, sin el concurso de los ácidos nucleicos, codificar, producir y transmitir variabilidad? Esto parece imposible para el paradigma genocéntrico actual. El problema se agrava cuando vemos aparecer la inconmensurabilidad en conceptos como especie y cepa entre nuevos agentes infecciosos, como los priones, y otros agentes infecciosos clásicos, como los virus. Como hemos visto, una especie vírica viene definida por unas determinadas características genéticas de tipo secuencial, esto es, codificadas en secuencias de bases nitrogenadas de su ADN o ARN. Las subespecies o cepas víricas comprenden algunas variantes secuenciales menores dentro de una especie, que, por lo tanto, es prioritaria a la cepa. Por su parte, para los priones los conceptos de especie y cepa son muy distintos y desconcertantes. La especie de un prión viene definida por la secuencia de la proteína celular normal (PrP^x) transformada por él, y perteneciente al último mamífero por el que ha pasado. El paso de priones de una especie a otra viene limitado por lo que se conoce como barrera de especie: la mayor o menor dificultad que tienen los priones producidos en una especie para propagar sus conformaciones en otra especie. En general, cuanto más se parezcan las secuencias de la proteína del prión (PrP), la priónica (PrP^{sc}) y la forma celular del huésped (PrP^x), tanto mayor será la probabilidad de saltar la barrera de especie. Hasta aquí no parece haber demasiada diferencia con los virus. Pero otros factores también influyen en el fenómeno de la barrera de especie: la cepa del prión y la especificidad de especie de una proteína que actúa como un chaperón, uniéndose a la PrP^x y facilitando su conversión en PrP^{sc}. Por su parte, las cepas priónicas se definen como subespecies del agente infeccioso capaces de mantener perfiles fenotípicos específicos. Siguiendo la lógica genética secuencial del paradigma genocéntrico, las cepas presentarían secuencias que procederían de su especie priónica (que, por tanto, sería prioritaria a la cepa), pero vemos que no es así: la variabilidad que manifiestan las cepas de un prión no son atribuibles a diferencias en la secuencia de aminoácidos. Se ha observado que, además de diferencias fisicoquímicas, las cepas también presentan diversidad en sus conformaciones. Varios estudios apoyan la hipótesis de que cada cepa de prión parece identificarse con una determinada conformación de las diferentes que puede adoptar una especie de PrP^{sc}, identificada por su secuencia. Estas conformaciones se pueden propagar induciendo el correspondiente cambio conformacional en PrP^c con secuencias idóneas, cuyas diferencias no supongan una barrera de especie. Esta barrera generalmente será mayor cuanto más alejadas evolutivamente estén las especies, aunque teóricamente podrían existir especies «puente» entre dos que presenten el efecto barrera (Ogayar y Sánchez-Pérez, 1998). En este fenómeno de propagación de cepas por especies diferentes se pone de manifiesto que la conformación de la cepa se impone a la secuencia de la especie: nos encontramos tanto con secuencias (especies) que pueden adoptar diferentes conformaciones (cepas), como con conformaciones que pueden estar en diferentes secuencias. Estos datos, relativos a la propagación del fenotipo molecular que caracteriza las distintas cepas proporcionan un fuerte apoyo a la hipótesis de la proteína solo, tanto en lo relativo a los mecanismos de transmisión priónica como en la codificación de la variabilidad de cepas en la estructura terciaria de este tipo de proteínas. Aquí se nos presenta una paradoja: ¿dónde está la prioridad?, ¿en la cepa o en la especie?, ¿en la conformación o en la secuencia? Para explicar esta y otras paradojas debemos salirnos del paradigma genocéntrico que incluye el dogma de Anfinsen y el DCBM. Las conformaciones (cepas) no son subespecies en el sentido filogenético, es decir, no han derivado de una especie definida por su secuencia. Como ya se ha expuesto repetidamente en este libro, muchos hechos, como los recogidos en esta paradoja, llevan a pensar que la evolución de las proteínas se pudo producir en dos etapas distintas:

- Una primera etapa prebiótica de selección de información conformacional proteica pregenética, con el origen de los conformones y las proteínas desordenadas.
- Una segunda etapa, biótica, donde, en coevolución conformacional con el ARN, se establecería el código genético: primero conformacional y luego secuencial.

Así pues, la posible solución de esta paradoja vendría de deslindar y situar correctamente las etapas evolutivas: las cepas (conformaciones) son prioritarias a las especies (secuencias), ya que lo pregenético es prioritario a lo genético y a lo epigenético, y esto tanto en la filogenia como en la ontogenia y en la fisiología —incluidas sus disfunciones patológicas—.

Ahora estamos en condiciones de poder dar alguna respuesta alternativa a las preguntas que nos hicimos antes:

- ¿El flujo de información ha sido siempre en este sentido, del ADN o ARN a los polipéptidos?

  Efectivamente, desde la etapa prebiótica pudo haber sido a la inversa: de la información conformacional de los polipéptidos y el ARN, a la secuencial del ARN y del ADN, invirtiendo el DCBM (Ogayar, 1998). Aún más, hay hechos que apuntan a que, dado que las páginas de la evolución se escriben mediante el continuo diálogo entre organismo y ambiente, es posible que no solo desde el origen de la vida la información conformacional pregenética sea prioritaria a la genética, sino que también esta información conformacional opere en todos los procesos epigenéticos a lo largo de la evolución.

- ¿Determina inexorablemente la información secuencial de un polipéptido su estructura terciaria conformacional?

  Ya hemos visto sobradamente con las especies y cepas priónicas que la respuesta es no. A continuación, veremos que las IDP también niegan estos postulados del dogma de Anfinsen y del DCBM.

- ¿Está la estructura tridimensional de una proteína siempre vinculada a una función que determina? O, lo que es lo mismo, ¿la función de una proteína viene siempre determinada por su estructura previa?

Esta pregunta también se contestará preferentemente en el siguiente apartado.

En las proteínas intrínsecamente desordenadas la función es prioritaria a la estructura

En este apartado no vamos a repetir algunos aspectos, tratados en otros capítulos, relacionados con las proteínas desestructuradas. Aquí vamos a centrarnos, sobre todo, en cómo estas proteínas intrínsecamente desordenadas (IDP) desafían el paradigma básico de la biología estructural: «La estructura de las proteínas determina su función». El DCBM engloba este paradigma, junto el dogma de Anfinsen, en un paradigma genético superior, y marca un flujo de información secuencial en un único sentido, que determina la estructura y la función de las proteínas: la información genética secuencial fluye unidireccionalmente del ADN y el ARN a las proteínas, determinando una única secuencia de aminoácidos y una única estructura tridimensional (TD) sobre la que recae una única función.

El paradigma genético del DCBM ha conducido la investigación de la estructura proteica hacia proteínas con estructuras únicas y bien definidas, mediante estudios de cristalografía con Rx. Estas investigaciones estructurales reforzaban una visión estática de las proteínas funcionales como cerraduras únicas para llaves únicas, aunque también se admitía un cierto grado de flexibilidad conformacional, como, por ejemplo, en las proteínas alostéricas.

No obstante, en los últimos años del siglo XX, se ha visto que muchas proteínas de eucariotas exhiben una porción mayor o menor de estructura desordenada, y carecen de una estructura TD bien definida, son las denominadas proteínas intrínsecamente desordenadas o desestructuradas (IDP o IUP), que pueden adquirir una estructura terciaria estable cuando se unen de forma poco específica a diversos ligandos que van desde pequeñas moléculas a moléculas grandes, como otras proteínas o ácidos nucleicos. Así, supeditan la estructura a las posibles funciones previas —la interacción con uno de varios ligandos posibles— o a procesos adaptativos frente a cambios ambientales, y dejan una información biológica conformacional que también puede establecerse —en coherencia con un medioambiente mantenido— como un tipo de herencia conformacional (Tompa, 2002; Uversky, 2014).

Las IDP y las proteínas híbridas —que contienen tanto dominios ordenados como regiones funcionales intrínsecamente desordenadas (IDPR)— son muy abundantes en la naturaleza. Tanto las IDP como las IDPR poseen sesgos bien reconocibles en su composición, fundamentalmente hidrofílica, y en su secuencia de aminoácidos. Presentan una notable heterogeneidad estructural, en la que diferentes partes de una determinada cadena polipeptídica pueden exhibir diferentes grados de orden: potencialmente plegable, parcialmente plegable, diferentemente plegable o no plegable. Estos segmentos cambian de estructura en diferentes momentos, y su distribución también cambia constantemente en respuesta a los cambios ambientales. Así pues, las IDP y las IDPR no tienen una única estructura en equilibrio bien definida y existen como uniones heterogéneas de confórmeros. Esta organización estructural en mosaico es crucial para sus funciones, y muchas IDP están comprometidas en funciones biológicas de regulación, señalización y control que dependen de una alta flexibilidad conformacional: transcripción, traducción, transducción de señales y ciclo celular y, en general, adaptación a los cambios del medioambiente molecular.

¿Evolución ondulante del desorden proteico intrínseco?

Para analizar estos datos generales con más detalle, vamos a ver cómo las diferencias estructurales entre los polipéptidos y dominios de las proteínas globulares ordenadas y las desordenadas (IDP e IDPR) se justifican sobre la base de las peculiaridades de sus secuencias de aminoácidos (Uversky, 2014). Las IDP solubles presentan un bajo contenido de residuos hidrofóbicos, y alto de residuos hidrofílicos. Las proteínas globulares ordenadas necesitan un núcleo (*core*) fuertemente hidrofóbico sobre el que ordenar su estructura TD. Por ese motivo, las IDP exhiben, fundamentalmente, una baja cantidad de residuos promotores de orden y una mucho mayor de residuos promotores de desorden. Entre el primer tipo de residuos destacan: los hidrofóbicos alifáticos (como Ile, Leu y Val) y aromáticos (como Trp, Tyr y Phe), y también Cys y Asn. Entre los residuos promotores de desorden, abundantes en las IDP, tenemos los apolares hidrofóbicos (Ala y Pro) y los polares hidrófilos (Arg, Gly, Gln, Ser, Glu y Lys). Una escala más completa de residuos (de promotores de orden a promotores de desorden) comprendería: Trp, Phe, Tyr, Ile, Met, Leu, Val, Asn, Cys, Thr, Ala, Gly, Arg, Asp, His, Gln, Lys, Ser, Glu y Pro.

Las IDP y las proteínas híbridas —que contienen tanto dominios ordenados como regiones funcionales intrínsecamente desordenadas (IDPR)— son muy abundantes en la naturaleza —de hecho, han pasado de ser la excepción a ser la regla—, aunque hay mucha mayor representación en eucariotas que en arqueas, y bastante más en estas que en bacterias. Esta distribución asimétrica en los tres dominios biológicos plantea un problema complejo que, como siempre, requiere una explicación lo más sencilla posible. Uversky lo explica sobre la base del repertorio funcional de las proteínas desordenadas. Las IDP e IDPR están comúnmente implicadas en procesos de señalización, reconocimiento y regulación, por lo que es frecuente su presencia en las complejas redes de regulación de los eucariotas, especialmente los pluricelulares. Esta asociación de desorden estructural con complejidad morfológica evolutiva está en línea con la lógica del vigente paradigma genocéntrico, aunque se ha visto que muchos eucariotas unicelulares acumulan más cantidad y variabilidad de estructuras desordenadas que los eucariotas pluricelulares. Por esta razón, Uversky razona que la cantidad y variedad de IDP e IDPR, en eucariotas unicelulares, irían vinculadas al aumento de variabilidad ambiental: mayor para los protistas que para las células eucariotas de un organismo pluricelular, dotado de mecanismos de homeostasis.

Uversky nos muestra en una gráfica (figura 2 de la página 6 de su libro) sobre la distribución del desorden intrínseco en varios proteomas, que algunos virus presentan un promedio de residuos desordenados mayor que bacterias, arqueas y eucariotas; aunque, en general, la distribución del desorden en los virus analizados guarda cierta simetría con la de las células de los tres dominios. Además, también es llamativo ver una gran cantidad de arqueas agrupadas con la mayoría de las bacterias en el área de porcentaje bajo de residuos desordenados. Igualmente, también aparecen bastantes arqueas —y un grupo de bacterias— con un porcentaje de desorden similar a algunos eucariotas unicelulares. Una posible explicación de estos datos coincidentes, en determinadas especies de los tres dominios, es la posible coevolución de estas en algunos ecosistemas especiales.

A la hora de explicar el origen y evolución de las proteínas desordenadas, Uversky acude a una explicación tortuosa, que denomina *wavy evolution*, sobre la base de una serie de datos, como —además de los analizados anteriormente, entre otros— la vinculación de mecanismos genéticos como el *splicing* alternativo de ARNm y la generación de IDP e IDPR, relacionadas con la señalización y diferenciación celular en eucariotas. Estos datos le llevan a pensar en la aparición de las estructuras desordenadas alrededor del origen de los eucariotas. Pero, por otra parte, razona que es difícil imaginar la aparición súbita de estructuras ordenadas en la etapa prebiótica, y —tomando como referencia el famoso experimento de Stanley L. Miller and Harold C. Urey, donde solo se encontraron alrededor de la mitad de los modernos aminoácidos— concluye que las primeras proteínas estarían formadas tan solo por unos pocos de ellos, apoyándose también en la teoría biosintética de la evolución del código genético, de F. Crick, donde una forma primitiva de este —con dobletes antes de la aparición de tripletes— codificaría tan solo para unos pocos aminoácidos.

¿Cuáles serían los primeros aminoácidos?

Con estas y otras premisas, se ha intentado saber qué aminoácidos son más o menos antiguos. Así, se ha propuesto la siguiente lista con el supuesto orden de aparición de los aminoácidos: Gly/ Ala, Val/Asp, Pro, Ser, Glu/ Leu, Thr, Arg, Asn, Lys, Gln, Ile, Cys, His, Phe, Met, Tyr, Trp. Muchos de los primeros aminoácidos (como Gly, Asp, Glu, Pro y Ser) son promotores de desorden y abundan en las IDP, mientras que los promotores de orden (Cys, Trp, Tyr y Phe) fueron incorporados posteriormente. La leucina (Leu) y la valina (Val) aparecen como excepciones, ya que serían aminoácidos tempranos, pero promotores de orden.

Interpretar los datos obtenidos, en cualquier campo de la actividad científica, supone enhebrarlos con el hilo de un razonamiento causal y lógico para construir un discurso o argumento. Pero los datos, así unidos, pueden ofrecer diversas interpretaciones, según los ensartemos en un orden u otro, según los unamos todos o escarbemos entre ellos escogiendo solo los que nos interesan o, lo que es peor, según veamos el dato solo como dato —obtenido rigurosamente mediante el método científico experimental— o, por el contrario, lo distorsionemos elevándolo injustificadamente a teoría o a dogma. En este último caso, el dato no se deja enhebrar, y opera más bien como una roca dura que desvía el curso de un río, ocasionando un meandro. Por este motivo, al construir una teoría, debemos apreciar tanto la integración del mayor número de datos significativos posible como la sencillez de sus explicaciones, haciendo un discurso directo e inclusivo, sin desvíos innecesarios.

Los datos aquí presentados sugieren que los primeros polipéptidos pudieron ser intrínsecamente desordenados, pero Uversky propone que estos carecerían de cualquier actividad catalítica y que, por el contrario, podrían actuar como chaperones del ARN. Argumenta, a favor de esta hipótesis, que está en línea con «the RNA world theory» y que, durante la evolución de la actividad enzimática, la catálisis sería transferida desde el ARN a las ribonucleoproteínas, primeramente, y después a las proteínas. Continúa su argumentación valorando positivamente la capacidad como chaperones de las proteínas desordenadas para mantener la estructura del ARN, dada su tendencia al plegamiento incorrecto. Igualmente, valora la mayor variabilidad de las propiedades físicas y químicas de los aminoácidos frente a los nucleótidos, y la mayor estabilidad estructural de las proteínas respecto al ARN, concluyendo, por lo tanto, que la transición de la actividad enzimática desde las ribozimas a las proteínas guarda una lógica evolutiva. Pero, y aquí viene otro meandro en el curso de la argumentación: una catálisis eficiente requiere una estructura estable, por lo que la actividad enzimática generaría una fuerte presión selectiva a favor de las estructuras ordenadas y bien plegadas.

Uversky propone que la evolución global de las proteínas desordenadas sigue una senda ondulada (*wavy pattern*): primero, proteínas muy desordenadas con actividad de chaperones del ARN, seguida de sustitución gradual por enzimas bien plegadas y con estructuras muy ordenadas y, por último, con la aparición de los eucariotas, el desorden fue «reinventado» para hacer frente a sus complejos procesos de regulación.

En relación con todo esto, otra cuestión importante hace referencia a la comparación de la velocidad de cambio evolutivo entre las proteínas y regiones desordenadas (IDP e IDPR) y las ordenadas. Los datos disponibles ofrecen un poco de todo, pero aunque en la generalidad de las proteínas los residuos hidrofílicos —característicos de las estructuras desordenadas— son más permisivos con los cambios que los hidrofóbicos, la explicación no puede atender exclusivamente a consideraciones estructurales, siendo tan importantes o más las funcionales. En efecto, es bien sabido que, por lo general, en las proteínas globulares los residuos hidrofóbicos forman parte del núcleo (*core*) de la proteína y que, por lo tanto, presentan fuertes restricciones estructurales al cambio. Por el contrario, también en general, los residuos hidrofílicos están más en superficie y, si no están implicados directamente en alguna relación funcional, son más permisivos con los cambios. No obstante, siempre hay excepciones a esta regla: residuos hidrofóbicos implicados en las interacciones con el ligando o, mejor aún, anfipáticos, como la Tyr, que dan mucho juego en el sitio de unión por su doble posibilidad de interacción, polar y apolar.

En cualquier caso, vemos que las excepciones a las generalidades estructurales atienden siempre a criterios funcionales. Así, por ejemplo, en la comparación interespecífica de enzimas que realicen la misma reacción, la variabilidad se concentra en residuos permisivos con la estructura TD de la enzima en cuestión, y está totalmente restringida en los residuos que forman el centro catalítico específico del sustrato. Por el contrario, en los anticuerpos, la variabilidad se concentra en las tres regiones determinantes de la variabilidad (CDR 1, 2 y 3) de los dominios variables de las cadenas pesadas y ligeras de las inmunoglobulinas. No hay una velocidad de cambio de los residuos que sea independiente de la funcionalidad global de la proteína, tanto en la célula como en el individuo pluricelular.

No obstante, se observa una tendencia significativa de selección positiva, en proteínas, de IDPR en comparación con regiones de hélices α, láminas β o estructura terciaria. Uversky lo explica por el potencial adaptativo de estas regiones, mediante variación genética, que facilitaría la evolucionabilidad de células y organismos. En este sentido, como veremos más adelante, los anticuerpos —incluidos los denominados catalíticos— son un ejemplo de cómo las proteínas pueden especializarse adaptativamente, con un aumento de especificidad y afinidad, pasando de estructuras más desordenadas a más ordenadas, al tiempo que se selecciona un mecanismo funcional de tipo llave-cerradura a partir de otro previo de tipo ajuste inducido. Estos procesos de transición de estructuras más desordenadas —adaptadas directamente a los cambios del ambiente molecular— a más ordenadas —mediante mecanismos genéticos, más o menos dirigidos— podrían representar el modelo general de especialización funcional de las proteínas desde una plasticidad intrínseca pregenética.

Antes de continuar con otros aspectos de las IDP, vamos a recapitular los muy valiosos datos mostrados por Uversky y su forma de enlazarlos (evolución ondulada de las IDP) para razonar otro posible relato, más directo. Podemos empezar con los hallazgos de *splicing* (corte y empalme) alternativo de ARNm, que codifica para IDPR con mucha más frecuencia que para regiones estructuradas. De momento, solo quiero señalar que tanto el mecanismo del *splicing* como el complejo molecular que lo ejecuta, el spliceosoma, constituyen una de las señas de identidad eucariota. Por otra parte, se otorga una prioridad al ARN sobre las proteínas, basada en: la insuficiencia de aminoácidos entre las moléculas obtenidas en el experimento de Miller; en el código primitivo de dupletes, que formarían proteínas con aminoácidos promotores de desorden, y en la actividad catalítica de las ribozimas —según el modelo del mundo de ARN—, aunque con la ayuda de IDP como chaperones no específicos. Con estas y otras premisas, vamos a mostrar que la hipótesis de la *wavy evolution* de las IDP puede ser sustituida por otra más directa.

Origen y evolución de las proteínas: desde la sopa primordial hasta los eucariotas, sin «meandros»

Primeramente, vamos a analizar de nuevo algunos de los datos vistos hasta ahora. En primer lugar, si en el experimento de Miller no aparecieron los veinte aminoácidos que constituyen todas las proteínas biológicas, también debemos tener en cuenta que menos aún aparecieron las bases nitrogenadas, que son la esencia informativa de los ácidos nucleicos (ARN y ADN). Por otra parte, es difícil encontrar, en las revisiones sobre la etapa prebiótica del origen de la vida, referencia alguna a los experimentos de síntesis prebiótica de Sidney Fox acerca de lo que él denominó proteinoides termales y microesferas.

¿Qué son los proteinoides termales y las microesferas de Fox?

Al igual que Miller, Fox consiguió la síntesis de aminoácidos a partir de moléculas inorgánicas. Con algunos de estos monómeros —especialmente los obtenidos por Miller— consiguió la síntesis de polipéptidos, a los que llamó proteinoides termales, y a partir de estos obtuvo unos glóbulos que realizaban algunas actividades enzimáticas poco específicas, a los que denominó microesferas. Todos estos procesos los llevó a cabo con el concurso de energía térmica (entre 130 °C y 180 °C) compatible con las emanaciones termales en zonas volcánicas, abundantes en la etapa prebiótica terrestre.

A diferencia de los coacervados de Oparin —que portaban una enzima, extraída de una célula actual—, las microesferas de Fox presentaban una actividad enzimática inherente a su propia estructura, como reacciones de oxidación, rotura de enlaces por hidrólisis, etc. Las microesferas de Fox, además de proteínas, están rodeadas de una membrana parecida a la bicapa lipídica, y son capaces de crecer y dividirse mediante fenómenos de bipartición y de gemación, así como de llevar a cabo la fusión entre microesferas.

Para tener una visión lo más panorámica posible de todos los datos manejados hasta ahora, vamos a revisar las clasificaciones de aminoácidos —según su capacidad promotora de desorden u orden y su supuesto orden de aparición en la Tierra— indicando, en cursiva, los aminoácidos mayoritarios en la síntesis de Miller y, en negrita, los aminoácidos obtenidos por Fox.

Así, en la lista de aminoácidos según su capacidad promotora de desorden u orden, colocando los residuos de promotores de desorden a promotores de orden: **Pro**, *Glu*, **Ser**, Lys, Gln, His, *Asp*, Arg, *Gly*, *Ala*, **Thr**, Cys, Asn, **Val**, **Leu**, Met, **Ile**, **Tyr**, **Phe** y Trp.

Igualmente, la lista con el supuesto orden de aparición de los aminoácidos quedaría así: *Gly/Ala*, **Val**/*Asp*, **Pro**, **Ser**, *Glu/Leu*, **Thr**, Arg, Asn, Lys, Gln, **Ile**, Cys, His, **Phe**, Met, **Tyr**, Trp.

Como vimos anteriormente, muchos de los propuestos como primeros aminoácidos (Gly, Asp, Glu, Pro y Ser) son promotores de desorden y abundan en las IDP, mientras que los promotores de orden (Cys, Trp, Tyr y Phe) serían incorporados posteriormente. Pero la leucina (**Leu**) y la valina (**Val**) aparecen como excepciones, ya que serían aminoácidos tempranos y promotores de orden y, por otra parte, hay que tener en cuenta que aminoácidos como **Ile**, **Tyr** y **Phe**, propuestos para su aparición tardía en el escenario de síntesis prebiótica, y promotores de orden, aparecen en la síntesis llevada a cabo por Sidney Fox.

¿Cuáles eran realmente los aminoácidos obtenidos en el experimento de Miller?

Además de estos datos, en 2008, un grupo de investigadores rescató muestras archivadas de otros experimentos realizados en 1958 con el aparato que inicialmente usó Miller en 1953, pero simulando otros ambientes (Parker *et al.*, 2011). Aplicando modernas técnicas analíticas —de cromatografía (HPLC) y de espectometría (MALDI-TOF)—, se encontraron los veinte aminoácidos proteicos, entre otras moléculas; naturalmente, se comprobó que estos no resultasen de contaminación alguna. Las nuevas condiciones de la simulación de Miller se han considerado como modelo de la síntesis orgánica abiótica en ambientes volcánicos, con una alta concentración de H_2S. Además, los aminoácidos más abundantes en las condiciones prebióticas de este experimento son muy semejantes a los más frecuentes en algunos meteoritos carbonáceos. En ambos ambientes resulta fundamental la intervención del H_2S para la síntesis de estos aminoácidos. Además de los aminoácidos más representativos de los experimentos de 1953: Glu, Asp, Gly, y Ala; en los experimentos de 1958 también fueron relevantes: Ser, Thr, Cys, Leu, Met e Ile.

La nueva lista de aminoácidos, colocando los residuos **de promotores de desorden a promotores de orden**, quedaría así: **Pro**, *Glu*, **Ser**, Lys, Gln, His, *Asp*, Arg, *Gly*, *Ala*, **Thr**, Cys, Asn, **Val**, **Leu**, Met, **Ile**, **Tyr**, **Phe** y Trp. Donde los aminoácidos subrayados son los «rescatados» de los experimentos de Miller de 1958. Con esta nueva perspectiva, no solo podríamos contar potencialmente con todos los aminoácidos para construir otro posible relato del origen de la vida, sino que, entre los candidatos a pertenecer al grupo de los más abundantes, tenemos una cantidad importante tanto de promotores de desorden como de promotores de orden.

La plasticidad de las proteínas en las etapas prebióticas del origen de la vida

En lo que hemos visto hasta ahora del modelo proteocéntrico, podemos destacar la plasticidad adaptativa intrínseca o pregenética de determinadas proteínas frente a sus medios moleculares, tanto intracelulares como intercelulares, desde el origen de la vida y a lo largo de la evolución biológica. Así, en la etapa prebiótica debió seleccionarse el juego entre dos tipos de estructuras plásticas, y sus consiguientes propiedades, propias de los polipéptidos que se formaron al azar en la sopa primordial: por un lado, las hidrofílicas desordenadas, con su capacidad de unión mediante ajuste inducido a diferentes ligandos moleculares y, por el otro, las hidrofóbicas compactas, con su capacidad para empaquetarse con otras estructuras proteicas propagando sus conformaciones. Las regiones hidrofílicas, más desordenadas y plásticas, pueden cambiar a un tipo de estructura más ordenada bajo la acción de las hidrofóbicas compactas, bien de la propia proteína o de otra. Esto es lo que ocurre con los conformones (priones funcionales), que pueden propagar su conformación β a otras proteínas, transformando así las conformaciones α de proteínas, de secuencia igual o similar, a β. Los conformones actuarían, así, como selectores y propagadores de proteinoides termales, intrínsecamente desestructurados y poco específicos, merced a un **código conformacional** (Ogayar y Sánchez-Pérez, 1998).

Es interesante destacar la analogía de estos fenómenos de la evolución proteica con las ideas de Cuvier acerca de los grandes tipos que él veía en el reino animal. Cuvier hace una jerarquía entre los órganos más o menos esenciales, y sitúa a los primeros en el interior de la estructura viva y a los segundos en el exterior. Al igual que ocurre con las proteínas, sitúa la esencia funcional de los animales en el interior y la variabilidad de la plasticidad somática adaptativa en el exterior. En este sentido, las proteínas también presentan un núcleo hidrofóbico ordenado (*core*) —característico del tipo general de proteína, por ejemplo, el dominio de la superfamilia de las inmunoglobulinas— que proporciona estabilidad, y una variabilidad de interacciones en su superficie —más o menos específicas y con distintos grados de afinidad— en función de su plasticidad conformacional exterior ante diferentes ligandos. Así, según sea el grado de plasticidad externa, las uniones de una proteína con su ligando pueden ir del tipo ajuste inducido, en las más plásticas —donde el sitio de unión, más o menos desestructurado, de la proteína se puede adaptar a un ligando, entre varios distintos, como una mano a un objeto—, a las de tipo llave-cerradura en las más estructuradas, donde, como indica expresivamente esta denominación, la especificidad es única. La pregunta es: ¿cuándo aparecen y cómo evolucionan los dos tipos de especificidad de unión de las proteínas? Como ya hemos visto en varias ocasiones, este modelo proteocéntrico propone que las proteínas pudieron evolucionar en dos grandes etapas:

1. Una primera etapa pregenética de evolución prebiótica conformacional donde, a partir de secuencias polipeptídicas formadas al azar, se produce la selección de un número corto de conformaciones o módulos estructurales proteicos, que son los que actualmente encontramos en todas las proteínas.

2. Una segunda etapa, donde la información conformacional sigue siendo prioritaria, pero permitiendo una dimensión de evolución secuencial coherente con la primera. En esta etapa, a partir de polipéptidos ya codificados genéticamente —y utilizando los mecanismos de generación de diversidad adquiridos en la evolución biológica—, se va acumulando una enorme variabilidad en las secuencias de

las proteínas, pero siempre condicionada por la continuidad de las conformaciones seleccionadas durante la etapa anterior.

Así, podemos representarnos que, durante la etapa de evolución química prebiótica, los proteinoides pregenéticos y desestructurados debieron moldearse y seleccionarse por interacción directa con el medio —y con el concurso de proteinoides de tipo conformón por su capacidad para propagar sus conformaciones—, estableciendo así una línea de evolución conformacional adaptativa que vulnera el dogma central de la biología molecular. Como se sabe en las cepas priónicas, no solo puede haber más de una conformación para una secuencia, sino que, además, una determinada conformación puede darse en un número mayor o menor de secuencias. Como veremos, la continuidad de información conformacional pregenética se ha mantenido en la filogenia, en la ontogenia y en la fisiología celular. Antes de pasar a la etapa de adquisición de información secuencial, con el establecimiento del código genético, solo apuntar que las interacciones conformacionales de las etapas prebióticas en un marco de péptidos pequeños —módulos esenciales que interaccionarían formando complejos puzles proteicos de miniestructuras cuaternarias, anteriores a polipéptidos más largos formados genéticamente— podrían estar representadas en la función de reconocimiento antigénico de los linfocitos T, basada en la discriminación entre lo propio y lo ajeno a través de la interacción específica entre el receptor de la célula T (TCR) y el complejo formado por la proteína del complejo principal de histocompatibilidad (MHC) y el péptido antigénico (Ogayar, A., 1991). En la formación del complejo, se proponía que este proceso pudiera ocurrir de forma similar a lo que ocurre en el plegamiento de las proteínas, donde se forma un intermediario globular compacto conocido como **glóbulo fundido** (*molten globule*), caracterizado por presentar una considerable proporción de estructura secundaria y un núcleo hidrofóbico fluctuante expuesto al agua. Igualmente, se planteaba que de la misma manera que el paso del glóbulo fundido a la estructura de plegamiento final exige la estabilización de la estructura globular mediante el empaquetamiento de los residuos hidrofóbicos, un proceso similar pudiera tener lugar durante la interacción de los péptidos antigénicos con las proteínas de histocompatibilidad. Así pues, la estructura básica del sitio de unión de las proteínas del MHC (sin tener en cuenta las variables polimórficas) constituiría la pieza maestra del puzle conformacional que forman las pocas geometrías básicas de empaquetamiento estable de hélices α y láminas β en el plegamiento de las proteínas.

Conviene subrayar también la importancia funcional de las proteínas intrínsecamente desestructuradas (IDP) por su papel regulador en procesos celulares clave tales como transcripción, traducción, transducción de señales y ciclo celular, así como en muchos procesos de adaptación molecular. En este sentido, es posible que la funcionalidad esencial de la célula —y no determinados procesos exóticos, como se pensaba hasta ahora— precise del concurso de estas y de otras proteínas (como las HSP-chaperones y los conformones), ya que estas últimas poseen tanto alguna región desestructurada como un potente núcleo hidrofóbico que les proporciona estabilidad y capacidad de modificar a otras proteínas. Esta acción conjunta de los tres tipos de proteínas puede estar implicada en los principales procesos celulares y etapas biológicas desde el origen de la vida, es decir: en la ontogenia, en la filogenia y en la fisiología celular. A este respecto, conviene recordar que tanto los priones-conformones como las IDP son muy resistentes a factores fisicoquímicos (calor, ácidos, radiaciones UV) característicos de ambientes extremos como los que pudieron darse en la etapa prebiótica del origen de la vida.

Por otra parte, como ya hemos visto, las IDP intervienen en muchas funciones de evidente implicación epigenética: metilaciones, acetilaciones, glicosilaciones, fosforilaciones, factores de transcripción, regulación de la transcripción y traducción, histonas, aminoacil-ARNt sintetasas, ensamblaje de grandes complejos proteicos, ribosoma, citoesqueleto, etc. Algunos polipéptidos desestructurados actúan también como chaperones y proteínas HSP (por ejemplo, en el estrés hídrico), por lo que forman parte de esta familia de proteínas, lo cual confirmaría la relación funcional ancestral de las HSP-chaperones con las IDP y priones-conformones. Esto hace probable que las HSP-chaperones surgieran como una familia proteica con características funcionales y estructurales intermedias entre las otras dos.

Selección y propagación de información conformacional pregenética

En este modelo proteocéntrico, la etapa prebiótica y pregenética podría caracterizarse por la coevolución de información conformacional de los tres tipos de proteínas citadas en interacción con el ARN, formando ribonucleoproteínas (RNP), de la que terminaría surgiendo el código genético. Este triunvirato proteico podría constituir el mecanismo general de adaptación al medio en el nivel supramolecular:

- Las IDP se moldearían funcionalmente por unión a nuevos ligandos.
- Las HSP participarían estabilizando y guardando la coherencia funcional de las estructuras resultantes, tanto las pregenéticas como las genéticas.

- Los conformones seleccionarían y propagarían las nuevas conformaciones.

Por todo lo visto anteriormente, es probable que la evolución de las IDP haya ido de polipéptidos cortos (pregenéticos), que formarían asociaciones de miniestructuras cuaternarias, a polipéptidos más largos —ya de síntesis genética— con dominios de estructura variable en el espacio y en el tiempo, y siempre acompañados de conformones y chaperones.

Con el código genético aparece la invariancia secuencial, y con el spliceosoma el baraje y la unión de dominios en polipéptidos más largos, lo que proporciona un aumento de la heterogeneidad funcional y estructural de las proteínas desordenadas. Gracias a la interacción de la plasticidad pregenética con el medio y los «pespuntes» genéticos, se va haciendo la variabilidad de la evolución; las mutaciones —como también los virus— son daños o beneficios colaterales fruto de la contingencia.

Así, en el modelo proteocéntrico aquí expuesto, durante la etapa prebiótica, la plasticidad pregenética de los conformones, pudo actuar sobre proteinoides desordenados —péptidos y polipéptidos con actividad enzimática poco específica—, seleccionando y propagando sus conformaciones. Es posible que algunos de estos proteinoides pudiesen comenzar a desarrollar una funcionalidad poco específica de chaperón. Todos estos tipos de proteínas tienen una mayor o menor proporción de estructura desordenada, que también contradice lo relativo a la prioridad y unicidad entre estructura y función, ya que tal como reza el dogma central de la biología molecular: «Es precisa una estructura tridimensional estable para realizar una determinada función única, y esa estructura y función vienen determinadas, genéticamente, por la secuencia de nucleótidos del ADN».

Las IDP no solo carecen de un núcleo (*core*) hidrofóbico, sino que, además, predominan los aminoácidos hidrofílicos, lo que facilita la unión en entornos acuosos con diferentes ligandos mediante ajuste inducido en un proceso de coplegamiento o plegamiento sinérgico, que presentaría una analogía estructural con los intermediarios de plegamiento de las proteínas globulares. Estos van desde el estado desplegado de ovillo al azar al plegamiento globular, pasando por el glóbulo prefundido y fundido (*molten globule*). Por todo ello, es posible que su funcionalidad en la célula precise del concurso de otras proteínas (como las HSP-chaperones y los conformones), que poseen tanto alguna región desestructurada como un potente núcleo hidrofóbico (*core*), que les proporciona estabilidad y capacidad de modificar a otras proteínas, respectivamente.

En el dogma central, los últimos serán los primeros: la dinámica conformacional funcional de las proteínas es prioritaria al determinismo secuencial

Como ya hemos visto, existe una dinámica conformacional intrínseca a la información estructural resultante de la selección funcional de las interacciones proteicas hidrofílicas e hidrofóbicas. En este sentido, parece que se da una cierta pauta común en esta dinámica de distintos procesos. Así, de mayor a menor plasticidad, tendríamos:

- Intermediarios de plegamiento de las proteínas globulares.
- Estados funcionales y estructurales de las IDP, como resultado de sus uniones mediante ajuste inducido a ligandos diferentes, en las que realizan un plegamiento sinérgico análogo al de los intermediarios de las proteínas globulares.
- Interacción de los epítopos de las células T con las proteínas del MHC y, previamente con las proteínas transportadoras de péptidos antigénicos.
- Propagación priónica conformacional.

En definitiva, este modelo plantea la cuestión de la prioridad informativa: ¿Recae esta en la conformacional o en la secuencial? Por una parte, tenemos el DCBM, donde se postula que una secuencia particular determina una estructura y una función, y, por otra, los fenómenos de dinámica conformacional pregenética en la interacción con el medio de conformones e IDP. En el modelo proteocéntrico que aquí presento, la información estructural no viene determinada por ningún tipo de ruleta genética que acierte con una información prefijada, sino que resultaría de la selección funcional directa de los fenotipos proteicos sobre la base de su plasticidad intrínseca pregenética. Desde el inicio de la vida, esta sería la información prioritaria en el proceso de selección natural. Sobre este esbozo grueso, y marcando el trazo, los mecanismos de información genética y epigenética realizan la pincelada fina.

En la etapa prebiótica, pudo establecerse —antes de que se formara el código genético— una relación de coevolución molecular entre los conformones y los proteinoides desordenados primitivos. El posible fruto de esa relación sería la selección pregenética de las características propias o esenciales de las principales familias proteicas, definidas tanto por sus núcleos hidrofóbicos —que determinan sus conformaciones de empaquetamiento— como por sus periferias hidrofílicas, que determinan fundamentalmente la especificidad, esto es, la capacidad de unión a ligandos específicos. Por poner un ejemplo del que hablamos anteriormente, en la superfamilia de las inmunoglobulinas todos los anticuerpos tienen la misma estructura básica en sus dominios, pero los dominios variables portan unos lazos hipervariables que constituyen las tres regiones determinantes de la complementariedad (CDR 1, 2 y 3). Como ya vimos, estas regiones sufren cambios en el transcurso de la respuesta primaria a la secundaria frente al antígeno, con una maduración de la afinidad, mediante la que se pasa de un mecanismo de ajuste inducido a otro de llave-cerradura.

En esta relación pregenética, los proteinoides portadores de mucha estructura desordenada se seleccionarían por su capacidad de unirse a ligandos clave del primitivo metabolismo de forma cada vez más específica, y por su capacidad de cambio conformacional mediante interacciones hidrofóbicas con los conformones. De esta manera se pudieron seleccionar las conformaciones de los dominios de las principales familias de proteínas: básicamente, la especificidad se modelaría funcionalmente por contacto directo de la estructura desordenada con las moléculas del medio, mientras que los priones-conformones seleccionarían y serían seleccionados por el resultado funcional de su interacción hidrofóbica con los proteinoides. La función primitiva de las HSP-chaperones debió aparecer poco después, proporcionando fundamentalmente estabilidad a todas las proteínas existentes.

Podemos imaginar que este mecanismo prebiótico de información y herencia conformacional de las proteínas en coevolución con las propias del ARN, pudo dar como resultado la formación del código genético.

De la información conformacional al código genético

Volviendo a las premisas de Uversky, que nos llevaban de la síntesis prebiótica a la **evolución ondulada** de las IDP, pasando por un mundo de ARN, vamos a abordar el origen del código genético secuencial, bien sea con tripletes o con dobletes.

Hemos visto que, en el ámbito de la información conformacional pregenética, tenemos las características esenciales o constitutivas de las proteínas, tanto en lo relativo a la plasticidad proteica específica de estructuras desordenadas frente a ligandos diversos como en la propagación funcional de conformaciones por medio de proteínas tipo prión a las que denominamos conformones. Esta información se iniciaría en la etapa de evolución prebiótica y daría lugar, entre otras cosas, a la selección de ribonucleoproteínas (RNP), estableciendo un código conformacional entre las estructuras tridimensionales de proteínas y ARN, previo al código genético secuencial. Este primer código no es degenerado, y su prioridad está representada por la especificidad enzimática estricta de las 20 aminoacil ARNt sintetasas: una por cada aminoácido y por su correspondiente ARNt, caracterizado por el lazo D de su estructura, no por su anticodón.

La posterior invariancia en la información secuencial condiciona, pero no determina la plasticidad conformacional de las proteínas, sobre todo, en aquellas que mantienen porciones funcionales más o menos grandes de estructura desordenada. Si durante la larga etapa de evolución química prebiótica, la diversidad estructural de los módulos de los proteinoides debió moldearse y seleccionarse por interacción directa con el medio; a partir del establecimiento del código genético, la producción y la diversidad genética secuencial de las proteínas se origina por el nuevo camino que, paradójicamente, supone tanto estabilidad y conservación como una fuente de variabilidad:

$$\text{ADN} \rightarrow \text{ARN} \rightarrow \text{PROTEÍNAS}$$

Así pues, todo esto sería compatible con que en el tránsito de la evolución prebiótica a la evolución biológica, el medio pudiera seguir desempeñando un papel selector de las variantes proteicas codificadas genéticamente, aunque en vanguardia siga informando y propiciando de forma directa los cambios conformacionales que están permitidos en el rango de plasticidad propio de cada proteína.

Como ya hemos visto, si el descubrimiento de la autocatálisis de las ribozimas supuso la inclusión del ARN en un mundo de cierta actividad enzimática, hasta entonces exclusivo de las proteínas; el descubrimiento de los priones permite el reconocimiento de que algunas proteínas son capaces de almacenar y propagar información biológica conformacional.

Tras el análisis de estos hechos, es posible imaginar que, durante la etapa prebiótica, alguna capacidad para propagar conformaciones proteicas por contacto directo entre proteínas con cierta plasticidad, similar a la que actualmente manifiestan los **priones**, pudo ser fundamental en el camino desde lo inorgánico hacia el mundo de lo vivo. Desde un punto de vista evolutivo, los proteinoides que adquiriesen esta capacidad —a los que en un artículo denominamos **conformones** para subrayar su carácter funcional y no patológico (Ogayar y Sánchez-Pérez, 1998)—, serían estructuras proteicas seleccionadas esencialmente por su capacidad para inducir cambios conformacionales en determinados polipéptidos que presentasen secuencias compatibles con el cambio, y cierta especificidad catalítica (Fig. 2).

A continuación, vamos a recordar los principales hechos y conceptos en los que se apoya esta hipótesis.

Aunque la hipótesis de «la proteína solo», de S. Prusiner, proporciona una ya herética explicación a la propagación priónica —por un mecanismo de cambio conformacional o moldeamiento inducido en la proteína celular normal por la proteína patogénica, mediante interacción directa entre ambas—, la existencia de distintas cepas priónicas, establecidas por sus diferencias fenotípicas, plantea un nuevo y serio problema a la biología, ya que clásicamente las distintas cepas de un patógeno convencional se relacionan con diferencias en su genoma: ¿cómo puede una proteína sola, sin el concurso de los ácidos nucleicos, codificar, producir y transmitir variabilidad?

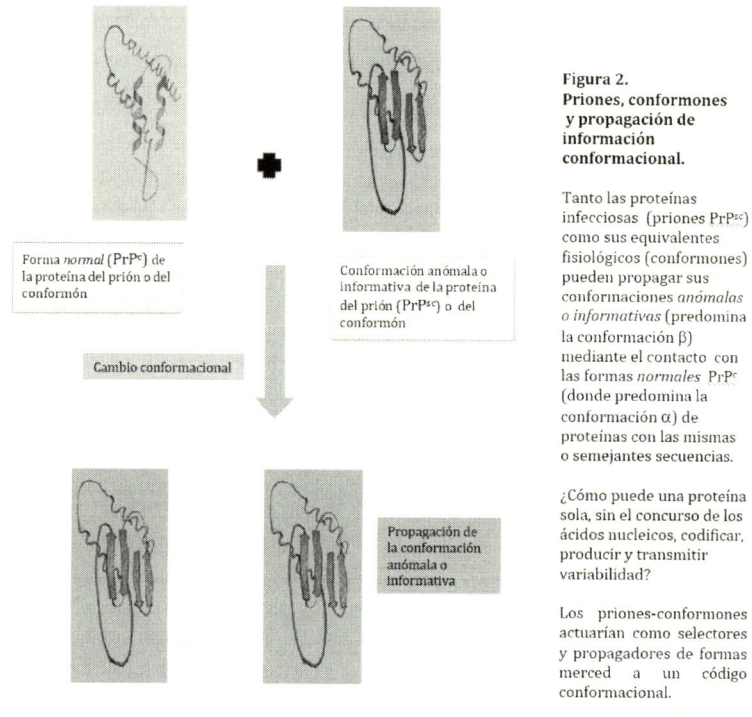

Forma *normal* (PrP^c) de la proteína del prión o del conformón

Cambio conformacional

Conformación anómala o informativa de la proteína del prión (PrP^{sc}) o del conformón

Propagación de la conformación anómala o informativa

Figura 2.
Priones, conformones y propagación de información conformacional.

Tanto las proteínas infecciosas (priones PrP^{sc}) como sus equivalentes fisiológicos (conformones) pueden propagar sus conformaciones *anómalas o informativas* (predomina la conformación β) mediante el contacto con las formas *normales* PrP^c (donde predomina la conformación α) de proteínas con las mismas o semejantes secuencias.

¿Cómo puede una proteína sola, sin el concurso de los ácidos nucleicos, codificar, producir y transmitir variabilidad?

Los priones-conformones actuarían como selectores y propagadores de formas merced a un código conformacional.

Este problema es similar al que nos planteamos aquí con un origen proteocéntrico de la vida. Para intentar entenderlo, vamos a formular otro estrechamente relacionado, el de la barrera de especie en la transmisión priónica: esto es, la mayor o menor dificultad que tienen los priones producidos en una especie, para inducir la enfermedad en animales de otra especie.

La especie del prión viene definida por la secuencia de la forma celular normal de la proteína del prión (PrP^c) del último mamífero por el que el prión ha pasado. Es decir, un prión de vaca PrP^{sc}, (sc de *scrapie*) se define específicamente por portar la secuencia de la PrP^c de vaca. Si estos priones infectan a un cordero —los priones de vaca presentan características que les permiten saltar algunas barreras de especie—, los nuevos priones (PrP^{sc}) de cordero portaran la secuencia de la PrP^{c} de cordero, pero transformada a la conformación del prión de vaca. Varios estudios concluyen que cuanto más se parezcan las secuencias de PrP, la priónica (PrP^{sc}) y la celular del huésped (PrP^{c}), tanto mayor será la probabilidad de trasmisión de la enfermedad.

Por otra parte, se ha visto que otros factores contribuyen también a la barrera de especie: la estirpe o cepa del prión y la especificidad de especie de una proteína que se uniría a la PrP^{c}, facilitando así su conversión en PrP^{sc}, por lo que actuaría como un chaperón molecular, uniéndose a la región COOH terminal de la PrP^{c} de su misma especie. Como ya hemos comentado, priones y chaperones trabajan conjuntamente en otros procesos biológicos.

Las cepas priónicas se definen como subespecies del agente infeccioso capaces de mantener perfiles fenotípicos específicos: tiempo de incubación de la enfermedad, perfiles de lesión en el sistema nervioso central, tropismo de los priones por tipos celulares extracerebrales particulares, patrón de rotura proteolítica, patrón de glicosilación, grados de afinidad frente a anticuerpos, etc.

En primer lugar, conviene destacar que, a diferencia de la definición de especie priónica y la consiguiente de barrera de especie, la variabilidad que manifiestan las cepas de un prión no son atribuibles a diferencias en la secuencia de aminoácidos, ya que, entre otras cosas, pueden propagarse seriadamente en ratones endogámicos con el mismo genotipo. En este y otros estudios, se vio que las cepas, caracterizadas por diferencias fisicoquímicas, presentan también diferencias conformacionales.

Otras investigaciones apoyan la hipótesis de que cada estirpe o cepa de prión parece identificarse con una determinada conformación de las diferentes que puede adoptar una «especie» de PrP^{sc} identificada por su secuencia. Estas conformaciones se pueden propagar induciendo el correspondiente cambio conformacional en PrP^c con secuencias idóneas, esto es, que no presenten diferencias que supongan una «barrera de especie».

Generalmente, esta barrera será mayor cuanto más alejadas evolutivamente estén las especies, aunque teóricamente podrían existir **especies puente** entre dos que presenten el efecto barrera (Ogayar y Sánchez-Pérez, 1998).

Una primera conclusión del fenómeno de la propagación de cepas por especies diferentes es que **la conformación** (cepa) **se impone a la secuencia** (especie). Estos datos, relativos a la propagación del fenotipo molecular que caracteriza las distintas cepas, proporcionan un fuerte apoyo a la hipótesis de la proteína solo, tanto en lo relativo a la transmisión priónica como en la codificación de la variabilidad de cepas en la estructura terciaria de estas proteínas priónicas.

Todo esto es compatible con la posibilidad de que los priones-conformones actúen como selectores y propagadores de formas merced a un **código conformacional** (Fig. 3).

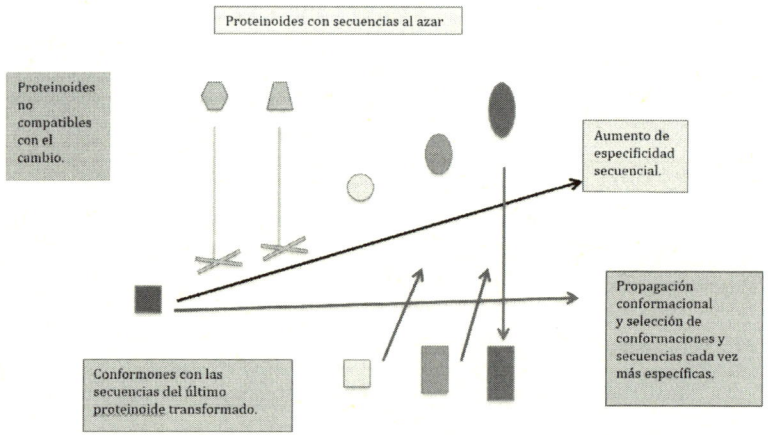

Figura 3. Los conformones en la evolución prebiótica.

En la etapa prebiótica, los proteinoides con capacidad para propagar sus conformaciones se debieron seleccionar por: 1) mantener cierta estabilidad estructural en sus interacciones moleculares y su capacidad de propagación conformacional, y 2) alguna capacidad enzimática, inicialmente poco específica.

Por lo que sabemos de las cepas priónicas, no solo puede haber más de una conformación para una secuencia, sino que, además, una determinada conformación puede darse en un número mayor o menor de secuencias.

Cada nuevo conformón puede seleccionar mejor a nuevos proteinoides portadores de secuencias más parecidas a la suya y mayor especificidad, y propagar sus conformaciones en una línea de evolución conformacional adaptativa. Naturalmente, esta continuidad de información conformacional no tiene por qué desaparecer con la posterior aparición del código genético y la información secuencial. La continuidad de información conformacional sería anterior en la evolución a la del plasma germinal —postulada por A. Weissmann y representada actualmente por el dogma central de la biología molecular— y está omnipresente, como parte de la información biológica estructural, en todos los procesos de la biología molecular y celular. Las figuras curvas representan proteinoides, con secuencias (gama de verdes) compatibles con el cambio conformacional. Los cuadriláteros representan conformones.

De esta manera, los conformones actuarían como selectores de los cambios favorables —cambios de especificidad permisivos con las unidades estructurales esenciales o módulos proteicos— favoreciendo su propagación. Es decir, del conjunto de polipéptidos formados al azar en la sopa primigenia, y compatibles con la capacidad para propagar sus conformaciones que manifiestan los conformones, se seleccionarían positivamente aquellos que tuviesen sitios activos más adecuados para realizar actividades metabólicas cada vez más específicas.

No obstante la carencia de herencia genética de los proteinoides, conviene recordar que el número de secuencias polipeptídicas compatibles con una determinada estructura y función es mucho mayor de lo que normalmente se cree, como se observa al comparar las de las mismas proteínas —como, por ejemplo, la lisozima— en especies diferentes — con diferencias de hasta el 90 %—. Así pues, no estamos jugando al bingo, proteinoides con la misma estructura y función podrían exhibir secuencias más o menos diferentes.

A favor de la hipótesis de un **mundo de conformones** está también la mucho mayor resistencia y estabilidad de estos, en comparación con el ARN, frente a ambientes hostiles como los que se pudieron encontrar en la Tierra primitiva. Como ya hemos comentado, los priones son muy resistentes al calor, a los ácidos y a las radiaciones ionizantes y UV. Además, se adhieren extremadamente bien y durante mucho tiempo a las arcillas.

Origen del código genético

En la etapa prebiótica, se irían acumulando y asociando estas estructuras proteicas más eficaces formando protobiontes con un metabolismo y una capacidad reproductora elementales. Paradójicamente, a partir del establecimiento del código genético —después de un posible **mundo de ARN autocatalítico** y un **mundo de proteínas desestructuradas y conformones** coexistiendo y evolucionando independientemente— aparece el nuevo marco de la evolución biológica en el que las proteínas se sintetizan genéticamente y los ácidos nucleicos son gobernados por estas como instrumento informativo que garantice la estabilidad de sus conquistas estructurales y una variabilidad secuencial que propicie su evolución. Conviene señalar que en estos dos «mundos» iniciales la información es conformacional: las ribozimas y el ARNt debieron preceder al ARNm, y el **primer código genético** debió ser **conformacional**, seleccionado por la actividad aminoacil-ARNt-sintetasa, y no degenerado: una sintetasa específica para cada aminoácido y para el brazo D de los ARNt de estos, ya que todos los que codifican el mismo aminoácido tienen un único brazo D, a pesar de que algunos tengan varios anticodones.

Los codones no son nada sin los anticodones del ARNt, y estos tampoco son nada sin la previa unión —por información estructural de la sintetasa— entre el aminoácido y el ARNt. Así, el código conformacional iría de la formación del complejo aminoacil-ARNt a la del ribosoma con el ARNm.

Posteriormente, el código secuencial ARN/polipéptidos lo seleccionarían los complejos ARNt-aminoácido, mediante ensayos de interacciones «anticodón-codón» en cadenas lineales de ARN, y una primitiva actividad de *splicing*. En esta selección de anticodones y codones, lo prioritario recaería sobre la idoneidad de las estructuras proteicas resultantes, manteniendo la línea de la dinámica conformacional adaptativa previa:

1. Selección de la plasticidad intrínseca pregenética de proteinoides desestructurados y conformones, formados al azar, sobre la base del aumento de su especificidad enzimática secuencial y capacidad de propagación conformacional.

2. En la coevolución entre los «mundos» de proteínas y ARN, es probable que las primeras se apoyaran en determinadas moléculas del segundo mundo. Entre otras posibilidades y sin propósito alguno, podrían formarse complejos

entre aminoácidos y moléculas de ARN que, por su selección funcional, posteriormente devendría en ARNt.

3. La actividad enzimática pregenética de proteinoides sobre esta reacción de síntesis (aminoacil-ARN) iniciaría la selección conformacional del código.

4. La interacción, igualmente sin propósito alguno, de algunas bases del ARN de estos complejos con las complementarias de cadenas lineales de ARN ambiental podría favorecer la formación de polipéptidos más largos.

5. La selección de estos, siguiendo la línea prioritaria de evolución conformacional adaptativa, iría también coseleccionando la información secuencial «escrita» en el ARN ambiental que, también por su funcionalidad, devendría en ARNm. El ribosoma sería el resultado paulatino de esta coevolución conformacional-secuencial (Fig. 4).

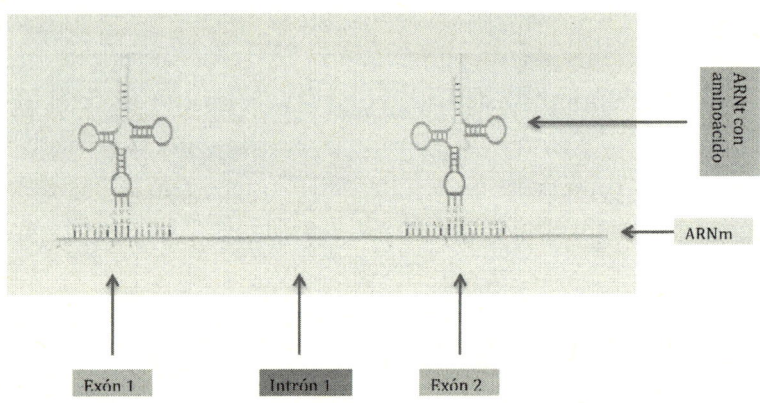

Figura 4. Origen del código genético.

El primer código genético debió ser conformacional. Se establecería mediante la selección estructural por cada una de las 20 aminoacil ARNt sintetasas de un aminoácido y el bucle D de un ARNt. El complejo aminoacil-ARNt seleccionaría luego en

ARN lineal ambiental los fragmentos codificantes o exones. Determinadas secuencias cortas —una o dos bases inicialmente— de un bucle —el más alejado del aminoácido— del ARNt interaccionarían con las bases complementarias del ARN ambiental —que por eso devendría en mensajero—. Así, las secuencias cortas del ARNt, denominadas anticodón, seleccionarían sus complementarias en el ARNm, denominadas codones. Tras un largo proceso de ensayo y error, se irían seleccionando, mediante una actividad de *splicing* primitiva, las secuencias informativas adecuadas para producir de forma genética secuencial los módulos proteicos seleccionados previamente.

En esta coevolución prebiótica, las unidades estructurales proteicas —miniestructuras terciarias procedentes de secuencias cortas compatibles con el cambio conformacional— se fueron seleccionando por su capacidad de interaccionar entre ellas mediante interacciones débiles no covalentes, formando así estructuras cuaternarias más o menos complejas. De igual manera, interaccionarían con el ARN formando **ribonucleoproteínas**, y con la selección de estructuras de uno y otro «mundo» se fue elaborando el **código genético**. Este proceso permitiría la formación de polipéptidos cada vez más largos y eficaces, formados mediante la acumulación de pequeños cambios secuenciales, compatibles y coherentes con la dinámica conformacional. Efectivamente, entre las principales ventajas funcionales del código genético tendríamos la transición de estructuras proteicas discontinuas —formadas por varios péptidos pequeños unidos por interacciones débiles— a un único polipéptido formado de forma rápida y precisa por la unión secuencial covalente de los aminoácidos de estos.

Este proceso se produciría merced a la coselección de **dominios proteicos** (estructurales y funcionales) junto con determinados fragmentos salteados de las cadenas del ARN ambiental, monocatenario y lineal, compatibles con dichos dominios, que, de esta manera, devendrían en **exones**. Esta conquista permitiría la posterior construcción de nuevas proteínas por **evolución modular**: baraje de módulos proteicos mediante mecanismos de corte y empalme de exones. La evolución modular articulada supera la concepción azarosa de mutación y resultado fenotípico inmediato y, además, no es teleológica: solo se apoya en las conquistas previas.

En este enfoque proteocéntrico —del origen de la vida y de la evolución biológica—, los exones, los intrones y la actividad de *splicing* no aparecerían en la evolución celular sino en las etapas previas prebióticas y, como veremos más adelante, los eucariotas serían los herederos por línea directa de estos procesos. Lo que realmente subyace a esta idea de **evolución modular** es la naturaleza estructural de la información biológica mediante combinación de dominios de información biológica estructural (DIBE): inicialmente, interacciones proteicas que forman estructuras que, a su vez, informan un nuevo abanico de interacciones y estructuras. Así, se iría produciendo una suerte de evolución en «escalera» donde los sucesivos «peldaños» evolutivos representen etapas integradas de resultados contingentes, sin ninguna direccionalidad ni propósito.

La paradójica universalidad del código genético, más que revelar un único origen celular procariota —parece absurda una única solución en este nivel de complejidad—, apoya la idea de un origen precelular seleccionado por los módulos proteicos (Fig. 5).

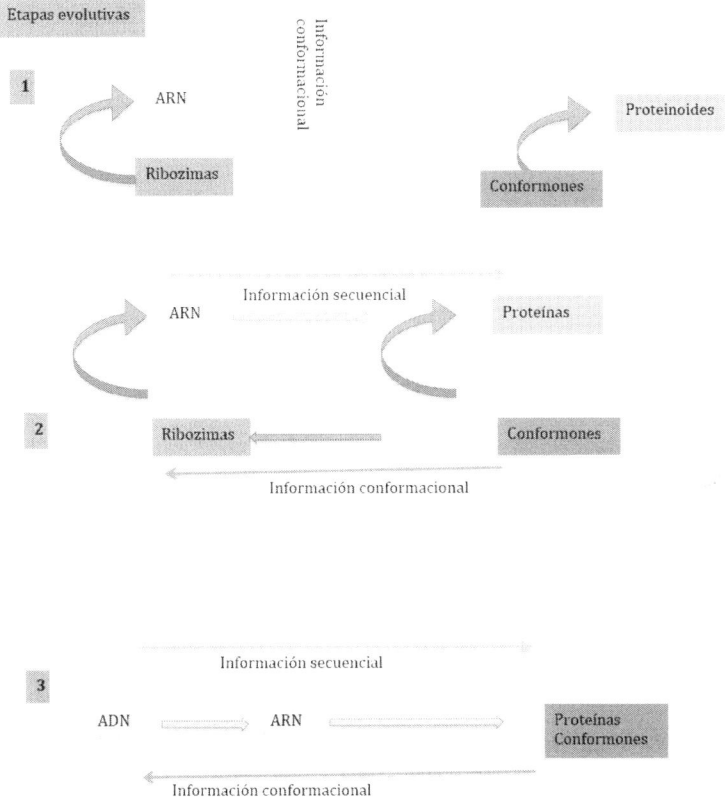

Figura 5. De la información conformacional a la secuencial (modificación del dogma central de la biología molecular). En algún momento de la evolución prebiótica, se debió establecer una coevolución entre el mundo de ARN y el mundo de conformones, en la que las proteínas -dada su mayor potencialidad estructural y funcional- comenzaron a utilizar el ARN (y posteriormente, en la evolución biológica, también el ADN) para garantizar la estabilidad de sus conquistas estructurales y una variabilidad secuencial coherente con ellas. Así, a lo largo de la evolución, primero se establecería una información conformacional proteínas-ARN; posteriormente se incorporaría la primera información secuencial proteínas-ARNm, mediada por ARNt y ARNr; y, por último, esta información secuencial se almacenaría en la molécula del ADN. El flujo de información conformacional se sigue manteniendo, en vanguardia, desde las etapas prebióticas hasta la actualidad.

Para el paradigma genocéntrico —expresado en el dogma central de la biología molecular—, el problema de cómo se seleccionaron las secuencias informativas supone manejar cifras astronómicas. Por ejemplo, para formar una proteína de 200 aminoácidos se precisa un ARN de 600 nucleótidos, que se seleccionaría entre 4^{600} cadenas posibles. Para el modelo proteocéntrico, el problema no sería menor si concebimos la proteína como una mera secuencia: 20^{200} posibles cadenas. Pero al enfocarlo desde un punto de vista de información conformacional (conformones), estos seleccionarían conformaciones dentro de un rango mucho menor de secuencias.

A lo largo de la evolución celular, las distintas secuencias específicas —proteínas con la misma estructura y función, pero en especies diferentes, como, por ejemplo, las proteínas de un complejo multiproteico— difieren en sus secuencias (a veces mucho) pero respetando tres reglas generales:

1. Los cambios de aminoácidos deben ser permisivos con la conservación de los módulos estructurales esenciales, seleccionados en la etapa prebiótica.
2. Los cambios en las secuencias de las proteínas celulares intraespecíficas deben ser coherentes entre sí para garantizar sus interacciones funcionales.
3. Los cambios deben tener en cuenta también la capacidad de propagación conformacional, siendo respetuosos con las conformaciones responsables de un determinado fenotipo (como vimos con las cepas priónicas) y con la coherencia de la evolución fenotípica.

La exigencia de mantener la coherencia entre los cambios en la secuencia de aminoácidos y las restricciones estructurales y funcionales de las proteínas, propició que en la evolución celular se establecieran, bajo el control proteico, mecanismos de variabilidad genética compatibles con estas tres restricciones: mecanismos generales como la meiosis o singulares como la hipermutación somática enzimática en la formación de anticuerpos específicos, entre otros.

La vida en la Tierra se teje en el **telar** de una evolución sin sentido. Sus hilos representan estas dos naturalezas: la **urdimbre** celular tiende como un arbusto ascendente, pero enredado, hacia la **complejidad de la integración creciente** que resulta de la necesaria interacción funcional material, mientras que la **trama viral** tiende a exaltar la **variabilidad genética** y sus hilos se insertan entre los primeros de una forma aún más ciega y enmarañada. Pero no solo son trama vital los virus, otros fenómenos biológicos se entrecruzan con la urdimbre de los seres vivos. Los tumores surgen por varios motivos cuando se rompe la regulación genética y epigenética de la cooperación celular que exige el mantenimiento de un organismo. Se diferencian como un ecosistema propio dentro de otro que parasitan, y actúan como un órgano independiente dentro de él. No obstante estas particularidades, en un planteamiento global aumenta la diversidad funcional y estructural de los individuos y la complejidad orgánica y sistémica de las interacciones.

Capítulo 9
Origen de la célula eucariota

Las misteriosas relaciones entre LUCA y LECA

En prácticamente cualquier texto de biología donde se plantee el origen de la célula eucariótica es frecuente encontrar frases del tipo: «… es uno de los principales problemas [misterios/retos] de la biología evolucionista», «… representa el mayor salto, la mayor discontinuidad, de la evolución biológica…». Naturalmente, para realizar un abordaje lo más amplio posible de semejante dificultad, debemos tomar en consideración los principales datos disponibles y elaborar una teoría que dé cuenta de todos ellos y, así, no caer en la tentación de la solución práctica —cada vez más frecuente— de reducir los problemas y las interpretaciones de los datos obtenidos a la dimensión de los métodos empleados, ignorando, además, los métodos e interpretaciones de otros investigadores. En este sentido, el análisis que aquí expondremos sobre el origen de la célula eucariótica se realizará —desde una perspectiva evolutiva lo más amplia posible— teniendo en cuenta la problemática asociada al origen de la vida que pudo influir en las diferencias fundamentales entre los grandes tipos celulares. De esta manera, intentaremos recorrer el camino evolutivo que se fue abriendo paso desde las etapas prebióticas hasta LUCA (*Last Universal Common Ancestor*), y desde esta célula hasta LECA (*Last Eucaryotic Common Ancestor*).

La naturaleza y el sentido de las cosas

En el abordaje de la eucariogénesis quizá convenga repasar la clasificación elemental de la célula en dos tipos celulares, las denominadas células eucariota y procariota, para llamar la atención acerca de que frecuentemente se dice que, a diferencia de la eucariota —literalmente, 'la célula con núcleo verdadero'—, la procariota carece de él. Aquí estamos ante un problema conceptual: si los autores que nombraron a las células sin núcleo verdadero querían solo subrayar su ausencia deberían haberlas denominado **acariotas**; pero sabemos bien que, con la denominación **procariotas**, lo que quisieron subrayar no fue la mera descripción estructural de este tipo de células, sino su anterioridad evolutiva respecto a las eucariotas; esto es, que son, literalmente, anteriores en la evolución a la aparición del núcleo. De esta manera, LUCA sería la célula ancestral, de naturaleza procariota, y LECA, como su nombre indica, el posterior ancestro de los eucariotas. Este orden nos puede parecer **evidente** —en castellano: 'patente, cierto, manifiesto', 'sin necesidad de ser probado', como la diferencia entre el día y la noche—, dejándonos llevar por la idea de que lo más sencillo precede siempre a lo más complejo, pero, en rigor científico, no podemos utilizar este razonamiento como **prueba** de prioridad evolutiva. Además, continuando con el modelo de evolución celular vigente, una somera comparación de los esquemas estructurales de las células procariotas y eucariotas nos asoma al abismo existente entre ambas clases celulares, sin tipo intermedio alguno que sirva de puente y permita proponer algún proceso de evolución gradual entre ellas. Los procariotas —literalmente células anteriores a la aparición de un núcleo verdadero— tienen en su lugar una molécula de ADN circular, sin histonas, denominado nucleoide; tampoco tienen sistemas internos membranosos, todo lo más unos repliegues de la membrana plasmática, de naturaleza lipoproteica, denominados mesosomas; ribosomas citoplasmáticos de tamaño más pequeño que los de eucariotas; flagelos, pili y fimbrias con estructuras diferentes a los flagelos eucarióticos; pared celular rígida de composición y estructura variable, según los grupos, y cápsula o glucocálix de naturaleza glucídica. Por su parte, la célula eucariota presenta una estructura general muy distinta: además de un núcleo con doble membrana y cromosomas complejos con histonas, presenta un sistema membranoso interno complejo, con retículo endoplasmático, rugoso —por ir tachonado de ribosomas— y liso, aparato de Golgi, vesículas de endocitosis y exocitosis, citoesqueleto con centrosoma y las proteínas implicadas en su organización, lisosomas y peroxisomas, mitocondrias, cloroplastos, vacuolas, membrana plasmática de naturaleza lipoproteica y, en algunos tipos celulares, una pared celular de naturaleza totalmente distinta a las de los procariotas. Pero, además de esta enorme brecha estructural sin formas intermedias, hay diferencias funcionales esenciales, aún más importantes, entre los dos tipos celulares: por decirlo en dos palabras, los procariotas son más genéticos, mientras que los eucariotas son más plásticos. Aunque, más adelante, iremos desarrollando esta primera pincelada sobre la naturaleza esencial de ambas células, vamos a esbozar aquí que por más genético queremos señalar: procesos más deterministas y dependientes del azar que origina mutaciones, proteínas más estructuradas y con funciones más específicas, asociadas a mecanismos del tipo llave-cerradura. Por su parte, los eucariotas son más plásticos: con procesos de plasticidad adaptativa frente a la contingencia ambiental, dependientes de la información conformacional adquirida por sus proteínas esenciales, que exhiben un mayor o menor grado de desorden estructural intrínseco. Son, por tanto, más epigenéticos.

Siguiendo este razonamiento, las diferencias funcionales y estructurales entre ambos tipos celulares —entre LUCA y LECA— son tan grandes que debemos plantearnos algunas preguntas que orienten nuestras pesquisas: ¿cómo ha trazado la evolución biológica en la Tierra dos caminos tan diferentes? Realmente —además de la ausencia de intermediarios entre procariotas y eucariotas— hay tantas diferencias entre ellos, que resulta muy difícil imaginar cómo pudo surgir la célula eucariota a partir de la procariota, y también ¿por qué? Dado que los procariotas son los organismos mejor adaptados a todos los ambientes, controlan todos los metabolismos, la herencia vertical y horizontal, tienen formas increíbles de resistencia, entre otras características favorables, ¿qué presión selectiva fue tan fuerte para que de algunos de ellos surgiera, en un considerable periodo de tiempo, la célula eucariota? Y no me refiero ni a la mitocondria ni a los cloroplastos —bien explicados por la teoría endosimbiótica de L. Margulis—, me refiero fundamentalmente al núcleo, al retículo endoplásmico, al aparato de Golgi, al citoesqueleto y a todos los sistemas funcionales asociados con estos orgánulos. Quizá deba revisarse el planteamiento de que lo más simple precede siempre a lo más complejo: en este caso, la creencia —presente en todas las hipótesis actuales— de que, en la evolución biológica, los procariotas precedan a los eucariotas. Pero, de momento, sigamos con este razonamiento y con la idea añadida de que los procariotas son «más genéticos», mientras que los eucariotas son «más plásticos». Estas ideas nos llevan también a plantearnos: ¿son los virus un tipo de procariota ancestral, extremadamente genético? Todas estas cuestiones que surgen alrededor de las enormes diferencias esenciales entre procariotas y eucariotas son fundamentales dado que, la muy influyente biología molecular —y su flamante dogma central, de información en un único sentido— se fundó sobre investigaciones realizadas con bacterias y virus que las infectaban (bacteriófagos), dejando aparte a la otra rama esencial de la vida, los eucariotas. Veremos cómo este acta fundacional procariota y genético, de la nueva biología, va a condicionar al planteamiento de sus grandes problemas marco —origen, naturaleza y evolución de las células— y de sus contextos, anterior y posterior: la evolución pregenética y epigenética. En definitiva, como ya hemos visto en anteriores capítulos, para intentar averiguar el origen, la naturaleza y la evolución de LUCA y LECA —y sus misteriosas relaciones—, debemos volver a plantearnos algunas viejas cuestiones respecto al origen de la vida del tipo ¿qué fue primero, el huevo o la gallina? Recordemos, igualmente, que estas cuestiones giran alrededor de: ¿qué fue prioritario en el origen, el ARN/ADN o las proteínas? o, mejor aún, ¿qué fue prioritario, la información conformacional de las proteínas —y también de las ribozimas— o la secuencial del ARNm y el ADN? O, en síntesis, ¿qué fue prioritario, la estructura o la función?

¿Cuál es la naturaleza esencial de la vida en la Tierra?

Con las evidentes diferencias entre procariotas y eucariotas, con brechas y misterios insalvables entre ellos, podríamos llegar a plantearnos la posibilidad de estar ante dos orígenes diferentes de la vida: proteocéntrico y genocéntrico, cada uno con una naturaleza esencial diferente.

En el modelo proteocéntrico, que defiendo, la primera célula tendría una naturaleza heterótrofa, esencialmente **eucariota**: sería básicamente un núcleo, con un metabolismo elemental, prácticamente limitado a la producción de proteínas y ácidos nucleicos, y una fisiología centrada en el tránsito de información externa, de la membrana celular al núcleo —rutas de transducción de señales—, y de respuesta adaptativa interna del núcleo a la membrana celular. En el inicio y en el final de ambas rutas informativas podría estar presente la triada formada por IDP, chaperones y conformones. Además, este flujo de información, entre el primordio de célula eucariota (a la que denominamos protocariota) y el medio externo, iría reforzado por una continua y contingente producción de vesículas de exocitosis —cargadas, en principio al azar, de proteínas y ácidos nucleicos— que, sin propósito alguno, colonizarían el medio exterior, e interiorizarían y seleccionarían partes de su «metabolismo» mineral abiótico. Muchas de estas vesículas estarían abocadas a volver, por endocitosis, a las células protocariotas. De esta manera, se iría haciendo, lentamente y de forma exógena, el metabolismo energético. Así, en el modelo proteocéntrico —con este continuo baile de exocitosis y endocitosis— se formarían tanto los eucariotas como todos los acariotas —entidades sin núcleo verdadero—: las arqueas, las bacterias y los virus. Tanto las vesículas de exocitosis y endocitosis como las células y virus citados, resultantes de la selección natural, constituyen genuinos dominios de información biológica estructural (DIBE).

Como apoyo de esta hipótesis, en el análisis genómico comparado, las bacterias aparecen como las portadoras de los genes del metabolismo, las arqueas —más próximas a los eucariotas— portan genes del procesamiento y transmisión de la información genética (replicación, transcripción y traducción), mientras que los genes exclusivos de los eucariotas están implicados en la factoría del núcleo —spliceosoma incluido—, en la transducción de señales y en los mecanismos de exocitosis y endocitosis. Por otra parte, como vimos en el capítulo 7, la creciente acumulación de conocimiento respecto a las vesículas extracelulares conocidas como exosomas también sustentan fuertemente esta hipótesis.

Además, en el interior de las vesículas de exocitosis, tanto el material genético como las proteínas resultantes —ambos producidos de forma contingente, y necesaria, por la maquinaria nuclear que ya había iniciado su andadura genética— pudieron seleccionarse, sin problemas de coherencia funcional, en su encuentro con el **premetabolismo mineral exterior**. Algunas de estas vesículas alcanzarían la vida libre como acariotas, y otras volverían por endocitosis a la célula protocariota, proporcionando así los nutrientes necesarios. En algunos casos, se podrían establecer relaciones de endosimbiosis, integrando, así, el metabolismo exógeno conquistado. Es muy probable que se estableciese una línea evolutiva de endosimbiosis que, en vez de tratarse de un hecho puntual, pudiese continuar en determinados ambientes. Así, el inicio del **metabolismo energético eucariota** sería por integración modular funcional, en una línea evolutiva de endosimbiosis sucesivas, desde un metabolismo acariota exógeno.

En este modelo proteocéntrico, iríamos desde la evolución prebiótica hasta el protocariota (con lo que LUCA y LECA serían la misma célula), del que saldrían tres ramas: una rama central, o tronco principal, que constituiría la continuidad eucariota —es interesante recordar que los eucariotas son monofiléticos—; otra rama, que partiría próxima al protocariota, que se escindiría en los dos grandes filos de las arqueas; y múltiples ramas entrecruzadas propias de los múltiples filos bacterianos. Además, prácticamente, cada tipo celular coevolucionaría con sus correspondientes virus específicos.

En el paradigma genocéntrico, la información genética y su variabilidad marcaría el paso de la evolución, desde un origen de la vida procariótico. No obstante, muchos investigadores afirman estar lejos de saber cómo eran las primeras células; cuantos más datos se acumulan, más misterios aparecen, y más difícil es casar las piezas del rompecabezas del origen de la célula eucariota a partir de las procariotas. Los principales datos utilizados en este enfoque son de tipo genético, comparando genes de organismos actuales, obtenidos tanto de cultivos celulares como, de forma masiva, aplicando técnicas de análisis metagenómico. Pero algunos investigadores opinan que los datos obtenidos mediante este enfoque presentan ciertas limitaciones. Por una parte, los análisis ponen de manifiesto que, en las primeras etapas de la historia de la vida, diferentes grupos de genes cambiaron a distintas velocidades, produciéndose, en general, una evolución inicial acelerada, por lo que no podemos evaluar igual a unos grupos de genes que a otros. Por otra parte, el paradigma genocéntrico se enfrenta con otras controversias: ¿cuántos dominios presenta el árbol evolutivo, dos o tres? ¿Cómo es el proceso de eucariogénesis: gradual con algún suceso de endosimbiosis —como el origen de la mitocondria y el cloroplasto— o totalmente de endosimbiosis en serie? Como es bien sabido, la teoría de la endosimbiosis serial fue propuesta por Lynn Margulis (1967) y, básicamente, dice que la célula eucariota se formó por la fusión de tres bacterias completas que aportarían, respectivamente, los microtúbulos del citoesqueleto, parcelas del metabolismo y la mitocondria. La posterior endocitosis, por parte de alguna de estas células eucariotas, de una cianobacteria daría lugar a la célula eucariota vegetal. Por otra parte, investigadores como Carl Woese proponen tres grandes dominios celulares: dos procariotas —Archaea y Bacteria— y uno eucariota, Eukarya. Además, es partidario de un proceso clásico de evolución gradual, con solo dos sucesos endosimbióticos, que darían lugar a la mitocondria y al cloroplasto a partir de una alfaproteobacteria y una cianobacteria, respectivamente. Otros, como J. A. Lake, son partidarios de un árbol con dos dominios, Bacteria y Archaea, con los eucariotas formando una rama secundaria más de estos últimos.

Mediante análisis metagenómicos se ha visto que buena parte de los genes homólogos entre los eucariotas y las arqueas están dentro del gran *filum* TACK (Taumarchaeota, Aigarchaeota, Crenarchaeota y Korarchaeota), incluyendo los genes de la actina, tubulina, sistema de la ubiquitina y una gran parte de genes de la maquinaria ribosómica. Los mayores parecidos entre eucariotas y el grupo TACK se encuentran al comparar las secuencias de los genes involucrados en la transcripción y la traducción: cuatro proteínas ribosomales, la subunidad RpoG de la ARN polimerasa, y el factor de elongación Elf1. En 2015, el grupo liderado por Thijs J. G. Ettema descubrió un nuevo filo de arqueas en las profundidades del Ártico. Mediante análisis metagenómico se ha visto que está muy emparentado con el superfilo TACK y, siguiendo la moda de poner nombre de dioses nórdicos a estos grupos de arqueas, le han denominado *phylum* Lokiarchaeota. Este grupo de arqueas es una rama monofilética que está muy relacionada con los eucariotas, por lo que se cree que provienen de un mismo ancestro común. En las arqueas de Loki se encontraron genes homólogos de otros genes eucariotas implicados en la forma de las células y en el procesamiento de las membranas: genes de la actina; genes de pequeñas GTPasas con función reguladora relacionados con la fagocitosis; un grupo de genes denominados ESCRT (*Endosomal Sorting Complexes Required for Transport*) implicados, en eucariotas, en la formación de vesículas y endosomas. Por otra parte, las Lokiarqueas presentan los ribosomas más parecidos a los eucariotas, de todos los grupos procariotas. Con estos datos, los investigadores suponen que la arquea ancestral —de Lokiarchaeota y eucariotas— tuviese algún esbozo de citoesqueleto, la posibilidad de desplegar la formación de vesículas de exocitosis y la capacidad de fagocitar. Esta célula ancestral podría ser perfectamente el protocariota propuesto aquí.

Sin embargo, todos estos genes semejantes no se encuentran reunidos en un solo representante del grupo TACK, sino que están repartidos entre todos ellos. Este inquietante hecho ha recibido explicación, dentro del paradigma genocéntrico, como posibles procesos de pérdida de genes o de transferencia genética horizontal. En mi hipótesis del protocariota formador de «semillas» acariotas, este hecho puede explicarse considerando que, inicialmente, tanto la reproducción del protocariota como la formación de vesículas («semillas») propuestas, son sucesos contingentes sin propósito e imperfectos, pero sometidos a selección natural. De esta manera podrían producirse grupos de arqueas más o menos viables, que portaran genes eucariotas provenientes del protocariota, pero sin la integración funcional que tenían en este.

Por otra parte, los genes implicados en procesos de transcripción y traducción no se han visto tan frecuentemente afectados por procesos de herencia genética horizontal, como los **genes del metabolismo**. Este hecho y su explicación puede ser complementaria de la anterior. Las arqueas provenientes del protocariota ancestral que fuesen formas de reproducción imperfectas, pero viables, escaparían pronto del baile de exocitosis y endocitosis con él, por lo que sus genes habrían llegado más bien por herencia vertical. Sin embargo, los genes del metabolismo son bacterianos, y están sometidos a un gran trasiego de herencia genética horizontal por el baile continuo de exocitosis y endocitosis de los ancestros bacterianos, ya que provendrían de vesículas («semillas») más imperfectas —con menos carga de proteínas y genes, y menor viabilidad— y que, por lo tanto, estarían abocadas a volver a contactar con receptores complementarios del protocariota. De esta manera, paulatinamente, se iría haciendo el metabolismo eucariota, a partir de los metabolismos exógenos conquistados por las protobacterias. Para la hipótesis de los tres dominios, la aparición de los eucariotas ocurrió muy pronto; y, por ello, sitúa el dominio Eukarya muy próximo al Archaea. Esta proximidad concuerda con mi hipótesis del protocariota, pero en esta última las arqueas proceden de los protocariotas, y no al revés. Como ya dijimos anteriormente, en la hipótesis de los dos dominios los eucariotas quedan reducidos a una rama lateral de Archaea, próxima al superfilo TACK.

Otro problema importante por resolver, en este marco teórico, es el relativo a la **naturaleza de las membranas de bacterias, arqueas y eucariotas**. Las bacterias y los eucariotas presentan enlaces éster en los fosfolípidos de sus membranas, mientras que las arqueas presentan enlaces éter. Dentro del paradigma genocéntrico procariota, se abren dos alternativas para la eucariogénesis mediante fusión de una arquea y una bacteria: que una bacteria fuera la célula hospedadora y una arquea el endosimbionte hospedado; o que, por el contrario, el hospedador fuera una arquea y el endosimbionte una bacteria. Dado que la célula eucariota presenta fosfolípidos con enlaces éster, como las bacterias, en el segundo caso sería más difícil explicar el cambio de membrana celular arquea, de enlaces éter a enlaces éster. De nuevo, creo que la posible explicación desde la **hipótesis del protocariota** es más fácil: las vesículas de exocitosis serían como las de las células eucariotas y bacterianas y, en una etapa muy temprana, las primeras arqueas de vida libre —seguramente por adaptación a ambientes hipertermales— pudieron adaptarse al modificarse los enlaces éster a éter. Esta explicación debe ir acompañada de una consideración. En el modelo genocéntrico, está generalmente admitido que la célula eucariota —producida por uno o más sucesos de endosimbiosis entre procariotas— presenta genes relacionados con arqueas y bacterias, y se piensa que proceden de ellos. También se admite que las arqueas aportarían, fundamentalmente, los genes relacionados con la información genética (replicación, transcripción y traducción), y algunos superfilos como TACK aportarían algunos grupos de genes confusamente dispersos; por su parte, las bacterias aportarían los genes del metabolismo, como ya vimos anteriormente. En la hipótesis del protocariota, esto supondría que las arqueas se habrían formado, tempranamente, como resultado de ensayos imperfectos de las primeras divisiones celulares del protocariota, portando constelaciones muy diversas de genes; la selección natural daría pronto cuenta de dos grandes filos de arqueas independientes y con el sello de origen genético eucariótico. Seguramente, las arqueas participarían menos que las bacterias en el baile de endocitosis con posibilidades simbióticas; serían más bien fagocitosis nutricionales. Las bacterias, probablemente menos independientes inicialmente, sí experimentarían procesos de fagocitosis con más posibilidades de endosimbiosis en serie. Colonizarían todos los medios que presentasen un **metabolismo mineral previo**, y los protocariotas irían incorporándolo paulatinamente a su organismo, según fuera sometido a selección natural. Un paso fundamental consistiría en la incorporación del metabolismo oxidativo mediante endosimbiosis de la bacteria precursora de la mitocondria. Además de la eficiencia energética, con esta endosimbiosis los nacientes eucariotas comenzarían a paliar los efectos tóxicos del oxígeno atmosférico. En consonancia, con todo esto, está el hecho de que un grupo de investigadores ha encontrado que las proteínas más antiguas de los eucariotas son las que, como ya hemos visto, guardan relación con las arqueas, mientras que las de edad mediana son de origen bacteriano, pero procedentes de muy distintos grupos de bacterias, no de uno solo. Les llama la atención que estas proteínas estén presentes en los sistemas de membranas intracelulares del retículo endoplásmico y del aparato de Golgi, lo que plantea la pregunta: ¿de qué bacteria, portadora de estos sistemas membranosos, salieron los genes que fueron a parar a los eucariotas? De nuevo, el misterio encuentra una respuesta más fácil en la hipótesis del protocariota, ya que, con este sistema de endomembranas se hace el sistema vesicular de exocitosis y endocitosis con el que se produciría el continuo baile, de ida y vuelta, de las «semillas» acariotas: bacterias y virus, fundamentalmente. Así pues, estos sistemas membranosos no saldrían de ninguna bacteria, desconocida y especial, sino que saldrían del protocariota para formar todas las bacterias: exocitosis de vesículas tipo exosomas, y posterior vuelta, vía endocitosis, portando parcelas del metabolismo mineral exterior.

En cualquier caso, tanto la hipótesis de los dos dominios —con una arquea del superfilo TACK, o similar, ejerciendo de hospedadora de una bacteria— como la hipótesis de los tres dominios, donde sería una bacteria la hospedadora; lo que sigue siendo muy difícil de explicar es la presencia en eucariotas, como rasgo esencial del grupo, de 347 genes exclusivos que no están organizados funcionalmente en ningún procariota. El salto no puede ser más abismal, pero, como ya vimos, la hipótesis del protocariota —dentro de mi modelo proteocéntrico del origen de la vida— sí puede dar cuenta de estos genes eucariotas, y de su relativa presencia en los **acariotas**. Con las últimas investigaciones se ha reforzado este estado de la cuestión. Lo ya visto en el superfilo TACK, y la hipótesis de los dos dominios, se ha ampliado mediante análisis metagenómicos a otros filos: las arqueas de Loki, ya visto, y al superfilo de las arqueas de Asgard (Loki, Thor, Odín y Heindall), con genes similares a los eucariotas que intervienen en el transporte, la transmisión de señales, la degradación de las proteínas y el citoesqueleto (tubulina); pero, de nuevo, las secuencias descubiertas no constituyen el plano de un complejo citoesquelético eucariota completo. La distribución de los genes eucariotas resulta desigual en el super *phylum* de Asgard. Ningún grupo de arqueas parece poseer el juego completo, y las aparentes o incipientes adaptaciones cooptadas podrían ser consideradas exaptaciones. Los investigadores llegan a pensar que el pequeño tamaño de las células procariotas puede hacer innecesarios estos mecanismos de tráfico intracelular.

En enero de 2020, un grupo de científicos japoneses ha logrado aislar y cultivar arqueas del superfilo Asgard. El éxito ha sido posible gracias a que dejaron crecer estas arqueas con otros organismos del ambiente, lo que indica posibles procesos de simbiosis entre ellas. Esto concuerda, con lo visto hasta ahora, de grupos de arqueas —próximas al superfilo TACK, como Loki y Asgard— con dotaciones genéticas incompletas de genes eucariotas, algunos en apariencia innecesarios. Curiosamente, las arqueas de Asgard aisladas se alimentaban de aminoácidos. Como vemos, los datos de este trabajo también cuadran con la hipótesis del protocariota dentro de mi modelo proteocéntrico, que situaría a estos grupos de arqueas, próximas al protocariota, como células imperfectas empujadas a la simbiosis.

En 2015, se publicó el último *árbol de la vida*, bastante ampliado, ya que incluye a los microorganismos no cultivables, identificados genéticamente mediante técnicas metagenómicas. Así, se ha construido un nuevo árbol de la vida sobre 2000 genomas completos obtenidos de bases de datos públicas, más 1011 genomas nuevos reorganizados a partir de secuencias obtenidas en diferentes ambientes. Con todos estos genomas se compararon las secuencias del ADN correspondiente a 16 proteínas ribosomales, y se obtuvo un árbol con 92 *phyla* en el dominio Bacteria, 26 *phyla* en el Archaea y solo cinco supergrupos en el Eukarya. En este árbol se aprecia que Bacteria es el dominio con más diversidad genética. Archaea es menos abundante y diverso que Bacteria. Los autores de este árbol interpretan que la mucha menor biodiversidad genética de Eukarya se debe a su más reciente evolución.

Como ya expuse anteriormente, creo que hay dos grandes naturalezas vitales esenciales coexistiendo en los seres vivos:

Por un lado, tendríamos una naturaleza —prioritaria en el origen y en la evolución de la vida en la Tierra— claramente proteocéntrica y epigenética, que vemos materializada en los eucariotas. Estos provendrían, por línea directa, del protocariota ancestral, identificado, a la vez, como LUCA y LECA.

Por otro lado, la segunda naturaleza sería la de las «semillas» acariotas: arqueas, bacterias y virus; las dos últimas son manifiestamente genéticas. Las arqueas tendrían su origen en un punto intermedio entre formas de reproducción celular imperfecta y «semillas» vesiculares.

Es lógico que, como necesidad imperativa y sin propósito alguno, se fueran produciendo vesículas de distintos tamaños, y con más o menos carga proteica y genética; así se irían afinando paulatinamente las formas reproductivas. El hecho de que, también sin propósito alguno, muchas vesículas presentasen proteínas con complementariedad geométrica o de cargas con las de la membrana protocariota, facilitaría necesariamente la endocitosis de las vesículas. De esta forma, muchas vesículas serían capaces, con los recursos moleculares disponibles, de tomar nutrientes del entorno, crecer y multiplicarse. Así, de esta auténtica siembra acariota, las bacterias serían las menos perfeccionadas y, por lo tanto, las más proclives a acercarse de nuevo al protocariota y así podrían ser fagocitadas por él o establecer algún tipo de simbiosis con los protocariotas, con otros tipos celulares o con células incompletas. No obstante, paulatinamente, muchas vesículas se irían haciendo bacterias de vida libre, que irían colonizando medioambientes muy diversos, haciendo, poco a poco, el metabolismo energético con los mecanismos pregenéticos y genéticos disponibles. Este planteamiento es compatible con la idea de que los eucariotas evolucionaron como quimeras por la vía de fusiones endosimbióticas en las que participarían tanto bacterias como arqueas. En este sentido, se puede explicar la aparición en el nuevo árbol de un gran número de linajes sin ningún representante aislado, esto es, no cultivados. La mayoría de estos se agrupan en una misma región del árbol, denominada CPR (*Candidate Phyla Radiation*). Los géneros de este nuevo grupo CPR son todos portadores de genomas pequeños, la mayoría con capacidades metabólicas restringidas, no tienen ciclo de Krebs ni cadena respiratoria; además, presentan problemas para la síntesis de nucleótidos y aminoácidos, por lo que muchos son simbiontes. Los autores se plantean si esto es debido a una pérdida progresiva de capacidades o si, por el contrario, son características genéticas heredadas de una forma ancestral de vida muy simple. De nuevo, pienso que son una prueba más de las «semillas» acariotas imperfectas, en la hipótesis del protocariota propuesta.

Los virus como «semillas» celulares con función de agentes genéticos móviles

Los virus —desde su posible origen, no finalista, como «semillas» de la célula protocariota, y su posterior papel como agentes genéticos móviles— tienen tendencia a ser específicos del tipo celular que los produce y a coevolucionar con él, pero, también sin propósito alguno, pueden interaccionar de forma cruzada con otros tipos celulares.

El hecho de que los virus sean polifiléticos —con un origen diferente para cada familia, y sin compartir genes entre ellas— apoyaría la hipótesis del protocarionte formador de «semillas»: cada virus coevolucionaría con su célula.

Es muy probable que la selección natural fuese estableciendo sistemas de coevolucionabilidad celular basados en las interacciones proteicas específicas y en el consiguiente intercambio de material genético. Al menos con cierta frecuencia, estos sistemas cooperativos —cooperación sin propósito alguno, de forma involuntaria, solo favorecida por la selección natural— podrían incluir algún eucariota, algún acariota celular y los virus correspondientes de todos ellos. En este sentido, parece que se exaltaría la interacción entre virus y protocariotas en algunos ambientes extremos.

Con estas premisas, es probable que primero apareciera el sistema protocariota-virus ARN, primer ácido nucleico y primera célula —que derivarían directamente de la relación inicial entre proteínas y ARN, heredada del proceso de *splicing*—. Con la conquista del ADN, probablemente le seguirían los sistemas: protocariota-virus ADN-arqueas, y protocariota-virus ADN-bacterias.

Existen relaciones evolutivas entre los virus y otros elementos genéticos móviles: viroides, transposones, ARN satélites y plásmidos. Pero, seguramente por su mayor simplicidad, todos estos agentes sean posteriores a la aparición de las células protocariotas en torno al *splicing* y el resto de la factoría del núcleo: gobierno proteico del ARN —con la selección de módulos proteicos— y los mecanismos de replicación, transcripción y traducción (con ARNt, ribosomas y aminoacil-ARNt sintetasas).

En coherencia con lo expuesto hasta ahora, las similitudes estructurales entre proteínas, con secuencias diferentes, de las cápsidas de varias familias víricas; se pueden deber a procesos de divergencia —más que de convergencia— evolutiva: se parte de los mismos módulos proteicos básicos, pero —como ocurre con todas las proteínas— con una deriva secuencial conservadora de la estructura.

Durante el ciclo de infección vírica se suele producir un significativo aumento de variabilidad genética y de capacidad adaptativa, mucho mayor en los virus ARN.

¿Lucha por la existencia o cooperación en la evolución?

Con cierta frecuencia nos encontramos en varios campos de la biología con asociaciones de ideas que siempre me han parecido faltas de rigor científico. Una de las más frecuentes tiene que ver con la utilización de la figura de Darwin y del darwinismo en general como apoyo de ideologías políticas y económicas, como el nazismo y el liberalismo. Este uso espurio —y, obviamente, peligroso— de la teoría darwiniana ha calado también entre algunos científicos, en mayor o menor medida, llegando, por una parte, a presentar al darwinismo —sobre todo, al neodarwinismo de la teoría sintética— como producto y sustento del liberalismo; y, por otra, al neolamarckismo como estandarte del socialismo. La realidad es que los que así piensan tratan con poco rigor las obras de Lamarck y de Darwin.

Para empezar, aunque sea de pasada, la teoría sintética neodarwinista tiene fuertes desencuentros con la esencia de la teoría de Darwin. Por otra parte, en *El origen de las especies por medio de la selección natural*, Darwin subraya qué entiende por lucha por la existencia: «Utilizo el término lucha por la existencia en el sentido general y metafórico, lo cual implica las relaciones mutuas de dependencia de los seres orgánicos y, lo que es todavía más importante, no solo la vida del individuo, sino su aptitud y éxito en dejar descendencia».

Además, para Darwin la evolución es el resultado, sin propósito ni dirección, del encuentro casual de necesidades ciegas. Así, la selección natural no es un mecanismo, es el resultado sumario, la acumulación en cada momento, de las variantes afortunadas con la supervivencia, con independencia de cómo se hayan producido esas manifestaciones variables de la materia viva.

La naturaleza humana y su organización social, económica y política no pueden servir para explicar el resto de la naturaleza, y viceversa. La diferencia fundamental es que nosotros tenemos, para bien o para mal, propósitos, finalidades y capacidad para corregirlos; el resto de la naturaleza no, aunque, eso sí, mantenga una gran coherencia —que los científicos deben intentar desentrañar— entre la necesidad reglada de los fenómenos y la contingencia histórica de los sucesos.

Así pues, nuestra necesidad social de cooperación, solidaridad y generosidad no puede servir para extrapolarla al entendimiento del origen, la naturaleza y la evolución de los seres vivos. Hay que mirar a la naturaleza libre de prejuicios políticos: no podemos contraponer, de forma excluyente, relaciones y comportamientos que observamos en la naturaleza, como, por ejemplo, **lucha** y **cooperación**. Algunos investigadores contraponen simbiosis a selección natural. La simbiosis es un tipo de relación entre individuos de diferentes especies, que supone una discontinuidad, un salto, entre las dos previas y el nuevo individuo resultante. Se contraponen aquí el gradualismo —que se atribuye gratuitamente a la selección natural— con el saltacionismo de la simbiosis. Esto tiene un interés especial en procesos tan importantes como el origen de la célula eucariota mediante simbiosis. Aunque resulta difícil de evitar, debemos tener cuidado con la cantidad de detalles que añadimos al elaborar una teoría interpretativa de un hecho. Aún más, el simple enunciado de un hecho ya puede venir preñado de interpretación. Así pues, en el caso del origen de la célula eucariota, ha podido ocurrir que se haya producido una evolución gradual del ancestro común, hasta el eucariota, con un momento puntual de endosimbiosis o, también, una evolución, más gradual que la anterior, por endosimbiosis seriada, o una mezcla de las dos. Así, los contrarios en este proceso de eucariogénesis pueden ir de la mano y, además, no tratarse solo de **simbiogénesis** versus **gradualismo neodarwinista**; también juegan aquí los opuestos **lucha** frente a **cooperación**.

Algunos biólogos piensan que ciertos mecanismos generadores de variabilidad —como la endosimbiosis, la hibridación y la transferencia genética horizontal— unen las ramas del árbol de la vida, a diferencia de la selección natural, que las diversifica y las separa. Más bien, la selección natural debe ser entendida como el resultado, en cada instante, de la dialéctica material ser vivo-medio; esto es, el estado dinámico, momento a momento, de la estructura material de la naturaleza viva, coseleccionada en su constante interacción.

En resumen, pienso que no hay que ver estos opuestos, como entes que se excluyen, como regidores principales de la evolución biológica. No todo es lucha y selección, o cooperación y combinación; los opuestos están en las interacciones necesarias y contingentes como resultado dinámico de estas interacciones; esto es, como información biológica recogida en la función y en la estructura resultantes. Los opuestos se manifiestan en el tejido material de la realidad, en constante interacción entre la necesidad o causalidad de los fenómenos y la contingencia o casualidad de los sucesos. Es de estas interacciones materiales, sin propósito —y no de ninguna idea regidora—, de donde surgen los opuestos o contrarios. Así, en un determinado momento de la evolución prebiótica, de las interacciones entre proteínas y ARN van surgiendo protofunciones y protoestructuras de las que, mediante selección natural, irán surgiendo la relación de **código genético** y estructuras como el ribosoma, entre otras. Igual ocurre con la función de corte y empalme del ARNm y el spliceosoma. Igualmente, según las circunstancias ambientales, un evento de endocitosis, puede ser fijado, por selección natural, como fagocitosis o como endosimbiosis, según hemos visto que sucedió muchas veces en el proceso de origen de la célula eucariota con las adquisiciones de la mitocondria y el cloroplasto.

Vemos que, en determinadas circunstancias, las incesantes interacciones entre estructuras biológicas —en principio, sin propósito alguno, pero guardando la coherencia funcional de lo ya tejido y seleccionado por la evolución— pueden dar lugar a una, a nuestros ojos, aparente relación de lucha o de simbiosis.

Capítulo 10
El sistema inmunitario adaptativo mantiene la homeostasis molecular y celular del organismo

El sistema inmunitario nos defiende del exterior y equilibra nuestro interior

El sistema inmunitario de los vertebrados es enormemente complejo e integra componentes moleculares y celulares diversos tanto en su origen como en su naturaleza y evolución. Su mera descripción con algún grado de detalle excede del propósito de este capítulo. Aquí solo quiero ofrecer una visión panorámica de este, en relación con el modelo proteocéntrico expuesto en los capítulos precedentes, sobre la base de la enorme plasticidad adaptativa de las proteínas que actúan como receptores antigénicos en su rama específica.

El concepto de inmunidad procede del mundo latino clásico, donde hacía referencia a personas o instituciones que estaban libres o exentos de ciertos oficios, cargos, impuestos o penas. Su uso se extendió al estado de inmunidad frente a una infección que exhibían los supervivientes de algunas epidemias. Estas personas eran muy valoradas, ya que al estar «libres de aprensión» podían ayudar a los afectados por esa patología. Así pues, el concepto de inmunidad suponía la adquisición de una memoria protectora frente a la enfermedad pasada. Ya en el siglo XX, la naciente inmunología estableció que esta memoria solo la posee el denominado sistema inmunitario adaptativo o específico —por dirigir una respuesta singular frente a cada agente patógeno—, que, además, es tolerante con las moléculas y células propias. En sentido estricto, solo podríamos hablar de sistema inmunitario adaptativo en los vertebrados. Los invertebrados —y en mayor o menor medida, todos los seres vivos— poseen determinados sistemas defensivos frente a los agentes externos, pero la mayoría son innatos. Los vertebrados también poseen un sistema de protección de este tipo frente a los patógenos. Dado que este sistema está integrado con el de inmunidad adquirida específica, solo se considera un sistema inmunitario con dos ramas, aunque respecto a sus componentes no podemos dejar de preguntarnos: ¿surgen de las mismas familias celulares y moleculares, o proceden de grupos distintos y se unen, previa selección, mediante integración funcional? En una primera aproximación al problema, se puede hacer un seguimiento del desdoblamiento de funciones previas. Igualmente, podemos seguir la ontogenia de las líneas celulares implicadas.

Empezando por esto último, vemos que a partir de la célula madre hematopoyética pluripotencial se diferencian las líneas linfoide y mieloide a partir de sus respectivos progenitores. La primera da lugar principalmente a los linfocitos del sistema inmunitario adaptativo, mientras que la segunda abarca a casi todas las células del sistema defensivo innato. En cuanto a la función primordial, las células linfoides estarían implicadas en mantener la homeostasis intercelular, esto es, el equilibrio dinámico entre las distintas poblaciones celulares de un animal vertebrado, mediante la discriminación entre lo propio y lo ajeno. Así, los linfocitos del sistema inmunitario adaptativo reconocen con sus receptores específicos las moléculas que caracterizan las células del organismo que forman un auténtico ecosistema en él: las propias —del orden de algunas decenas de billones—, las foráneas —algún orden de magnitud mayor— y las propias alteradas por una infección intracelular o su transformación tumoral.

Con la adquisición de la membrana plasmática —junto a los sistemas implicados en el metabolismo y la replicación— surge la célula como unidad de vida, y con su individualidad se diferencian dos medios: el externo, que rodea al organismo, y el interno, definidor de lo propio. Todos los seres vivos tienen un medio interno, diferenciado del entorno, cuyas características y componentes deben mantener mediante un equilibrio dinámico con el exterior. Desde el origen de la vida, y a lo largo de una evolución sin propósito, se han seleccionado muchos procesos y estructuras que han resultado convenientes para el mantenimiento de los seres vivos frente a los cambios ambientales, entre otros, podemos considerar los defensivos y los homeostáticos. En general, los primeros se agrupan en torno a mecanismos inespecíficos establecidos hacia el exterior del organismo: bien de tipo físico (barreras), químico (secreciones) o incluso biológico (microbiota propia de los epitelios). Por otra parte, denominamos homeostáticos a los procesos fisiológicos encaminados al mantenimiento de la constancia del medio interno frente al estrés ambiental mediante un equilibrio dinámico con el entorno. Así, tanto en las células como en los individuos pluricelulares, existen mecanismos de respuesta frente a estos cambios. En las primeras, por ejemplo, tenemos las proteínas de estrés o de choque térmico (HSP), que se ocupan de los desórdenes estructurales del resto de las proteínas ante determinadas situaciones intentando mantener la identidad molecular propia. En los animales vertebrados, los linfocitos del sistema inmunitario adaptativo se enfrentan a los desequilibrios invasivos del medio interno tanto de las células ajenas como de las propias enajenadas: tumores y células infectadas por parásitos intracelulares.

La discriminación entre lo propio y lo ajeno del sistema inmunitario adaptativo desmenuza la evolución de las proteínas

Durante una respuesta inmunitaria se adquiere memoria inmunológica a moléculas extrañas merced a la producción de anticuerpos específicos frente a estas que inducen su formación y, por ello, se denominan antígenos (literalmente, **gen**eradoras de **anti**cuerpos). Los anticuerpos son básicamente proteínas que reconocen con sus sitios de unión específicos o paratopos determinadas porciones de la superficie molecular de los antígenos, los denominados determinantes antigénicos o epítopos. Como una prueba más del carácter no proyectivo, carente de diseño teleológico de la evolución biológica, conviene resaltar que ni los anticuerpos ni los antígenos son benéficos o perjudiciales *per se* y, dependiendo de las circunstancias, ambos tipos moleculares pueden comportarse de una u otra forma: así, en las respuestas alérgicas frente a alimentos el sistema inmunitario nos produce un daño frente a antígenos que nos benefician. Igual ocurre en las transfusiones y trasplantes, e incluso llegamos al extremo en las enfermedades autoinmunes donde lo propio se toma por ajeno.

En cuanto a la naturaleza de los antígenos, podemos decir que los anticuerpos reconocen específicamente los epítopos de cualquier tipo de moléculas, pero el sistema inmunitario es aparentemente caprichoso y paradójicamente los linfocitos T no reconocen la superficie de las moléculas antigénicas. Así, mientras los receptores para el antígeno de los linfocitos o células B (BCR) —que son inmunoglobulinas o anticuerpos de membrana— pueden reconocer entre otros determinantes las zonas superficiales de proteínas inmunogénicas, los correspondientes de las células T (TCR) solo reconocen péptidos de esas moléculas (frecuentemente de su núcleo interior) presentados por proteínas del complejo principal de histocompatibilidad propio (MHC en sus siglas en inglés).

Una de las principales conclusiones que podemos sacar tanto de la respuesta T como de las características de los antígenos que reconoce, es que la genuina discriminación entre lo propio y lo ajeno recae en ella, y fundamentalmente en las proteínas del MHC. Pero quizá sea aún más importante que la naturaleza singular de lo propio sea proteica. Para obtener una auténtica respuesta inmunitaria adaptativa con especificidad y memoria, que implique a los linfocitos B y T, el antígeno tiene que ser al menos parcialmente una proteína. Estos antígenos se denominan timo-dependientes y son los más completos por activar a las células T, además de a las B. Se los denomina genéricamente inmunógenos por su capacidad para generar una respuesta completa, y distinguir así la inmunogenicidad de la antigenicidad o capacidad de unión de cada determinante o epítopo al correspondiente receptor antigénico. Así, cualquier molécula —grande, como un ácido nucleico, o pequeña como un grupo NO_2— posee antigenicidad y puede ser reconocida por anticuerpos específicos, pero por sí sola no es inmunogénica, para ello debe unirse a una proteína. Estas moléculas con antigenicidad, pero sin inmunogenicidad, se denominan haptenos. También es importante el desde hace tiempo conocido efecto portador (*carrier*), que subraya la naturaleza proteica de los inmunógenos, esto es, la necesaria unión del hapteno a la misma proteína portadora tanto en la primera como en la segunda inmunización con el hapteno para obtener memoria inmunológica frente a él. Esta peculiaridad se explica actualmente por la necesaria interacción entre los linfocitos colaboradores Th_2 y los B que reconocen el mismo antígeno.

La unicidad molecular de los individuos

Lo visto hasta el momento nos coloca ante un interesante misterio: ¿por qué las células T, que son el vórtice del sistema inmunitario, solo reconocen fragmentos de proteínas y, además, embutidos en una hendidura de las moléculas del MHC? Para responder a esta cuestión vamos a repasar brevemente algunas características de este complejo. En primer lugar, este grupo de genes es muy polimórfico, es decir, presentan muchos alelos diferentes en cualquier población, llegando a varios cientos para algunos de sus *loci*. Cualquier individuo hereda seis genes de cada progenitor: tres de clase I —con hasta seis alelos posibles— y otros tres de clase II — con seis a ocho alelos posibles, según los casos—, por lo que en heterocigosis total puede llegar a presentar de doce a catorce moléculas diferentes. Esto hace muy improbable que incluso dos miembros de la misma especie exhiban el mismo conjunto de proteínas de histocompatibilidad sobre sus células, lo que les proporciona una auténtica identidad molecular. De hecho, estas proteínas y sus correspondientes genes deben su nombre a que su descubrimiento estuvo relacionado con su implicación en el rechazo de injertos de tejidos, por lo que se les denominó antígenos de histocompatibilidad, ya que generaban la producción de anticuerpos en el receptor frente a las moléculas extrañas del donante. Pero, naturalmente, la evolución biológica no es teleológica y no iba a seleccionar unas proteínas tan complejas «pensando» en la llegada de una especie como la humana con un posible desarrollo cultural que permitiese el trasplante de tejidos y órganos. Evidentemente, las funciones del MHC tenían que ser otras. Así, se comprobó que esta unicidad molecular condiciona algunas características singulares de la respuesta inmunitaria individual, y también la propensión a padecer determinadas enfermedades. Estas proteínas actúan como receptores antigénicos en las denominadas células presentadoras de antígeno (APC), las cuales digieren proteínas a péptidos que se unen en el interior celular a las proteínas de histocompatibilidad; posteriormente, estas los exponen en la membrana plasmática al reconocimiento de los linfocitos T.

Los elementos proteicos y genéticos de este complejo se dividen tanto funcional como estructuralmente en dos grandes grupos denominados MHC de clase I y II. Las proteínas del MHC de la clase I están en todas las células nucleadas del organismo —por ejemplo, no aparecen en los eritrocitos humanos que son anucleados—, y presentan péptidos de proteínas de síntesis endógena a los linfocitos T citotóxicos — caracterizados por el marcador glucoproteico CD8—. Estos reconocerán los péptidos como propios (síntesis proteica normal) o como extraños —generalmente de proteínas víricas o procedentes de tumores— y actuarán en consecuencia.

Las proteínas del MHC de la clase II solo aparecen en las denominadas APC profesionales que capturan y procesan antígenos exógenos: células B, macrófagos, células reticuloepiteliales, células de Langerhans de la epidermis y de la mucosa bucal, células dendríticas, entre otras. Todas ellas los presentan a los linfocitos Th (helper), auxiliares o colaboradores, caracterizados por el marcador glucoproteico CD4.

Las proteínas de las dos clases del MHC presentan similitudes y diferencias tanto funcionales como estructurales. Ambos tipos muestran una conspicua hendidura exterior en la que se alojan los péptidos antigénicos. En el interior de ella se ubican la mayoría de los residuos variables —que caracterizan tanto el elevado número de alelos como el polimorfismo de estas moléculas— formando diferentes cavidades a las que se unen selectivamente determinados residuos de los péptidos, que así son distintos para un mismo antígeno procesado según sea la molécula de histocompatibilidad que los presente; es decir, cualquiera de ellas puede unir péptidos de muchas proteínas antigénicas, pero no todos los de un mismo antígeno. Además, en cada hendidura de la totalidad de moléculas disponibles solo cabe un péptido de los posibles, por lo que hay cierta competición por ese espacio. De esta manera, el polimorfismo del MHC se manifiesta en la singular topografía y polaridad del sitio de unión a péptido de sus proteínas, y en las consiguientes particularidades de los epítopos mixtos MHC propio-péptido que presentan a los linfocitos T, donde el mismo péptido adoptará diferentes conformaciones en función de la molécula que lo albergue. La necesidad de este doble reconocimiento para la activación de las células T fue descubierta en 1974 por R. M. Zinkernagel y P. C. Doherty, y recibió el nombre de restricción por el MHC. Este fenómeno es consecuencia directa del proceso de **aprendizaje** o **educación** tímica durante la selección en este órgano del repertorio linfocitario T. En relación con esto, también se vio que, a diferencia de lo que pasa con los anticuerpos y las células B, no se podía adquirir inmunidad de forma pasiva mediante transfusión de linfocitos T foráneos específicos para un determinado patógeno, ya que estos no reconocían el MHC del individuo receptor. Aprovecho este fenómeno diferencial de la adquisición de inmunidad por transfusión para relacionarlo con las experiencias de Francis Galton —el primo de Darwin— en el intento de refutación de la teoría de la pangénesis del padre de la teoría de la evolución por selección natural. Como es bien sabido, Galton realizó transfusiones sanguíneas entre diferentes razas de conejos para comprobar la posible transmisión de caracteres por la sangre. La inmunología ha demostrado, respecto a la transmisión del estado de inmunidad, que estas experiencias hubiesen dado un resultado positivo con la respuesta humoral —anticuerpos de los linfocitos B— y otro negativo con la celular (linfocitos T) debido a la restricción por el MHC. Esto debe hacernos reflexionar sobre la necesidad de elegir bien el diseño experimental para comprobar o refutar una hipótesis.

El número de determinantes antigénicos superficiales en las proteínas globulares es muy alto y potencialmente puede alcanzar cifras astronómicas con las posibles combinaciones con haptenos como glúcidos, lípidos y ácidos nucleicos. Esto hace que el número de anticuerpos diferentes frente a ellos, que puede producir un ser humano mediante sofisticados mecanismos genéticos, sea del orden de cien a mil millones. Con algunas particularidades, el número de receptores para el antígeno de las células T (TCR) también es potencialmente enorme. Pero el cuello de botella en el reconocimiento antigénico está en las proteínas del MHC: catorce como máximo por individuo para todo el universo antigénico. ¿Qué misterio encierra esta paradójica desproporción? Para abordar esta aparente contradicción, vamos a repasar algunas características de la evolución de las proteínas, intentando diferenciar cuáles de ellas reconoce cada tipo de receptor: MHC, TCR y BCR.

Características de la evolución proteica

Desde la perspectiva proteocéntrica que propongo en este libro, hemos destacado en varias ocasiones la mayor o menor plasticidad adaptativa pregenética de muchas proteínas frente a sus medios moleculares —tanto intracelulares como intercelulares—, presente tanto en la filogenia como en la ontogenia y fisiología, desde el origen de la vida a lo largo de la evolución biológica. Así, por ejemplo, en el funcionamiento celular, se pone de manifiesto en procesos de adaptación a variaciones del entorno que implican la transducción de señales hacia el interior. En la fisiología animal, se puede observar en los múltiples sistemas y aparatos que integran el organismo; pero, como ya hemos visto, quizá el sistema que ilustre mejor la exaltación de la plasticidad proteica adaptativa es el inmunitario, aun teniendo en cuenta que es el resultado de un alto grado de especialización.

Así, volviendo a la paradoja planteada anteriormente en el reconocimiento antigénico diferencial de los linfocitos B y T, tenemos que intentar resolverla recreando cómo pudo seleccionarse, en la etapa prebiótica, el juego entre dos tipos de naturaleza molecular pertenecientes a los polipéptidos proteinoides que se formaron al azar en la sopa primordial, a saber: las estructuras que son predominantemente hidrofílicas y las que son hidrofóbicas. Las primeras suelen presentar un mayor grado de desorden estructural y, por consiguiente, de capacidad de unión por ajuste inducido a diferentes ligandos moleculares. Por su parte, las segundas son más compactas y, con su capacidad para empaquetarse con otras estructuras proteicas, pueden inducir cierto grado de orden, llegando incluso en algunos casos hasta poder propagar sus conformaciones. Así, las estructuras hidrofílicas, más desordenadas y plásticas, pueden adquirir más o menos orden bajo la acción de otras hidrofóbicas más compactas, bien de la propia molécula o de otra. En general, como caso intermedio, una proteína globular tipo presenta la mayoría de los residuos hidrofílicos en su superficie, mientras que los hidrofóbicos constituyen su núcleo o *core* interior.

Es interesante comparar, como vimos en el capítulo 3, la analogía de estas características de la evolución proteica con las ideas de Cuvier acerca de los grandes tipos que él distinguía en el reino animal, donde hace una jerarquía entre los órganos más o menos esenciales y —al igual que ocurre con las proteínas— sitúa la esencia funcional de los animales en el interior y la variabilidad de la plasticidad somática adaptativa en el exterior. Como acabamos de comentar, las proteínas también presentan un núcleo hidrofóbico ordenado (*core*) que le da estabilidad —característico del tipo general de proteína como, por ejemplo, el dominio de la superfamilia de las inmunoglobulinas—, y una variabilidad de interacciones, más o menos específicas y con distintos grados de afinidad —como ocurre con cada anticuerpo—, en función de su plasticidad conformacional exterior ante diferentes ligandos. Así, según sea el grado de plasticidad externa, las uniones de una proteína con su ligando pueden ir del ajuste inducido en las más plásticas —donde el sitio de unión, más o menos desestructurado, de la proteína se puede adaptar a un ligando entre varios distintos como una mano a un objeto—, a las de tipo llave-cerradura en las más estructuradas donde, como indica expresivamente esta denominación, la especificidad es única. La pregunta es: ¿cuándo aparecen y cómo evolucionan —en la filogenia, en la ontogenia y en la fisiología— los dos tipos de especificidad de unión de las proteínas? Como ya hemos visto, en este modelo proteocéntrico se propone que las proteínas pudieron evolucionar en dos grandes etapas:

- Una primera etapa, pregenética, de evolución prebiótica conformacional donde. a partir de secuencias polipeptídicas formadas al azar. se produce la selección de un número corto de conformaciones (módulos estructurales proteicos), que son los que actualmente encontramos en todas las proteínas (DIBE).
- Una segunda etapa donde la información conformacional sigue siendo prioritaria, pero permitiendo una dimensión de evolución secuencial coherente. En esta etapa, a partir de polipéptidos ya codificados genéticamente —y utilizan-

do los mecanismos de generación de diversidad desplegados en la evolución biológica—, se va acumulando una enorme variabilidad en las secuencias de las proteínas, pero siempre condicionada por la continuidad de las conformaciones seleccionadas durante la etapa anterior.

Hay indicios para pensar que la continuidad de información conformacional pregenética se ha mantenido y se mantiene en la filogenia, en la ontogenia y en la fisiología celular. Debemos recordar la posibilidad de que, antes de pasar a la etapa biótica con el establecimiento del código genético, las interacciones conformacionales de las etapas previas pudieran seleccionar tanto polipéptidos más o menos desordenados como péptidos más pequeños.

Por su parte, en la etapa genética, la exigencia de mantener la coherencia entre los cambios en la secuencia de aminoácidos y las restricciones funcionales y estructurales de las proteínas fijadas a lo largo de su evolución propició mecanismos de variabilidad genética respetuosos con estas restricciones como, por ejemplo, la hipermutación somática enzimática durante la formación de anticuerpos específicos.

El puzle conformacional de la presentación antigénica

Acabamos de considerar cómo en el proceso selectivo prebiótico se pudieron organizar los módulos esenciales (DIBE) —tanto en las secuencias desordenadas largas como en las más cortas— que interaccionarían entre sí formando complejos puzles proteicos de miniestructuras cuaternarias, tal como vimos en la introducción y en el capítulo 8. Estas pequeñas piezas, anteriores a cadenas más extensas formadas genéticamente, podrían estar representadas en la función de reconocimiento antigénico de los linfocitos T a través de la interacción específica entre su receptor (TCR) y el complejo formado por la proteína del complejo principal de histocompatibilidad (MHC) y el péptido antigénico (Ogayar, A. 1991). En este artículo, se propone que en el proceso de formación del complejo pudiera ocurrir algo semejante a lo que pasa durante el plegamiento de las proteínas, donde se forma un intermediario globular compacto, conocido como **glóbulo fundido** (*molten globule*), caracterizado por presentar una considerable proporción de estructura secundaria y un núcleo hidrofóbico fluctuante expuesto al agua. Así, se razonaba que de la misma manera que el paso del glóbulo fundido a la estructura de plegamiento final exige la estabilización de la estructura globular mediante el empaquetamiento de los residuos hidrofóbicos, un proceso similar pudiera tener lugar durante la interacción de los péptidos antigénicos con las proteínas de histocompatibilidad. Así pues, la estructura básica del sitio de unión de las proteínas del MHC —sin tener en cuenta las variables polimórficas— podría constituir la pieza maestra del puzle conformacional que forman las pocas geometrías básicas de empaquetamiento estable de hélices α y láminas β en el plegamiento de las proteínas. Dentro de la lógica de que la presentación antigénica actual es una función más sofisticada que deriva de otra más elemental, el polimorfismo se habría ido seleccionando en relación con los puntos de anclaje de los péptidos. Es posible que la funcionalidad primitiva pudiese estar entroncada *sensu lato* con la homeostasis intracelular, y más concretamente con algún tipo de control de la producción y funcionalidad de las proteínas. En esta lógica, el procesamiento del antígeno implicaría un tipo de examen de este, que pudiera estar relacionado con aspectos más conformacionales de los módulos estructurales básicos de las proteínas seleccionados en las etapas prebióticas (DIBE). La presentación posterior de péptidos por las proteínas del MHC ya incluye algunas especificidades secuenciales de los primeros que influyen evolutivamente en el gran polimorfismo de las segundas, seleccionado este en una proyección ya claramente inmunitaria. Así, en las moléculas de la clase I, más centradas en la discriminación entre lo propio y lo ajeno, pero todas las proteínas de síntesis intracelular, se ve la transición entre cierta selección conformacional general de los péptidos y las especificidades de la variabilidad secuencial. En las de la clase II, más abiertas a la presentación de lo externo fagocitado, se nota más la especialización inmunitaria con una ampliación de la selección secuencial.

Tanto en las proteínas de clase I como en las de clase II, los dos dominios pareados situados en la proximidad de la membrana son semejantes a los de las inmunoglobulinas. Por el contrario, los dos dominios distales son los que forman un conspicuo surco o hendidura alargada que alberga los péptidos antigénicos. Como ya hemos señalado, el polimorfismo del MHC se sitúa en este lugar y, por lo tanto, interviene en la selección y presentación del antígeno. A su vez, el epítopo mixto formado entre MHC y péptido determina la selección del repertorio específico de receptores antigénicos de las células T (TCR). En este sentido, es interesante señalar que en la interacción estos se sitúan sobre su epítopo manteniendo una misma orientación básica: parte de sus regiones determinantes de la complementariedad (CDR de $V\alpha$ y $V\beta$) 1 y 2 reconocen las crestas de la hendidura del MHC —que es la zona hidrofílica donde se concentra mayoritariamente su potencial electrostático— y los extremos amino (en $V\alpha$) y carboxilo del péptido (en $V\beta$), mientras que las CDR 3 de los dominios $V\alpha$ y $V\beta$ contactan directamente con el centro del mismo. En consonancia, estas regiones hipervariables (CDR 3) acumulan la diversidad principal del TCR.

En la unión del receptor de células T a su epítopo mixto se produce un cierto cambio conformacional o ajuste inducido, fundamentalmente en el lazo CDR3 de $V\alpha$. Gracias a esta flexibilidad, los TCR pueden reconocer ligandos que presenten pequeñas diferencias mediante cambios en sus conformaciones.

Las moléculas del MHC presentan un sitio de unión con afinidad alta, pero con capacidad para unirse específicamente a una amplia variedad de péptidos diferentes. La incorporación de cualquiera de los idóneos a la hendidura de una proteína de histocompatibilidad es absolutamente necesaria para la estabilidad del complejo. Así, el péptido es un integrante fundamental de su estructura, y en las de clase I presenta una conformación alargada que se une estrechamente por sus extremos a los bordes de la ranura. Por el contrario, esta no está cerrada en las moléculas de clase II, y los péptidos, también en conformación alargada, sobresalen de ella. Esto hace que muestren mayor heterogeneidad en sus extremos amino y carboxilo terminales, aunque también son fundamentales para la estabilidad de estas proteínas.

Los péptidos presentados por el MHC I tienen de 8 a 10 aminoácidos y se anclan principalmente por sus terminales carboxilo y amino a sitios invariables de los extremos de la hendidura, determinando así tanto la longitud como la estabilidad de la unión. Las variaciones en el número de residuos parecen resolverse mediante acodamientos del esqueleto peptídico. Todo esto, junto con otros anclajes secundarios en diferentes posiciones de la ranura que caracterizan las versiones polimórficas del MHC, contribuye a la variabilidad conformacional del epítopo mixto que se presenta a los TCR. Así, el polimorfismo del MHC se refleja en la unión preferente de cada tipo de sus proteínas a un conjunto de péptidos caracterizados por tener los mismos, o muy similares, residuos en dos o tres posiciones determinadas de sus secuencias. Las cadenas laterales de estos se anclan en las diferentes oquedades formadas por los aminoácidos polimórficos de la hendidura. En muchos casos, los residuos de anclaje del péptido son aromáticos, como la fenilalanina y la tirosina; y también hidrófobos, como la valina, la leucina y la isoleucina. En cuanto a la naturaleza de las interacciones de anclaje principales, un grupo de tirosinas (Tyr) común en todas las moléculas de clase I forma puentes de hidrógeno con el grupo amino terminal del péptido, mientras que otra agrupación de residuos forma el mismo tipo de enlace e interacciones iónicas con el esqueleto del extremo carboxilo y con este grupo.

La longitud de los péptidos presentados por las moléculas de clase II no está limitada por el cierre de la hendidura, con trece o más residuos en conformación extendida que suelen sobresalir por sus bordes terminales; esto también es debido a la ausencia de agrupaciones de residuos conservados en el sitio de unión de estas proteínas donde se anclen los extremos amino y carboxilo del antígeno procesado. Solo los aminoácidos polimórficos de la ranura originan cavidades donde se introducen algunas cadenas laterales del péptido. También son importantes las interacciones del esqueleto de este con residuos conservados en la hendidura de todas las moléculas de clase II.

Los péptidos que se unen a las proteínas MHC de clase I proceden de proteínas sintetizadas y digeridas en el citosol, como las de los virus; por su parte, los presentados por las moléculas de clase II proceden de proteínas de patógenos exógenos degradadas en vesículas producidas por la fagocitosis de estos. Algunos de estos péptidos de origen exógeno pueden unirse a las MHC I —en lo que se conoce como presentación cruzada— cuando, tras la fagocitosis de antígenos víricos por las células dendríticas, los productos de degradación son llevados al citosol. Así se produce la activación inicial de los CTL por estas.

Las proteínas implicadas en el procesamiento y presentación antigénica —la degradación de proteínas a péptidos, la unión de estos a las moléculas del MHC y la movilización de estos complejos hacia la membrana plasmática— están codificados por genes situados en el complejo principal de histocompatibilidad junto a los de las proteínas presentadoras de las clases I y II. Debemos considerar la posibilidad de que todas estas moléculas estén relacionadas evolutivamente, derivando las polimórficas inmunitarias de otras relacionadas con funciones más generales. Hemos visto que la enorme variabilidad secuencial de los distintos alelos se concentra en la hendidura de unión a péptido y en regiones superficiales de esta expuestas al contacto con el receptor de la célula T (TCR). Esta gran generación de diversidad se consigue mediante mecanismos genéticos que implicaron la duplicación de un gen ancestral y su posterior divergencia por medio de mutaciones puntuales, como las sustituciones, y, sobre todo, por conversión génica. Así, el polimorfismo de las moléculas del MHC influye en la interacción directa entre MHC y TCR, en su implicación en la selección tímica del repertorio de células T tolerantes con lo propio y en la selección de péptidos que une y la conformación final del epítopo mixto MHC-péptido. Esta especialización extrema parece el indudable resultado de la selección natural en la respuesta inmunitaria a los patógenos, pero también puede inscribirse en una función más general de carácter homeostático: el mantenimiento de la individualidad, de la unicidad, la definición de lo propio. En este sentido, igualmente podemos plantearnos: ¿cuál es la función ancestral de la que derivan estas otras más evolucionadas? Para intentar responder a esta pregunta debemos mirar a las proteínas implicadas en el procesamiento del antígeno.

Los péptidos presentados por las moléculas MHC de clase I proceden de proteínas degradadas en el citosol, en un proceso que podríamos considerar de control homeostático de calidad de la producción proteica. Del total de esta, alrededor de un 30 % presenta algún defecto de plegamiento, son los denominados productos ribosomales defectuosos (DRiP). Estos son reconocidos y marcados por ubiquitina para su posterior degradación en el proteasoma. Los productos de esta proteasa multicatalítica se transportan al retículo endoplásmico mediante una proteína de unión al ATP denominada TAP y posteriormente se unen a las moléculas de clase I. La unión de los péptidos —al parecer, mediante un mecanismo de ajuste conformacional— es fundamental para el correcto plegamiento de estas proteínas presentadoras de antígenos, de forma que estos constituyen una parte integral de ellas.

Además de proteínas citosólicas normales, el proteasoma degrada otros productos de síntesis intracelular como los virus, que así serán detectados y eliminados por linfocitos T citolíticos. También puede degradar proteínas que le llegan mediante vesículas endocíticas, por transporte retrógrado, en células como las dendríticas cuando fagocitan células muertas como resultado de una infección vírica. Este proceso favorece el fenómeno de presentación cruzada, anteriormente comentado, que es muy importante para la activación eficaz de los linfocitos T citolíticos.

El proteasoma es un complejo proteasa multicatalítico que forma un gran cilindro hueco de 28 subunidades distribuidas por igual en cuatro anillos apilados. Las proteínas sometidas al proceso de degradación enzimática entran previamente desnaturalizadas en su interior. En el caso del procesamiento y presentación antigénica, algunos de sus componentes, constitutivos en todas las células, son sustituidos por otros que se expresan por el estímulo de interferones producidos como respuesta a una infección vírica. Se forma así el inmunoproteasoma, donde algunas subunidades inducibles, como LMP2 y LMP7, están codificadas en el MHC cerca de las proteínas transportadoras TAP1 y TAP2, y de las moléculas de clase I. Así pues, parece que el MHC agrupa moléculas que han coevolucionado en la degradación, transporte y presentación de péptidos que proceden de proteínas citosólicas. El proteasoma inmunitario manifiesta cambios en su especificidad enzimática: se producen péptidos con residuos carboxilo terminales hidrófobos (leucina, isoleucina, valina, tirosina o metionina) o básicos (lisina o arginina). En el extremo amino terminal, el inmunoproteasoma es menos exigente —aunque evita la presencia de prolina en sus primeros tres residuos— y los péptidos más largos son recortados por aminopeptidasas hasta alcanzar 8 o 9 aminoácidos y con los residuos de anclaje apropiados. En resumen, las subunidades inducibles por interferones aumentan la expresión en la membrana plasmática de proteínas de la clase I y una presentación antigénica eficaz mediante el suministro de mayores cantidades de péptidos adecuados —fundamentalmente en su extremo C-terminal y otros residuos de anclaje— y la consiguiente producción de epítopos inmunodominantes.

Las proteínas TAP 1 y 2 —transportadores asociados al procesamiento antigénico— son específicas en el proceso de presentación antigénica y actúan llevando los péptidos producidos por el proteasoma desde el citosol a la luz de retículo endoplásmico para su unión con las moléculas MHC I. Estos transportadores presentan alguna especificidad por los péptidos que acarrean; de hecho, prefieren los que exhiben las mismas características secuenciales que las coseleccionadas por la producción del proteasoma y por la presentación antigénica del MHC I. No obstante, los genes LMP y TAP son muy polimórficos, dando como resultado que presenten diferentes epítopos del mismo antígeno en individuos diferentes. Pero también el polimorfismo del MHC juega, como ya hemos visto, un importante papel en la selección de péptidos presentados a las células T, llegando a rechazar muchos de los péptidos transportados por TAP. Durante todo el proceso de formación, transporte y unión final de los péptidos a sus receptores MHC, intervienen numerosas proteínas con función de proteínas acompañantes o chaperones celulares, como la que protege a los péptidos formados en el proteasoma de la degradación completa antes de ser transportados al interior del retículo endoplásmico. En este lugar, las moléculas MHC de clase I esperan a ser cargadas con ellos. Para el correcto plegamiento y ensamblaje de estas, previamente se deben dar varios pasos mediados por la interacción con chaperones: en el primero, la cadena α forma un complejo con la microglobulina β_2; y en el segundo, este recibe el péptido. En humanos, las cadenas α recién sintetizadas se unen al chaperón calnexina, que también participa en el ensamblaje de otros receptores antigénicos. Este las mantiene parcialmente plegadas en el interior del retículo hasta que la microglobulina β_2 se une a ellas. En este momento, la calnexina se libera y las moléculas de clase I α-β_2, todavía parcialmente plegadas, se unen a un grupo de proteínas denominado complejo de carga de MHC de clase I. Entre estas figuran chaperones como Erp 57 y la calreticulina, y una proteína relacionada con TAP que forma parte del MHC, la tapasina. Esta, junta el transportador de péptidos TAP con las moléculas de clase I de forma que se unan a los adecuados, completen su plegamiento y puedan migrar con ellos a la membrana celular para su presentación. Estos tres chaperones se unen a varias glucoproteínas durante su ensamblaje en el retículo endoplásmico, por lo que se considera que su función puede estar relacionada con el control de calidad general de la célula.

Algunos virus producen proteínas denominadas inmunoevasinas —por facilitar el escape de la acción del sistema inmunitario— que evitan la expresión de las moléculas del MHC de clase I en la membrana celular, interfiriendo en alguno de los pasos del procesamiento y presentación antigénica. Debo insistir en que no hay inteligencia ni en la acción de los virus ni en la del sistema inmunitario. La coherencia entre ambas —que presenta una apariencia de estrategias enfrentadas— la proporciona la selección natural.

Por su parte, los péptidos presentados por las moléculas del MHC de clase II pertenecen a proteínas que proceden de diversas fuentes exógenas: antígenos internados por células dendríticas o por los linfocitos B a través de sus receptores inmunoglobulínicos, o de patógenos fagocitados por macrófagos. Una vez sintetizadas en el retículo endoplásmico, las moléculas de clase II se unen por su hendidura de unión a péptidos a la cadena invariable (Ii), bloqueando así cualquier otra posible unión. Esta proteína invariable las acompaña hasta una vesícula endosómica ácida con proteasas donde se digieren las proteínas antigénicas. Allí, con el concurso de HLA-DM —una molécula parecida a las del MHC-II, que cataliza la carga de los péptidos resultantes de la digestión— se cambia la Ii por estos. Las células que presentan antígenos (APC) a través del MHC de clase II son reconocidas por linfocitos T auxiliares o colaboradores (Th), portadores de la glucoproteína CD4. Como ya hemos visto, algunos subtipos colaboran en la activación de células B, linfocitos T citolíticos o macrófagos con dificultades para acabar con las bacterias intracelulares que han fagocitado.

Como vimos con el fenómeno de presentación cruzada de péptidos de proteínas exógenas por moléculas MHC de clase I, también las de clase II presentan algunas proteínas citosólicas, como la actina y la ubiquitina, seguramente mediante el proceso de recambio proteico general conocido como autofagia. En alguna de las vías por las que proteínas y orgánulos del citosol se transportan a los lisosomas para su degradación intervienen proteínas de choque térmico.

Inmediatamente después de su biosíntesis, las moléculas MHC de la clase II pasan a la luz del retículo endoplásmico, y conviene evitar la interacción de su hendidura con otras moléculas como péptidos y polipéptidos parcialmente plegados que abundan allí. Esto se logra mediante la formación de un complejo ensamblaje entre varias moléculas de clase II con una proteína trimérica conocida como cadena invariable (Ii). Cada subunidad de Ii se une de forma no covalente a una molécula MHC de clase II, de manera que parte de su cadena polipeptídica descansa en el surco de esta, evitando cualquier otra posible interacción. En este proceso de ensamblaje interviene el chaperón calnexina. La misma cadena invariable actúa también como un chaperón que, además de evitar interacciones indeseadas de las moléculas de clase II, las dirige hacia un compartimento endosómico de pH ácido donde se produce la carga de péptidos. Allí, la cadena Ii se digiere de forma seriada por la acción de proteasas ácidas como la catepsina S. Después de varias divisiones, solo queda un pequeño fragmento de la Ii unido a la hendidura del MHC, el denominado CLIP (péptido de cadena invariable asociado a clase II), que sigue evitando la interacción de estas proteínas de histocompatibilidad con otros péptidos. Posteriormente, CLIP se disocia tras la intervención de la molécula HLA-DM, y estos pueden unirse al surco ya libre en un compartimento endosómico especializado denominado MIIC (compartimento del MHC de clase II). Esto permite que las proteínas del MHC puedan presentar el antígeno en la membrana celular. Los genes de HLA-DM (H-2M en ratones) se encuentran en la región del MHC de clase II próximos a los de TAP y LMP. Pero, aunque sus cadenas α y β son muy semejantes a las de las moléculas de clase II, su surco está cerrado y no presenta péptidos; tampoco se expresa en la superficie de la célula y se ubica preferentemente en el compartimento MIIC actuando como un chaperón molecular. Allí, tras facilitar la liberación de CLIP, se une a las proteínas de clase II vacías logrando así tanto su estabilidad como que no se agreguen entre ellas. Además de la salida de CLIP de la hendidura, también cataliza la unión de otros péptidos antigénicos a esta, garantizando la estabilidad del complejo: HLA-DM se une permanentemente a él y elimina los péptidos mal engarzados al surco cambiándolos por otros.

Aunque aquí no se han mostrado en toda su complejidad, estas rutas de interacciones proteicas, relacionadas con el procesamiento y presentación de los antígenos, nos permiten adelantar algunas reflexiones sobre la evolución biológica en general y la de las proteínas en particular.

El sistema inmunitario como modelo de evolución adaptativa

En primer lugar, como marco general de la teoría de la evolución por selección natural, conviene recalcar el planteamiento contingente de esta, tal como la concibió Charles Darwin, en contraposición a la visión teleológica de otros planteamientos evolutivos: no puede haber proyecto ni propósito alguno en la evolución. Sin embargo, en los procesos inmunológicos analizados, frecuentemente tenemos delante el problema de cómo surgen estas complejas funciones, y se plantea la cuestión: ¿diseño ideal o chapuza? Si, de acuerdo con J. Monod, abordamos este problema desde un punto de vista riguroso, ateniéndonos al postulado de objetividad, que constituye la base del método científico, «la naturaleza es objetiva y no proyectiva». Entonces, debemos descartar cualquier tipo de diseñador y de diseño ideal: no hay inteligencia en las acciones de los virus ni en las del sistema inmunitario, la coherencia entre ellas —que presenta una apariencia de estrategias enfrentadas— la proporciona la selección natural. El padre de la teoría de la evolución por selección natural vio claramente que los seres vivos eran capaces de adaptarse frente a los cambios ambientales; esto es, de modificar sus funciones y estructuras previas para desarrollar otras nuevas. Este razonamiento de

Darwin se ha hecho relativamente popular con los términos utilizados por F. Jacob de chapuza o bricolaje evolutivo.

En la naturaleza, como en un naufragio, es suficiente con un tablón para mantenerse a flote, no interviene ningún ingeniero que diseñe en ese momento cualquier tipo de sofisticada embarcación. Así, en la evolución biológica se van salvando las contingencias —sean estas un mero chaparrón o un terrible naufragio— utilizando lo que los seres vivos tienen más a mano, esto es con chapuzas mejor o peor ajustadas a la resolución del problema. Cualquiera de ellas valdrá si estos consiguen reproducirse. Podemos decir que la evolución es la historia de la concatenación de chapuzas sin propósito, y estas permanecen encadenadas tanto en la filogenia como en la ontogenia, aunque ya no se utilicen y sean vestigios del pasado: alas de aves no voladoras, el coxis humano como vestigio de la cola de los primates, arcos branquiales durante el desarrollo embrionario de los cordados, entre otros.

Respecto al origen y la evolución de las proteínas, en el sistema inmunitario específico de los vertebrados hemos visto una amplia exhibición de plasticidad proteica adaptativa como la que se postula en este libro para el despliegue de los procesos vitales y su posterior evolución. La paradoja del reconocimiento diferencial de los antígenos proteicos por los linfocitos B y T parece recoger la selección prebiótica de estructuras hidrofílicas, más o menos desordenadas —implicadas en la interacción con el medio molecular—, e hidrofóbicas, implicadas en los estados de plegamiento y empaquetamiento de las proteínas. Así, las células T —que a través de sus TCR reconocen el epítopo mixto MHC-péptido antigénico— atenderían preferentemente a las estructuras hidrofóbicas de los módulos estructurales seleccionados principalmente por sus conformaciones. Por su parte, los linfocitos B —que a través de sus BCR reconocen las superficies hidrofílicas de las proteínas globulares— controlarían las variantes de diversidad genética secuencial generadas sobre los módulos estructurales básicos (DIBE).

En esta lógica, la presentación antigénica a los linfocitos T enlazaría con características moleculares propias del origen prebiótico y la evolución posterior de las proteínas. Así, en las etapas pregenéticas, la selección funcional de péptidos y polipéptidos se efectuaría mediante la formación de complejos puzles proteicos de miniestructuras cuaternarias que pudieran estar actualmente representados en la unión MHC-péptido del sistema inmunitario. De hecho, la formación del complejo parece asemejarse al proceso de plegamiento de las proteínas donde se forma un intermediario globular compacto, glóbulo fundido o *molten globule*, caracterizado por presentar una considerable proporción de estructura secundaria y un núcleo hidrofóbico fluctuante expuesto al agua. Esta, contribuye al empaquetamiento de los residuos hidrofóbicos y a la estabilización de la estructura globular. Como expuse anteriormente, la estructura básica del sitio de unión de las proteínas del MHC podría constituir la pieza maestra del puzle conformacional que forman las pocas geometrías básicas de empaquetamiento estable de hélices α y láminas β en el plegamiento de las proteínas. En este sentido, ya hemos visto que el correcto encaje del péptido es fundamental para la estabilidad estructural de los complejos proteicos tanto en las moléculas del MHC como con las implicadas en la dinámica conformacional del proceso de digestión y transporte antigénico.

Además, esta hipótesis se ve reforzada por la acumulación de nuevos datos relacionados con la naturaleza dinámica de las proteínas parcial o totalmente desordenadas. Así, las IDP reconocen a su ligando en un proceso de coplegamiento o plegamiento sinérgico, que presentaría una analogía estructural con los intermediarios de plegamiento de las proteínas globulares, que van desde el estado desplegado de ovillo al azar al plegamiento globular, pasando por el glóbulo prefundido y fundido (*molten globule*).

Por otra parte, este reconocimiento y discriminación intercelular de lo propio y lo ajeno, característica del sistema inmunitario, es una función más moderna y sofisticada que deriva de otra más elemental quizá entroncada *sensu lato* con la homeostasis intracelular, y más concretamente con algún tipo de control de la producción y funcionalidad de las proteínas como, por ejemplo, la llevada a cabo por las proteínas de estrés o de choque térmico. En este sentido, en 1991 propuse también que estas proteínas pudieran ser los ancestros evolutivos de los receptores antigénicos, y más directamente de las moléculas del MHC. La gran especialización del sistema inmunitario parece el indudable resultado de la selección natural en la respuesta a los patógenos, pero también puede inscribirse en una función más general de carácter homeostático: el mantenimiento de la individualidad, es decir, de la unicidad y la definición de lo propio.

Acabamos de ver que el sistema inmunitario parece estar relacionado con la evolución de las proteínas; no en vano, la rama específica de este se denomina adaptativa, por lo que puede ser considerado un modelo de adaptación rápida capaz de producir, en tiempo real, anticuerpos específicos frente a todo el universo antigénico, incluso frente a moléculas de síntesis que nunca se han dado en la naturaleza. Así, utilizando los procesos generadores de diversidad en las inmunoglobulinas características de los linfocitos B, podemos llegar a producir los denominados anticuerpos catalíticos, donde —inmunizando con un análogo estable del estado de transición de un determinado sustrato— un anticuerpo monoclonal se puede convertir en una enzima específica.

El sistema inmunitario produce una gran diversidad —mediante mecanismos somáticos de recombinación genética (descubiertos por el grupo de S. Tonegawa en 1976) e hipermutación dirigida— que le permite reconocer específicamente todo el universo molecular merced a la generación de un repertorio de alrededor de mil millones de anticuerpos distintos. Existen cuatro mecanismos básicos de generación de diversidad para los anticuerpos en los linfocitos B. Los tres primeros se producen en el contexto de la recombinación somática, y sirven para construir las regiones variables de las inmunoglobulinas, aumentando la diversidad fundamentalmente de la CDR3, que es la región hipervariable del sitio de unión al antígeno que más contacto presenta con este. El cuarto, la hipermutación somática, actúa posteriormente durante la respuesta secundaria, solo sobre el ADN ya reordenado, introduciendo mutaciones puntuales —en determinados «puntos calientes»— que afectan a las tres CDR, modificando así la afinidad de las inmunoglobulinas. La generación de diversidad en los TCR excluye este mecanismo, al parecer porque la selección del repertorio de linfocitos T está dirigida al péptido antigénico, que interacciona preferentemente con los lazos de las regiones CDR3. Las modificaciones posteriores de CDR 1 y 2 podrían aumentar la afinidad por el MHC propio, independientemente de que el péptido fuese propio o ajeno, y producir una reacción autoinmune.

Tanto en los linfocitos B como en los T se produce la reordenación somática al azar de unos cientos de fragmentos génicos o minigenes, denominados V, D y J, que son parecidos en todos los *loci* de sus receptores antigénicos. Estos codifican la formación de las tres regiones hipervariables de los dominios V de los BCR y TCR. Este proceso de recombinación V(D)J está dirigido por las proteínas recombinasas específicas de linfocitos RAG-1 y RAG-2, junto con otras enzimas, como las modificadoras de ADN ubicuas y la desoxinucleotidiltransferasa terminal (TdT). Además, los genes de las inmunoglobulinas, reordenados por recombinación somática de sus minigenes, pueden aumentar su diversidad merced a mecanismos dependientes de procesos de recombinación y reparación del ADN impulsados por la enzima desaminasa de citidina inducida por activación (AID) como la hipermutación somática, la conversión génica y el cambio de clase.

En resumen, y centrándonos en los BCR y en los anticuerpos solubles relacionados con cada linfocito B, la recombinación somática comprende tres mecanismos de generación de diversidad: el reordenamiento de los fragmentos génicos V, D y J, el emparejamiento al azar de las cadenas pesada y ligera, y también la imprecisión en la unión de los minigenes. Por otra parte, el mecanismo de hipermutación somática actúa sobre las regiones V_L y V_H del ADN ya reordenado introduciendo mutaciones puntuales que modifican la afinidad y en algunos casos la especificidad de los anticuerpos. Este proceso es adaptativo y ocurre principalmente durante la respuesta secundaria de forma paralela al cambio de IgM a IgG u otros isotipos. El antígeno selecciona al modo darwiniano los clones de células B que, tras este proceso, presenten Igs con mayor afinidad hacia él. Este proceso de maduración de la afinidad, que implica al isotipo IgG, constituye un genuino proceso adaptativo durante la respuesta secundaria al antígeno.

Tanto las enzimas como los anticuerpos realizan su función de forma similar: se unen de forma específica a sus ligandos mediante el mismo tipo de interacciones débiles, y a través de cavidades que presentan una complementariedad, espacial y de cargas, que propicia la interacción. La intensidad de la unión, o afinidad, depende de esta complementariedad. Así pues, en el caso de los anticuerpos catalíticos, la hipermutación somática producida durante la segunda inmunización mejora notablemente la eficacia de estos, ya que la molécula madura resultante presenta una afinidad de unión por el antígeno 30 000 veces mayor que la inmadura. Además, mientras que el anticuerpo inmaduro sufre un notable cambio conformacional al unirse al antígeno —ajustándose al mecanismo de encaje inducido—, por el contrario, el maduro no experimenta cambio apreciable alguno, realizando un mecanismo del tipo llave-cerradura.

En el análisis estructural de los anticuerpos catalíticos obtenidos durante las respuestas inmunitarias primaria y secundaria, se pone de manifiesto la existencia de mecanismos pregenéticos de generación de diversidad basados en la dinámica y plasticidad conformacional de las proteínas frente a sus ligandos. Estos hechos darían en parte la razón al modelo del «molde antigénico» de Linus Pauling (1940), actualmente reforzado por la existencia de proteínas intrínsecamente desordenadas o desestructuradas (IDP) que pueden adquirir una estructura terciaria estable cuando se unen de forma poco específica a diversos ligandos, supeditando esta a las funciones previas, como la posible interacción con uno o varios ligandos debido a su carácter predominantemente hidrofílico que facilita la unión en entornos acuosos mediante ajuste inducido.

La plasticidad conformacional de los anticuerpos obtenidos durante la respuesta primaria les permite superar la relativa imperfección de su estructura para unirse al antígeno. La recombinación somática, que se produce en esta respuesta, aporta los aminoácidos que más interaccionan con el antígeno y la geometría grosera del sitio de unión que se adapta al antígeno mediante ajuste inducido. Por su parte, con la hipermutación somática se consigue una conformación estable, con la máxima complementariedad frente al antígeno, cambiando solo alrededor de diez aminoácidos del anticuerpo inmaduro al maduro. Estos cambios afectan fundamentalmente a la geometría completa del sitio de unión, refinando la cavidad que reconocerá de manera específica al antígeno, logrando así un encaje del tipo llave-cerradura.

Además del evidente interés práctico de esta técnica, se abre una interesante reflexión teórica acerca de la evolución de las proteínas en general, y de las enzimas en particular, según el siguiente modelo: estructuras enzimáticas poco específicas —cuya plasticidad conformacional podría facultarles la unión, con mayor o menor afinidad, por varios sustratos—, paulatinamente irían adquiriendo mayor afinidad por algunos de ellos —se adaptarían y especializarían— a medida que algunos mecanismos genéticos primitivos, que implicasen recombinación y mutación más o menos dirigida, perfeccionaran y estabilizaran estas estructuras (para una información más detallada, ver «Los anticuerpos catalíticos», en el capítulo 10 del libro *Inmunología aplicada y técnicas inmunológicas,* Ed. Síntesis, 1998).

Vacunas: de la viruela al coronavirus

La inmunidad adaptativa se puede adquirir activa o pasivamente dependiendo, respectivamente, de si los anticuerpos los produce el propio individuo o si son transferidos desde otro individuo que los genere. En este último caso, se pueden conseguir las inmunoglobulinas de forma natural a través de la placenta o de la leche materna, o de forma artificial procedentes del suero de otros organismos. En ambos procedimientos la inmunidad tiene un efecto temporal sin memoria inmunológica. Esta solo se genera mediante una inmunización activa que puede realizarse de forma natural al superar una infección no provocada, o artificialmente mediante la administración de vacunas mediante las cuales se introducen de manera intencionada antígenos de agentes patógenos en el organismo para intentar obtener una inmunidad específica protectora frente a estos. Una vacuna eficaz debe ser segura —no producir enfermedad— y provocar una respuesta inmunitaria que proporcione una memoria inmunológica lo más duradera posible.

Como acabamos de ver, la vacunación se basa en dos características esenciales de la inmunidad adaptativa —la especificidad y la memoria—, pero también debemos tener en cuenta algunos aspectos diferenciales del sistema relativos a las proteínas que actúan como receptores específicos en el reconocimiento antigénico: las del MHC y los TCR, implicados en la respuesta inmunitaria celular del reconocimiento T, y las inmunoglobulinas, los BCR y sus correspondientes anticuerpos solubles, en la respuesta humoral del reconocimiento B. En mayor o menor medida, estos aspectos relacionados con la adquisición activa del estado de inmunidad se conocían empíricamente desde antiguo, como vimos en algunos de los fenómenos tratados anteriormente: el efecto portador (*carrier*) y la restricción por el MHC en la respuesta T.

Desde Pasteur, estas modificaciones experimentales de la respuesta inmunitaria conocidas como vacunas —en honor de los trabajos pioneros de Jenner, que consiguió inmunizar frente a la viruela humana con material obtenido en personas que estaban en contacto con la viruela bovina o vacuna— ponían de manifiesto que los agentes infecciosos estaban adaptados a su huésped específico. Así, por ejemplo, el virus *vaccinia*, causante de la viruela bovina, solo causa algunos ligeros trastornos en las personas, pero su analogía con el virus humano es suficiente para inmunizarnos frente a este, ya que el primero contiene antígenos que generan anticuerpos reconocedores de los semejantes en ambos patógenos. Este fenómeno también planteaba la posibilidad de atenuación de la virulencia de un patógeno de humanos, mediante el paso repetido por otros organismos y la consiguiente adaptación a ellos, pero sin pérdida de inmunogenicidad. También se fueron probando otras estrategias de vacunación, como las basadas en patógenos muertos o en subunidades de estos, entre otras. Pronto se comprobó que en estas opciones había que equilibrar la capacidad de inmunización con suficiente memoria y la seguridad frente a efectos secundarios: los patógenos vivos atenuados son los más inmunógenos, pero con mayor riesgo de posibles infecciones en personas inmunodeficientes o inmunosuprimidas.

Por otra parte, tanto las características singulares de la respuesta inmunitaria de los individuos como la adaptación específica de los patógenos en general, y de los virus en particular, nos lleva al polimorfismo del MHC y a su papel en la selección y presentación antigénica: la unicidad de cada ser vivo se manifiesta en muchos aspectos de la respuesta inmunitaria. Atendiendo únicamente a la inmunidad adaptativa, tenemos, por ejemplo, que en la respuesta humoral a un patógeno se producen anticuerpos frente a una gran diversidad de epítopos superficiales de las proteínas de este, pero solo unos pocos proporcionan una auténtica protección.

Tanto en la respuesta B como en la T aparecen diferencias entre los individuos que deben subsanarse a la hora de hacer una vacuna eficaz: esta debe ser segura, capaz de generar protección con una inmunidad lo más duradera posible; para ello, debe inducir una respuesta tanto humoral —con anticuerpos neutralizantes— como celular —con linfocitos T protectores—, además de otras consideraciones relativas al coste, la estabilidad y la fácil administración. De todos estos requisitos, es fundamental el conseguir una correcta respuesta tanto humoral (B) como celular (T), que no siempre está garantizada en algunos abordajes modernos de vacunas subunidad mínimas con solo uno o unos pocos epítopos, más seguras, pero mucho menos inmunogénicas.

Virus y sistema inmunitario, una pasión ciega

La pérdida de inmunogenicidad de muchas vacunas que eliminan más o menos componentes de los virus vivos frente a las que los utilizan atenuados, pero completos, parece centrarse más en los epítopos T que en los B. Recordemos que los primeros están formados por un péptido, de las múltiples proteínas antigénicas que constituyen el virión, presentado por una de las moléculas del MHC del individuo. Estas son muy pocas en cada individuo, pero con un alto polimorfismo en la especie, por lo que las diferencias de epítopos mixtos MHC-péptido en una población serán muy grandes e influirán en las características de cada respuesta inmunitaria individual: una determinada combinación de moléculas MHC presentará mejor que otra algunos péptidos de un patógeno. Así pues, cuanto más elementos proteicos eliminemos de este, al elaborar una vacuna contra él, más restringiremos la respuesta celular de muchos individuos con unos alelos MHC poco competitivos para presentar los péptidos disponibles. Debemos recordar también que estas restricciones se deben a que la hendidura polimórfica —donde se une el péptido que se presenta a los TCR— no es apta para todos ellos y, en el grupo de los que sí, algunos presentarán más afinidad que otros por ella. Por lo tanto, se produce una competición y una selección antigénica por unos pocos sitios de unión, tanto de las proteínas de histocompatibilidad de la clase I como las de la clase II. Las singularidades en el polimorfismo de ambas influyen en la respuesta inmunitaria de cada individuo y, por lo tanto, deben tenerse en cuenta a la hora de diseñar una vacuna eficaz. Esta debe tener como objetivo el conseguir una potente inmunidad humoral y celular, y en ambos casos es imprescindible una correcta presentación antigénica a los linfocitos T, tanto los citotóxicos o citolíticos (CTL) como los colaboradores o auxiliares (Th), para lo que es preciso disponer de un buen repertorio de péptidos del patógeno.

En la respuesta humoral, las células plasmáticas producen grandes cantidades de anticuerpos con la misma especificidad antigénica que tenían los linfocitos B de donde proceden. Para la activación de estos se necesita la colaboración de los linfocitos Th. Estos se activan, además de otras señales, mediante el reconocimiento específico (TCR) del antígeno en forma de péptidos presentados por APC profesionales —como las células dendríticas y los macrófagos— en sus moléculas MHC de clase II. Por su parte, los linfocitos B también precisan de una doble señal para su activación: la primera procede de la unión de sus BCR con el antígeno, que tiene que ser, al menos en parte, proteico; la segunda de la colaboración específica con los linfocitos Th1 o Th2, según los casos, previamente activados por el mismo antígeno. Las células B, tras captar el antígeno con sus receptores inmunoglobulínicos, lo endocitan y procesan. Luego, actuando como APC profesionales, sus proteínas MHC-II lo presentan en forma de péptidos a los linfocitos Th; con esta interacción, y con otras señales, se activan y diferencian los linfocitos B específicos del antígeno. En este proceso se transforman en células plasmáticas —productoras masivas de anticuerpos— y células B de memoria, ambos tipos con la misma especificidad que los linfocitos originales.

Por su parte, los linfocitos T citolíticos (CTL) son fundamentales en la respuesta adaptativa frente a virus en fase intracelular —especialmente en los que se propagan directamente de una célula a otra, ya que nunca están al alcance de los anticuerpos—, debido a que su acción destruye tanto el lugar de replicación como el material genético del virus. Los CTL reconocen, mediante sus TCR específicos, péptidos de virus presentados por moléculas MHC de clase I de las células infectadas por estos. De hecho, algunos virus logran evitar la expresión de estas moléculas en la membrana plasmática y así escapan de la actividad citotóxica. Entonces, esta acción corre a cargo de las denominadas células asesinas naturales (NK, por sus siglas en inglés) con una intensidad inversamente proporcional a la presencia de las moléculas de clase I sobre la superficie de la célula infectada. Para la activación de los CTL es preciso en muchos casos la colaboración de linfocitos Th1 previamente activados.

Para ello, estos últimos deben reconocer mediante sus TCR y moléculas CD4 los complejos MHC II-péptido sobre la superficie de las células presentadoras de antígeno. Los linfocitos Th1 y los citolíticos reconocen antígenos relacionados sobre la misma APC (células dendríticas, sobre todo), presentados por moléculas de clase II y I, respectivamente.

Así pues, tanto en la respuesta humoral como en la celular, la singularidad de cada individuo inmunocompetente recae en buena parte sobre las moléculas del MHC de clase I y de clase II y su elevado polimorfismo. Como ya hemos visto, este se concentra en la hendidura de unión a los péptidos antigénicos, y sobre él recae la selección de estos y la conformación final del epítopo mixto MHC-péptido que reconozcan los receptores de las células T. El mil millonario número de estos TCR se encontraría con el evidente cuello de botella de, como mucho, 14 alelos MHC diferentes en cada individuo, si no fuera por el efecto de amplificación conformacional producido en la acomodación de distintos péptidos en la hendidura polimórfica de cada proteína de histocompatibilidad.

La consecuencia práctica de estas consideraciones para la producción de una vacuna eficaz es que son precisas todas las proteínas del patógeno, y no solo una o unas pocas que se consideren diana preferente de los anticuerpos. Para ello, aunque estuviese correctamente elegido el blanco de estos, serían precisos todos los péptidos que se pudiesen generar durante una infección, de forma que todos los individuos —cada uno con unos alelos MHC distintos— pudiesen realizar una respuesta T (Th1, Th2 y CTL) eficaz. Se trataría de aplicar las antiguas experiencias de inmunizaciones con un hapteno, donde siempre es necesaria una misma proteína portadora o *carrier*: aquí, la **proteína portadora** sería el patógeno completo debidamente atenuado.

En este sentido, desde Pasteur, toda la experiencia acumulada apunta a que las vacunas de virus atenuados son las más potentes, ya que al disponer de las proteínas víricas al completo desarrollan todos los mecanismos efectores de la inmunidad celular y humoral. Para corregir esa deficiencia, otras estrategias de vacunación incorporan proteínas o péptidos, como *carrier*, para conseguir una mayor inmunogenicidad T, como ocurre con algunas vacunas de polisacáridos y subunidad. Igualmente, se podrían identificar los péptidos del virus con los que se consiguen los epítopos T más eficaces para cada variante MHC, y hacer vacunas «a la carta» para determinados haplotipos HLA (MHC de humanos).

En la actualidad, el proceso de atenuación se basa —mejorando el tradicional iniciado por Pasteur— en el crecimiento selectivo en células no humanas. Así, se van aislando cepas adaptadas a otra especie que ya no prosperan adecuadamente en la nuestra, pero que mantienen su poder inmunógeno para producir una respuesta específica con memoria inmunitaria. Estas vacunas pueden resultar problemáticas en individuos inmunodeficientes o inmunosuprimidos, pero las técnicas de ADN recombinante pueden eliminar algunos genes relacionados con la virulencia y hacerlas más seguras.

La adaptación del virus se produce tras sucesivas mutaciones, pero estas no son el motor del proceso, sino la selección natural en la relación con el medio: las células que infectan y el organismo completo, en su caso. En contra de la creencia popular y la manera de expresarse de algunos medios y políticos, los virus no tienen ningún propósito ni quieren acabar con nosotros... De hecho, si eso ocurriera —como puede ocurrir con una población pequeña infectada por una cepa muy virulenta—, esta desaparecería con la población infectada. Así pues, si los virus tuvieran inteligencia, su estrategia sería mantener vivos a los individuos sobre los que se multiplican, pero el problema no es la inteligencia de los virus, sino la nuestra y nuestro comportamiento. No obstante, en general, la selección natural tiende al equilibrio entre la virulencia de las cepas y la supervivencia de sus huéspedes.

¿Son los virus nuestros enemigos?

Antes de conocerse sus dimensiones y su naturaleza se asociaron a agentes patógenos más sencillos y pequeños que las bacterias. Durante prácticamente la mayor parte del siglo XIX no se pudieron aislar —pasaban por los filtros más pequeños conocidos— y recibieron el nombre de *virus* (en latín, 'veneno') por su letalidad. El primero en aislarse fue el del mosaico del tabaco a finales del XIX por D. Ivanovski y M. W. Beijerinck. Este carácter de agente infeccioso asociado a enfermedad y muerte ha acompañado a los virus desde que se tiene noticia de ellos. El hecho de que se les considere parásitos celulares obligados con la única función de replicarse afianza esa fama, aunque hay que tener otras cosas en cuenta. Una de las principales es la especificidad de los virus por un determinado tipo celular y, en su caso, también por la especie pluricelular. Por lo tanto, deben existir tantos virus como tipos celulares, definidos estos por los marcadores específicos —generalmente, proteínas o glucoproteínas de membrana que varían en mayor o menor medida de unas especies a otras— que son su puerta de entrada en la célula. Así, hay virus en todos los reinos eucariotas, pero también en bacterias y arqueas. Por otra parte, los virus en conjunto no manifiestan el carácter asesino y liquidador que se les achaca; por el contrario, suelen coevolucionar con sus huéspedes celulares, como consecuencia necesaria de su propia existencia basada en una replicación parásita. De hecho, los virus más virulentos suelen ser los que pasan de una especie a otra nueva, en la que comienzan un periodo de adaptación. Durante ese tiempo se producen las cepas más virulentas, que posteriormente se van atenuando. Fuera de esos desequilibrios naturales, a los que nuestra especie contribuye cada vez más, los virus han alcanzado un importante papel en la transferencia genética horizontal que, como otras fuentes de variabilidad en la evolución, se produce de forma ciega sin propósito alguno. En sus huéspedes naturales, las enfermedades son menos graves y frecuentemente los individuos infectados son asintomáticos o sufren síntomas leves. Sin embargo, en la nueva especie infectada aparecen por mutación nuevas cepas muy virulentas que tienden a desaparecer con los individuos que matan, y se va alcanzando un equilibrio por selección natural entre el virus y su nuevo huésped. Entre estos virus nuevos o reemergentes abundan los que tienen un genoma de ARN, por la mayor tendencia a sufrir mutaciones durante su replicación debido a una enzima polimerasa de ARN más imprecisa al no corregir errores. De nuevo, debemos insistir en que, sin importarnos su origen, cualquier variabilidad es dependiente del entorno y debe quedar fijada mediante selección natural; esto es, por las circunstancias pertinentes que concurran alrededor de la variante mutada: tanto la capacidad adaptativa del virus como factores ecológicos y humanos que propician su expansión. Esto hace que, aun sin propósito ni dirección, la velocidad de evolución adaptativa de estos virus sea muy grande. De hecho, cualquier población de virus en general, y de los de ARN en particular, está formada por un gran número de partículas víricas o viriones con genomas semejantes, pero que presentan diferentes mutaciones, más o menos virulentas, sometidas a fluctuaciones numéricas debidas a la selección natural. Estas poblaciones se denominan cuasiespecies víricas y su dinámica y estructura genómica vienen determinadas por su relación con el entorno en general y con su huésped en particular.

Como ya hemos señalado, las mutaciones al azar no tienen ningún propósito y pueden formar cepas con mayor o menor virulencia. Así, en un virus bien adaptado al huésped humano, las cepas menos virulentas ocasionan patologías leves con adquisición de inmunidad y una mayor propagación vírica. La aparición súbita de variantes muy virulentas en estos casos ocasiona algunos fallecimientos y, generalmente, la desaparición de estas cepas con ellos. Si, por el contrario, el virus es un recién llegado que ha pasado a los humanos desde otra especie animal, entonces las cosas cambian de forma drástica y las cepas virulentas no tienen ningún impedimento para su propagación. Las transmisiones de diversos agentes patógenos a nuestra especie desde animales vertebrados, que denominamos zoonosis, y también el gran número de infecciones que sufrimos desde vectores invertebrados, como los mosquitos, entre otros, tienen mucho que ver con lo que en general llamamos «globalización» y que influye cada vez más en nuestra forma de vivir: aglomeraciones en grandes urbes y desplazamientos frecuentes por todo el mundo que favorecen las enfermedades sexuales, respiratorias y gastrointestinales; alteración del equilibrio medioambiental por el cambio climático, desplazamiento de especies de sus hábitats naturales por obras públicas y comercio mundial, etcétera.

Aquí hemos visto como la selección natural siempre es conjunta: entre el ser que se selecciona, sea este vivo o no, y el entorno. Los virus necesitan a las células que infectan para existir, no compiten contra ellas; pueden evolucionar muy rápido por mutación, como lo entiende la teoría sintética por meros cambios en sus secuencias génicas, pero en realidad su auténtica evolución es por coselección junto a sus huéspedes a los que infectan, pero a su vez necesitan, ambas cosas ciegamente como parásitos intracelulares obligados que son.

Volvemos a encontrarnos con la cara y la cruz del término necesidad: la imperativa material y la funcional. Recordemos que, en la primera, los fenómenos materiales suceden porque no pueden dejar de hacerlo de acuerdo con las leyes de la física y la química. En la segunda, más propia de los niveles biológicos, la necesidad imperativa de los fenómenos da paso a la funcional de los procesos fisiológicos orgánicos; por eso, la selección natural darwiniana los tiene en cuenta en la supervivencia de los organismos mejor adaptados al medio. Pero, en el caso de los virus, que son unas entidades entre lo inorgánico y lo vivo, se aprecia más nítidamente el tránsito entre los dos tipos de necesidad, y que la selección natural es la que pone coherencia y orden a las contingencias ciegas que relacionan virus y sistema inmunitario.

¿Son los virus agentes genéticos móviles?

El origen de los virus es un problema complejo, dada la gran variabilidad de elementos genéticos que tenemos que considerar en este campo. Generalmente, una buena guía para encontrar el origen de algo es definir bien su naturaleza esencial para situarlo así en la realidad material y su evolución. Teniendo en cuenta que son parásitos celulares obligados, lo primero que debemos plantearnos es si surgieron antes o después de las células. En este sentido, no debe confundirnos la mayor o menor complejidad de los distintos tipos de virus, ya que los caminos de la evolución son enrevesados y no siempre lo más simple es lo anterior. También debemos tener en cuenta la especificidad de tipo celular de los virus, abarcando todo el universo celular de la biosfera. Así, a pesar de la existencia de virus sin cápside, como los narnavirus, todos parasitan el proceso celular de la traducción, con la consiguiente producción de proteínas víricas. Algunos parasitan también la transcripción, como hacen todos los viroides multiplicando su ARN. Independientemente de muchas singularidades de este tipo, lo general en la replicación vírica es la producción de proteínas que forman su cápside y que les permiten las interacciones específicas con sus respectivos huéspedes celulares. Todo esto es más compatible con un origen de los virus posterior a la aparición de la célula y, probablemente, dependiente de los procesos celulares relacionados con su replicación. Incluso elementos replicativos tan sencillos como los narnavirus —ribonucleoproteínas formadas por ARN y la polimerasa que codifica— necesitan la compleja maquinaria celular para su multiplicación. La existencia de estos elementos víricos sencillos y de otros como los viroides, puede producir interferencia con procesos y estructuras vivas más complejas de forma no buscada, sin propósito alguno, por necesidad imperativa de interacción entre sus respectivas moléculas constituyentes; el resultado final se ajusta por selección natural.

Pero estos fenómenos no deben distraernos de la esencia del proceso principal. Estamos acostumbrados a una forma de pensar dicotómica, de realidades enfrentadas y a veces hasta con planteamientos maniqueos, cuando frecuentemente nos encontramos con procesos complejos y entrelazados con múltiples conexiones. Los planteamientos dicotómicos ayudan a sistematizar, a buscar, a matematizar, etc. Pero ¿es dicotómica la realidad material? La propia lógica de la naturaleza puede permitir la interacción de diferentes elementos genéticos. Cada vez se conocen más hechos que pueden hacernos pensar en la coexistencia de fenómenos relacionados con la vida que tienen distinto origen. Entre ellos debemos esforzarnos en distinguir los seres y procesos que están en la corriente principal del origen y evolución de la vida de otros elementos que interfieren con ella influyendo más o menos en la información biológica global. En este sentido, no parece que las células procedan de los virus; podría ser que tuvieran un origen paralelo, aunque es difícil tanto su origen como su evolución sin interaccionar con las células. Más plausible sería que tuvieran un origen celular, como se propone en el capítulo 9, sin propósito alguno, solo por necesidad imperativa de las funciones y estructuras celulares previas y posterior fijación funcional de las interacciones mutuas por selección natural.

La hipótesis principal que se expone en este capítulo es compatible con los siguientes datos:

- Los virus —desde su posible origen, no finalista, como «semillas» de evolucionabilidad de la célula protocariota, y su posterior papel como agentes genéticos móviles— tienen tendencia a ser específicos del tipo celular que los produce y a coevolucionar con él, pero, también sin propósito alguno, pueden interaccionar de forma cruzada con otros tipos celulares.

- El hecho de que los virus sean polifiléticos —con un origen diferente para cada familia, y sin compartir genes entre ellas— apoyaría la hipótesis del protocarionte formador de «semillas»: cada virus coevolucionaría con su tipo de célula.

- Las familias de virus de ARN son mayoritarias en huéspedes eucariotas y las de ADN en procariotas, y ninguna de las dos comparten genes entre sus miembros. Estos hechos no casan bien con la suposición de que los virus de ARN son los más primitivos, por una parte, y con la de que los eucariotas proceden de los procariotas, por otra.

- Es muy probable que la selección natural fuese estableciendo sistemas de coevolucionabilidad celular basados en las interacciones proteicas específicas y en el consiguiente intercambio de material genético. Al menos con cierta frecuencia, estos sistemas cooperativos sin propósito alguno podrían incluir algún eucariota, algún acariota celular y los virus correspondientes de todos ellos. En este sentido, parece que la evolución podría exaltar la interacción entre virus y eucariotas en algunos ambientes extremos.

- Con estas premisas, es probable que primero apareciera el sistema protocariota-virus ARN —primer ácido nucleico y primera célula, que derivarían directamente de la relación inicial entre proteínas y ARN, heredada del primitivo proceso de *splicing*—. Con la conquista del ADN, probablemente le seguirían los sistemas: protocariota-virus ADN-arqueas, y protocariota-virus ADN-bacterias.

- Existen relaciones evolutivas entre los virus y otros elementos genéticos móviles: viroides, transposones, ARN satélites y plásmidos; pero, seguramente por su mayor simplicidad, todos estos agentes sean posteriores a la aparición de las células protocariotas entorno al *splicing* y el resto de la factoría del núcleo: gobierno del ARN por las proteínas —con la selección de módulos proteicos— y los mecanismos de replicación, transcripción y traducción —con ARNt, ribosomas y aminoacil-ARNt sintetasas—.

- En coherencia con lo expuesto hasta ahora, las similitudes estructurales entre proteínas con secuencias diferentes procedentes de las cápsides de varias familias víricas, se pueden deber a procesos de divergencia (más que de convergencia) evolutiva: se parte de los mismos módulos proteicos básicos (DIBE), pero —como ocurre con todas las proteínas— con una deriva secuencial conservadora de la estructura.

Las funciones no las «diseña» la variabilidad, sino que las modela la selección natural: el sistema inmunitario en bacterias

Al comienzo del capítulo, hemos visto que los seres vivos se han originado desde un complejo medio material en incesante interacción adquiriendo individualidad, pero sin aislarse completamente de él: manteniendo un flujo continuo y regulado de materia y energía. Todos los organismos presentan un medio interno, diferenciado activamente del entorno, cuyas características y componentes deben mantener en equilibrio dinámico con el exterior. Desde el origen de la vida, y a lo largo de una evolución carente de programa previo, se han seleccionado muchas funciones y estructuras —como las que hemos visto integradas en el sistema inmunitario— que han resultado útiles para el mantenimiento de los organismos frente a los cambios ambientales. En el paradigma evolutivo genocéntrico de la teoría sintética, el peso de la adaptación al medio recae sobre mecanismos genéticos productores de una diversidad estructural al azar que permite el despliegue y selección de nuevas funciones. En este modelo de herencia dura, la variabilidad genética es el inicio y el fin del proceso adaptativo, y el medio no juega ningún papel relevante, con la selección natural ejerciendo el papel de portero de discoteca que dicta quien puede pasar o no. Por el contrario, en el modelo proteocéntrico la función es prioritaria a la estructura y el proceso adaptativo arranca de la plasticidad proteica pregenética frente al medio que, posteriormente, señala el camino a los mecanismos genéticos y epigenéticos. Aquí el medio desempeña un cierto papel moldeador, además de selector en los tres niveles informativos.

Como ya se ha expuesto en varias ocasiones en las páginas de este libro, el modelo proteocéntrico que propongo se ajusta mejor a un origen y evolución de la vida de naturaleza eucariota. Los acariotas —arqueas, bacterias y virus— derivarían de los primeros y tendrían una naturaleza más centrada en mecanismos genéticos. De estos tres grupos, los virus serían los más especializados en este sentido genético; podríamos decir que los más automatizados, hasta el punto de no tener la autonomía propia de los seres vivos.

Aunque resulte muy épico, no podemos recrearnos en relatos de lucha a muerte entre virus y cualquiera de los tipos celulares que infectan, y menos en el caso de organismos unicelulares. Desde una perspectiva evolutiva, los virus necesitan a las células para existir y, aunque por azar se produzcan virus letales que matan y otros menos virulentos que no, los primeros tienden a desaparecer en la dinámica poblacional con sus huéspedes. Por su parte, las células también matan virus, pero la selección natural favorece el equilibrio con estos por sus papeles benéficos, entre otros el de impulsar la transferencia genética horizontal, especialmente importante en las bacterias y arqueas.

Hemos visto que los virus coevolucionan por selección natural con sus huéspedes celulares, y de la misma manera que la generación ciega de diversidad eucariota y acariota ha dado lugar tanto al complejo sistema inmunitario proteocéntrico de los vertebrados como a los sofisticados mecanismos de evasión vírica, siempre en continuo equilibrio dinámico, no debe sorprendernos que las células acariotas hayan desarrollado un sistema inmunitario de naturaleza genocéntrica frente a virus bacteriófagos, como el descubierto en la Universidad de Alicante en 1993 por Francis J. Mojica estudiando la arquea halófila extrema *Haloferax mediterranei*, en cuyo ADN encontró unas secuencias cortas y repetitivas semejantes a las de ciertos virus. Lo sorprendente no fue tanto este hallazgo, ni que comprobase que eran frecuentes en otros acariotas, sino que estas secuencias —a las que denominó CRISPR, por las siglas en inglés de «repeticiones palindrómicas cortas interespaciadas agrupadas regularmente»— podían formar parte de un auténtico sistema inmunitario de arqueas y bacterias frente a las infecciones víricas. Al igual que hace el sistema inmunitario de vertebrados, el de acariotas también discrimina lo propio de lo ajeno y guarda memoria. La diferencia está en que mientras el primero identifica proteínas, este detecta el ADN ajeno y lo destruye. Tras la infección, una pequeña porción de ADN del virus se integra en el genoma bacteriano y queda almacenado en él y en su progenie, sirviendo de memoria para el reconocimiento de las secuencias víricas tras posteriores infecciones. El sistema CRISPR degrada el ADN del virus mediante la actividad del complejo proteico de la endonucleasa CAS.

Se puede llegar a razonar que la esencia funcional de los eucariotas está más centrada en la plasticidad proteica y que, por eso, sus sistemas inmunitarios —sobre todo, el sistema inmunitario de los vertebrados— reconocen lo ajeno sobre la base de la diversidad de las proteínas; no se conoce ningún sistema semejante al CRISPR-CAS en eucariotas, aunque en principio podrían haber llegado a recibir algo de él mediante transferencia genética horizontal. No obstante, la selección natural —que media y da coherencia a las interacciones ciegas entre ambos tipos de organismos celulares, eucariotas y acariotas, y los virus— ha ocasionado mecanismos de escape de estos últimos de todos los sistemas inmunitarios. Esta coevolución entre los virus y sus huéspedes se produce mediante un equilibrio dinámico, que nos conviene conocer para evitar los desequilibrios ecológicos que frecuentemente ocasiona nuestra forma de vida y nos traen pandemias.

¿Destrucción mutua asegurada o coevolución entre virus y células?

Los humanos somos los únicos animales con capacidad para pensar, para hacer un proyecto, para plantearse una meta. Sin embargo, en estos tiempos aciagos, con la pandemia del coronavirus que ha originado la enfermedad conocida como covid-19, y con otras muchas amenazas pendiendo sobre nuestras cabezas, nos encontramos a científicos y políticos hablando del virus como si fuera una mente maligna que decide estrategias de propagación, enfermedad y muerte; estrategias malvadas, a las que tenemos que responder «militarmente» porque estamos en guerra contra el virus. Se puede justificar este tratamiento con explicaciones del tipo «es una manera de hablar», «así la gente lo entiende mejor», pero yo creo que siempre es mejor explicar las cosas como son en realidad, ya que, si se explican bien, la gente lo entenderá, porque quizá sean algunos de los científicos y políticos que así hablan quienes no lo entienden bien. El hecho cierto es que «la guerra» debíamos declararla contra nuestra organización —o, mejor, desorganización— social y económica. Realmente, la pandemia ha sido fruto de ella.

Con la expresión «destrucción mutua asegurada» (MAD por sus siglas en inglés) se conocía la terrible doctrina estratégica imperante en el mundo durante la denominada guerra fría entre los dos grandes bloques militares (Estados Unidos y la URSS) a lo largo de la segunda mitad del siglo XX. En aquellos años se oía mucho esta idea junto a otras no menos alarmantes, como el «equilibrio del terror». Las siglas MAD (que coinciden con la palabra «loco» en inglés) son suficientemente expresivas: haría falta perder la cordura para iniciar un ataque nuclear con la idea de poder destruir al otro bloque y salir indemne, en un mundo donde ambos enemigos poseen capacidad nuclear suficiente para destruir varias veces el planeta. Aunque el tema fue y sigue siendo muy inquietante, solo lo he utilizado para compararlo con otra confrontación no menos importante: la de los virus con las células en general, y especialmente con individuos pluricelulares como nuestra especie. En efecto, aunque durante aquellos años de gélida confrontación la MAD fue más que posible en varias ocasiones, por fortuna, el terror a la destrucción total impuso un peligroso equilibrio. Si los humanos —que somos una especie supuestamente inteligente y con capacidad de decisión— hemos estado al borde de la extinción, ¿qué podría pasar en el enfrentamiento entre dos mundos tan distintos, y que evolucionan sin propósito alguno, como son los virus y las células? Aunque la respuesta es arriesgada, podemos tener en cuenta algunas consideraciones. Por un lado, nuestras particulares características de animal «racional», que además ha escapado de la selección natural, no nos favorecen mucho. En muy poco tiempo hemos acumulado un poder destructivo inmenso, quizá mayor que nuestro «raciocinio», en manifiesto contraste con los aproximadamente 3800 millones de años de coevolución entre virus y células. Aquí estamos de nuevo ante una paradoja en biología: podríamos decir que la «ceguera», la falta de conciencia, de proyecto, de voluntad de los organismos y sus sistemas favorecen el equilibrio de forma natural. Aparentemente, vemos dos estrategias enfrentadas: por un lado, la eucariota —con la plasticidad informativa pregenética de las proteínas, en vanguardia de la genética y epigenética— y, por otro, la acariota —más centrada en la información genética, sobre todo, en los virus—, pero en los dos casos totalmente ciegas, por lo que no hay proyecto alguno de enfrentamiento, tan solo colisión de trayectorias históricas de necesidades y contingencias, como cuando chocan dos cuerpos celestes. A lo largo de la evolución de estas interacciones, individuos de cada mundo resultan dañados en mayor o menor medida, pero la información funcional y estructural resultante en cada acto de selección natural se mantiene junto a la interacción. Desde el origen de la vida, la evolución se muestra como la sucesión de estados dinámicos de información biológica en la ecosfera.

Epítome. Selección natural e información biológica

A la hora de intentar entender y explicar cualquier aspecto relativo al origen, la naturaleza y la evolución de la vida, acechan dos posibles problemas: por una parte, caer en el terreno de la abstracción filosófica plena y, lo que sería aún peor, en ocasiones alejada de la realidad; pero, en el otro extremo, también corremos el riesgo de entrar en una exposición demasiado cuantitativa, trufada de datos y detalles, aunque con cierta frecuencia interpretados de forma mágica o animista, como las que atribuyen a genes aislados poderes dignos de los relatos de Tolkien. Naturalmente, hay que encontrar un equilibrio entre ambas posiciones y, en mi opinión, pegarse en cada caso a la concreción de las reacciones químicas, pero siempre en una lógica de niveles integrados, evitando caer en el reduccionismo. Esta reflexión parece más apropiada para la introducción que para el final de este libro —donde más que una hipótesis propongo una nueva interpretación de los hechos—, pero siento la necesidad de situarla aquí porque en mis cavilaciones sobre biología evolucionista no voy a llegar a ninguna meta, siempre estaré en el camino. En síntesis, se trata de encontrar la esencia o la unidad de los seres vivos sin entrar en construcciones teóricas con vida propia, fuera de la realidad.

Para esta andadura, lo mejor es encontrar las **leyes generales de los seres vivos** y, en este sentido, podemos tomar como referentes a dos biólogos, entre otros ya citados en los capítulos previos. Uno, del siglo XIX, el gran Charles Darwin, el cual, como mencionamos en el capítulo 4, nos dice en su *Autobiografía*: «Mi mente parece haberse convertido en una máquina de moler grandes cantidades de datos para producir leyes generales» (Darwin, 2014).

El otro, actual, es el genetista del desarrollo Sean B. Carroll, que en su libro *Las leyes del Serengeti* comenta:

> *Una de las falsas creencias que mucha gente tiene sobre la biología (sin duda, por culpa de los biólogos y de los exámenes de biología) es que entender la vida requiere manejar un enorme número de datos [...]. El poder del pequeño número de leyes generales que describiré aquí reside en su capacidad de reducir fenómenos complejos a una lógica más sencilla de la vida. Dicha lógica explica, por ejemplo, cómo nuestras células o nuestros cuerpos «saben» incrementar o reducir la producción de alguna sustancia. La misma lógica explica por qué una población de elefantes en la sabana aumenta o disminuye. Así, aunque las leyes moleculares y ecológicas concretas difieren, su lógica general es notablemente similar (Carroll, 2018).*

La reciente lectura del libro de Carroll me ha sorprendido gratamente en dos sentidos, por una parte, por tratarse de un genetista que —aun ocupándose del desarrollo, y siendo un magnífico divulgador— demuestra una extraordinaria motivación y sensibilidad por la ecología, contraria a la imagen deformada y prejuiciosa que a veces tienen algunos naturalistas de los biólogos moleculares, y viceversa. Pero, por otra parte, lo que más me ha interesado del libro es su perspectiva de niveles de complejidad, en la coincidencia con Darwin, *sensu lato*, de «entender las leyes que regulan la vida en todas sus escalas». En este empeño, recapitula el trabajo de algunos pioneros de la biología que se ocuparon de este problema en cualquiera de los tres niveles de ser vivo: molecular, celular y pluricelular; tanto en su vertiente de integración de un organismo como en sus relaciones ecológicas: «... al igual que existen reglas o leyes moleculares que regulan el número de las diversas clases de moléculas y células del cuerpo, también hay reglas o leyes ecológicas que regulan el número y el tipo de animales y plantas que viven en una determinada zona» (Carroll, 2018).

Así, Carroll equipara las enfermedades de los organismos con los desequilibrios de los grandes ecosistemas como el Serengeti o los océanos y los lagos; en todos los casos son anormalidades en la regulación del número de los componentes del sistema, sean estos moléculas, células o poblaciones. Pero lo más interesante es averiguar por qué son similares las leyes moleculares, celulares y ecológicas de la regulación, aun presentando diferencias en su concreción. El primer enunciado general al problema de la regulación de la vida es la conocida teoría de la selección natural de Darwin, «mi teoría», como él la llamaba..., la respuesta al problema de cómo se establecen los **límites al crecimiento potencial ilimitado de los seres vivos**. Como ya sabemos, fueron las diversas observaciones de Darwin en el viaje del Beagle, junto con sus experiencias sobre selección artificial, como criador, y la lectura del libro de Thomas Malthus *Ensayo sobre el principio de la población* las que constituyeron el germen de su teoría de la selección natural: los límites al número y al crecimiento de los individuos de cada especie los impone la competencia por un espacio y un alimento limitados, en la que solo sobreviven los más aptos. Pero la cuestión es ¿cómo? Desde Darwin, se ha intentado concretar qué procesos están implicados en cada nivel y caso concreto. Por una parte, la teoría sintética neodarwinista ha intentado reducir la selección natural a un mecanismo que, como un portero de discoteca seleccione quién pasa o no; esto es, solo «pasan» los portadores de la información genética adecuada para sobrevivir hasta la reproducción, dejando así esta a la descendencia como herencia. Pero, por otro lado, a la abstracción reduccionista de la información genética, presentada como frecuencias alélicas, le sigue faltando la concreción del proceso fenotípico relativo a cada caso y nivel.

En el campo de la fisiología humana, Walter B. Cannon establece el concepto de **homeostasis** para explicar los procesos de regulación funcional mediante los que se mantiene la estabilidad o el equilibrio interno del organismo dentro de unos determinados límites. Carroll comenta que algunos compararon este concepto con el de la selección natural de Darwin, y no puedo estar más de acuerdo con esta comparación, ya que —como he expuesto repetidas veces en varios capítulos— la selección natural no es un mecanismo para producir variabilidad, sino, más bien, la continua sucesión de ajustes posibles en el equilibrio dinámico entre los factores bióticos y abióticos de la ecosfera, en permanente interacción. Al igual que ocurre en un organismo animal, las interacciones materiales en la naturaleza están en un continuo equilibrio dinámico mantenido por la naturaleza física, química y biológica de sus factores en coevolución. La dinámica de estos factores se opone a las contingencias medioambientales que surgen de las interacciones y que, en mayor o menor medida, atentan contra el equilibrio previo... el resultado de la sucesión espacio temporal de las interacciones materiales y sus continuos estados de equilibrio es lo que denominamos evolución; y esto vale tanto para la evolución biológica como para la más general de la materia.

Poco después de Cannon, y con una aproximación similar al concepto de homeostasis, Charles Elton intenta poner orden en la naciente ecología: propone que, entre los extremos de la extinción y la superpoblación, los animales regulan su número merced a la cantidad de alimento disponible, los depredadores, los parásitos y los agentes patógenos, subrayando así la importancia del alimento en las cadenas y redes tróficas de los ecosistemas. Pero, en ambos casos, las respectivas leyes de la regulación eran más bien descriptivas de lo observado, tanto en el nivel orgánico animal como en los ecosistemas. Faltaba la concreción molecular, la explicación de cómo actúan los agentes de estos niveles de regulación.

Monod y el alosterismo: ¿segundo secreto de la vida?

La explicación en el nivel elemental de la vida vino del mundo microscópico de las bacterias y los virus, material fundamental en la naciente biología molecular alrededor de la Segunda Guerra Mundial. En ambos acontecimientos participaron muy activamente, incluso de una forma cuasi legendaria, dos jóvenes franceses, François Jacob y Jacques Monod. Estos dos ejemplos de compromiso con la ciencia y la libertad cruzaron sus respectivas preocupaciones biológicas, relacionadas ambas con la inducción génica, en el laboratorio de André Lwoff. Encuentro casual y trascendental, en 1956, al ubicarse sus laboratorios en el mismo pasillo, ya que las investigaciones de Jacob sobre virus complementaron las de Monod sobre bacterias. Esta coincidencia los llevaría a desarrollar el modelo del operón de regulación de la expresión de los genes, primero, y al Premio Nobel de Fisiología o Medicina, en 1965, junto a André Lwoff. Aunque en la concesión de este galardón se enunciara su contribución al conocimiento del control genético de la síntesis de enzimas y la síntesis de virus, quiero destacar un fenómeno descubierto por Monod en 1961, el alosterismo, relacionado con los cambios conformacionales que sufren algunas enzimas al unirse a una molécula distinta del sustrato en otro sitio distinto al centro activo. Estos cambios, que modifican la actividad enzimática, son especialmente importantes en la regulación de los genes y las proteínas. Monod presentó el alosterismo como el segundo secreto de la vida, considerando que el primero era el ADN —cuya estructura acababa de conocerse en 1953—, y con ello marcó un punto de inflexión respecto a la lógica numérica pura de Cannon y Elton. La lógica de la información genética lo llevaría, unos años después, a enunciar la prioridad de la invariancia reproductiva del ADN sobre las *performances* teleonómicas —el logro o la ejecución conseguida, más que la función, en la jerga que Monod emplea en su libro *El azar y la necesidad* (1970)—, y con ello se alejaba de la lógica general de la regulación cuantitativa *per se* de los componentes del organismo humano o de los ecosistemas. A pesar de su descubrimiento del alosterismo, supeditó los agentes funcionales del nivel supramolecular de la vida, las proteínas, al determinismo genético representado por el férreo dogma central de la biología molecular (DCBM). En vez de darle prioridad a la lógica intrínseca de las interacciones específicas entre las proteínas y sus ligandos, se la concedió a la información genética del ADN.

Desde el punto de vista proteocéntrico que he desarrollado a lo largo de este libro, lo que realmente descubrió Monod fue la actuación de las proteínas como los agentes supramoleculares más básicos de las reglas o leyes que regulan cuantitativamente las individualidades en cada nivel biológico: moléculas y células en los organismos, o animales y plantas en los grandes ecosistemas. Estas leyes están implícitas en las interacciones entre estas individualidades y en los estados de equilibrio que se alcanzan por selección natural. Lo más sorprendente del trabajo de Jacob y Monod es que la lógica molecular descubierta, que se desprende de su modelo de regulación de la síntesis de virus y enzimas, es universal y sirve para todos los niveles de la vida. Las leyes generales de la regulación cuantitativa, resultantes de las interacciones entre los individuos de cualquier nivel, son la regulación positiva, la negativa, la lógica de doble negación y la regulación por realimentación. Las dos primeras son las más intuitivas y sencillas de ver macroscópicamente a nuestro alrededor: cuanta más hierba, más herbívoros y depredadores, como ejemplos de la regulación positiva; y, al revés con la negativa, cuantos más depredadores, menos herbívoros... Pero esta es la visión simple y reduccionista de la selección natural que queremos evitar. La realidad es mucho más compleja, todo está interconectado y en equilibrio. Así, solo con ampliar un poco el foco, en la lógica del Serengeti vemos, por ejemplo, que la irrupción del virus de la peste bovina, procedente del ganado bovino humano, redujo drásticamente el número de búfalos y ñúes, alterando gravemente todo el ecosistema: menos depredadores, pero más hierba, más incendios, menos árboles y, por ello, menos jirafas... En sentido contrario, con la eliminación del virus aumentó muchísimo la población de ñúes y, lógicamente, la de los depredadores, pero también tuvieron lugar otros efectos menos intuitivos: la evidente reducción de hierba (alimento de los ñúes) redujo el número de incendios y, por consiguiente, se recuperaron los árboles y aumentó el número de jirafas. Vemos aquí una concatenación de lógicas de doble y triple negación entre el virus y el aumento de las jirafas: menos virus, menos hierba, menos incendios... Y esto, con solo ampliar un poco el foco. Es evidente que no podemos reducir la selección natural a simples relaciones depredador presa, o poco más. A la escala de la ecosfera, la selección natural se plasma en la sucesión de equilibrios dinámicos tras las contingencias perturbadoras de las continuas interacciones entre los factores abióticos y bióticos... Y la consecuencia es la evolución, enmarañada como un telar, con su urdimbre y su trama.

Volviendo al encuentro casual de Monod y Jacob, resulta interesante seguir los pasos que los llevaron a desentrañar la lógica de la doble negación a nivel molecular. Monod estudiaba las curvas del crecimiento bacteriano en medios con distintas combinaciones de azúcares, y observó que algunos de estos requerían de un periodo de tiempo para inducir mediante su presencia la síntesis de la enzima que los descomponía. Estos azúcares actuaban como inductores de la producción de sus respectivas enzimas degradadoras. Por su parte, Jacob estudiaba el extraño comportamiento de algunos virus que infectan bacterias (bacteriófagos) cuando, en vez de multiplicarse y salir de ellas mediante lisis, se quedan ocultos y silentes en su interior hasta que algún fenómeno (la luz ultravioleta, en este caso) induce su multiplicación y la consiguiente lisis celular. Ambos interpretaron inicialmente sus respectivos fenómenos de inducción desde la sencilla lógica de una regulación positiva, pero tras una serie de fracasos experimentales de esta hipótesis terminaron encontrando la solución aplicando la lógica de la doble negación. Centrándonos en el problema de Monod, el control positivo del inductor (el azúcar lactosa) sobre la síntesis de la enzima (β-galactosidasa), que lo descompone en sus dos componentes (glucosa y galactosa), es de una lógica arrolladora: la economía de la naturaleza procura la producción de algunas enzimas solo cuando su sustrato está presente. Pero esta lógica sencilla y directa responde más bien a voluntades proyectivas, como las de los humanos. Por el contrario, la lógica evolucionista debe atender a los resultados sin propósito de las interacciones entre los individuos de un nivel y al equilibrio que encuentran en estas o, lo que es lo mismo, la selección natural, como acabamos de ver macroscópicamente en el ejemplo del Serengeti. Así, en ambos casos se pone de manifiesto que detrás de la apariencia de un sencillo control positivo estaba la lógica de la doble negación. Aunque para llegar a la explicación molecular faltaba el auténtico agente, el represor, una proteína que en el caso de la regulación del metabolismo de la lactosa reprime la síntesis de la β-galactosidasa. La apariencia de inducción positiva por la presencia de lactosa viene de que, en realidad, esta molécula inhibe al represor y, por lo tanto, este cesa de reprimir la síntesis de la enzima. Antes de continuar con este razonamiento, quiero hacer notar que unas pocas líneas más arriba he utilizado las palabras «auténtico agente» para referirme al represor, y no ha sido solo por estar este en el centro de la doble negación, sino por tratarse de una proteína alostérica. Volveremos sobre ello.

Ya hemos visto las leyes generales de la regulación cuantitativa, pero ¿qué ocurre con los aspectos cualitativos? ¿En qué consiste y cómo se almacena la información biológica? En primer lugar, conviene resaltar que en el conjunto de las interacciones materiales bióticas y abióticas que se dan en la ecosfera, los seres vivos experimentan cambios estructurales que resultan de la selección funcional de su actividad. Se produce, pues, un registro de información biológica estructural sobre la base de la plasticidad fenotípica, tanto a nivel molecular como celular o pluricelular. Igualmente, tenemos una información estructural que no es fenotípica sino, *sensu lato*, de ecosistema, esto es, de la compleja relación entre los componentes de cualquier nivel biológico: molecular, celular, organismo pluricelular o de gran ecosistema. Como acabamos de ver, esta información se corresponde con las leyes generales de la regulación cuantitativa. En el nivel supramolecular tenemos dos tipos de macromoléculas informativas: por un lado, los ácidos nucleicos ADN y ARNm y, por otro, las proteínas, ya que son polímeros portadores de una información secuencial que reside en el orden o secuencia de sus monómeros constituyentes. Esta información biológica secuencial podemos denominarla genética, *stricto sensu*, de acuerdo con la definición de gen como un segmento de ADN portador de la información secuencial para la síntesis de un polipéptido. Pero las proteínas —y también, en cierto sentido, algunos ARN— albergan información conformacional, esto es, la correspondiente al tipo y a la disposición espacial de las estructuras secundarias en la terciaria globular. Esta información tridimensional depende de las condiciones ambientales y, en condiciones fisiológicas, de la plasticidad de las proteínas en sus interacciones con sus ligandos, fundamentalmente. Como he expuesto en varios capítulos, denomino pregenética a este tipo de información, ya que la considero prioritaria tanto en el origen de la vida como durante la ontogenia y la filogenia, a lo largo de la evolución, sobre la genética, procesos, estos últimos, donde se manifiesta almacenando información epigenética. Así pues, lo que Monod descubrió con el alosterismo —según él, el segundo secreto de la vida— fue una de las manifestaciones de esta información proteica conformacional, lo cual podía haberse alineado con la corriente de pensamiento que, en la primera mitad del siglo XX, le concede algún tipo de prioridad a las interacciones entre proteínas y su medio molecular. Entre otros científicos afines a esta idea podemos citar a Oparin, Fox, Landsteiner y Pauling, estos dos últimos envueltos en una gran polémica relativa al origen de la estereoespecificidad de la reacción entre los anticuerpos y los antígenos: frente a las teorías denominadas selectivas, ellos proponían la teoría del molde antigénico —considerada como instructiva y lamarckiana por sus oponentes—, donde la molécula proteica se plegaría alrededor del antígeno, formándose así un anticuerpo específico frente a él. Con el reconocimiento del ADN como material genético y la asunción de la información secuencial como la única información biológica en la naciente biología molecular, la cual ignora o minimiza la influencia del medio —ideas recogidas en la teoría sintética neodarwinista y en el DCBM—, las proteínas quedan relegadas a un papel secundario en todo lo relativo al origen, la naturaleza y la evolución de la vida.

No obstante lo dicho, quiero resaltar la enorme importancia de la genética para el avance del conocimiento biológico. Hacia la mitad del siglo XX, el enfoque genético se iba imponiendo al enfoque bioquímico en las líneas de investigación, no solo por ser este último mucho más lento y difícil que el primero, sino, sobre todo, porque la genética permite la búsqueda de mutantes como los que T. H. Morgan utilizó en la mosca *Drosophila melanogaster*, que permiten identificar de forma fácil un determinado fenotipo como el color de ojos. Sin embargo, aunque las características de la mosca de la fruta son más favorables para la investigación que, por ejemplo, los ratones, el desarrollo de la genética bacteriana proporcionó un material muy barato y manejable, como son las bacterias y los virus bacteriófagos, para poder identificar y estudiar las proteínas implicadas en los procesos bioquímicos. Así, la genética ha facilitado enormemente cualquier tema de investigación biológica, como el metabolismo, el desarrollo embrionario, la regulación y el cáncer, por poner algunos ejemplos destacados. Además, lógicamente, del avance en el conocimiento de su propio campo. Pero, a mi parecer, la utilización eficaz de las técnicas genéticas en la investigación de los problemas biológicos no implica necesariamente adoptar una interpretación genocéntrica que, con frecuencia, sesga o distorsiona el marco conceptual de la evolución. Convendría reflexionar sobre el problema que supone para la biología la inercia de estar cómodamente instalada bajo el farol de la genética, que ilumina mucho, pero también deslumbra y lleva a complicar enormemente su jerga, atribuyendo la posesión de poderes cuasi mágicos a genes individuales —de polaridad segmental, homeóticos, reguladores, oncogenes, que se superponen a los ya clásicos genes dominantes, recesivos, epistáticos, etc.— que no pueden explicar la realidad de complejos procesos poligénicos por la sencilla razón de que esos procesos responden a cadenas y redes de reacciones donde actúan cientos de proteínas. Naturalmente, los coches circulan igual por la carretera para un terraplanista que para un astrónomo, y un ingeniero no tiene que plantearse elegir entre geocentrismo o heliocentrismo para construir barcos que naveguen o aviones que vuelen, pero no debemos caer en la indiferencia del «da igual, es una forma de hablar». El enfoque evolucionista no es el mismo, y la interpretación resulta distorsionada. Sin restar un ápice de importancia a las técnicas genéticas en el avance del conocimiento biológico, deberíamos ceñirnos rigurosamente a los hechos y conceptos que estén bien establecidos, para sentar las bases conceptuales de la información genética secuencial: que los genes están en los cromosomas —aunque también reside allí parte de la información epigenética— y que se corresponden con segmentos de ADN, cuya información secuencial está implicada en la síntesis de un polipéptido, de acuerdo con el código genético. Pero, además, conviene tener en cuenta que en la información biológica hay que incluir también la pregenética (conformacional) y la epigenética (estructural), limitando así la genética a la información secuencial, de forma que no haya diferencias conceptuales entre genes, solo distinguirlos por la proteína que codifican, sin que se asigne al gen su función ni el efecto final de una ruta de reacciones en las que participe esa proteína junto a otras, es decir: lo que hacen todos los genes es codificar un polipéptido, y punto.

Con el establecimiento del código genético y la utilización del ARN, las proteínas prebióticas —que son las portadoras de la información conformacional pregenética— consiguieron, además de una plantilla genética para su síntesis, la formación de polipéptidos más largos —que integren los dominios de los primitivos péptidos funcionales, los cuales, hasta ese momento, posiblemente se asociarían formando miniestructuras cuaternarias— y la posibilidad de mutaciones y recombinación epigenética (spliceosoma) de los segmentos codificantes o exones correspondientes a las unidades estructurales básicas o dominios proteicos, seleccionados en la etapa prebiótica previa, modificaciones todas coherentes con las nuevas adaptaciones conformacionales que tensionan la plasticidad fenotípica. La invariancia del ADN permite conservar la especificidad funcional y la consiguiente coherencia estructural de los complejos proteicos celulares. Aquí comienzan los procesos (como siempre, sin propósito alguno) de combinación de cualquier estructura informativa anterior, pero, a mi parecer, no como hechos excepcionales en la evolución (Sampedro, 2002), sino como provechosas y frecuentes contingencias. Recuerdo aquí, que siguiendo con la denominación que se da a los primitivos módulos proteicos, utilizo el término dominio —o unidad de información— para referirme, en general, a los distintos dominios de información biológica estructural (DIBE) seleccionados a lo largo de la evolución.

El descubrimiento de la lógica de la doble negación llevó a que Jacob y Monod propusieran la existencia de dos tipos de proteínas: las estructurales —como las enzimas o los anticuerpos, que realizan una determinada función mediante la unión específica a un ligando— y las reguladoras, que controlan la síntesis de las estructurales en función de las circunstancias ambientales. Desde mi interpretación proteocéntrica del origen, naturaleza y evolución de los seres vivos, la propuesta inicial de estos gigantes de su época nos lleva a plantear algunas cuestiones acerca de estos dos tipos de proteínas: ¿cuáles son más ordenadas en su estructura y específicas en su función, y cuáles más desordenadas y multifuncionales? y, en este sentido, ¿la evolución de las proteínas va de desorden a orden o al revés? Por lo que sabemos, en las bacterias y los virus —entidades consideradas las más primitivas— predominan las proteínas más ordenadas y afinadas genéticamente en su especificidad. Por otra parte, ya dentro de los eucariotas, observamos que en el sistema inmunitario de los vertebrados —denominado también adaptativo o específico por considerarse un modelo de evolución molecular y celular a tiempo real— la especificidad y afinidad de la unión del anticuerpo con el antígeno cambia, en el transcurso de las respuestas primaria y secundaria, de una interacción de ajuste inducido a otra de tipo llave-cerradura. Es decir, en el rápido proceso de adaptación molecular del anticuerpo frente al antígeno, que va desde el primer al segundo contacto con él, y durante el que intervienen mecanismos genéticos de recombinación e hipermutación somáticas, se produce una notable maduración de la afinidad en el reconocimiento antigénico. Aunque el sistema inmunitario de los vertebrados dista de ser primitivo, su lógica molecular y celular responde a lo que en el capítulo 7 hemos definido como la esencia de la naturaleza eucariota, que arranca desde los protocariotas en el origen de la vida. En esta naturaleza, la información biológica siempre va desde la conformacional pregenética a la secuencial genética, siendo la primera prioritaria de la segunda. La información epigenética se va almacenando a lo largo de la evolución como consecuencia de esta dinámica, y en consonancia con la complejidad evolutiva. Así, la información conformacional de las proteínas se obtiene mediante la interacción con otras moléculas —incluidas otras proteínas y los ácidos nucleicos—, y está presente en la plasticidad fenotípica general de las entidades biológicas en interacción directa frente a sus respectivos medios: los ligandos moleculares, en este nivel, pero también en la plasticidad fenotípica de las células y en la de los organismos pluricelulares. Además, todos los niveles de complejidad establecen sus mecanismos reguladores numéricos tanto internos en el seno de los organismos (homeostasis) como externos en los ecosistemas. Este vínculo entre la información biológica cualitativa (pregenética, genética y epigenética) y la cuantitativa — la que Carroll formula magistralmente como leyes del Serengeti— es lo que, a mi parecer, realmente alumbró Monod con el fenómeno del alosterismo, aunque él lo colocó, como segundo secreto de la vida, detrás del ADN y su papel en la invariancia reproductiva. Monod y Jacob encontraron la explicación molecular de estas leyes generales de la regulación cuantitativa, pero con el descubrimiento de las proteínas alostéricas vislumbraron lo que yo creo es el primer secreto de la vida, lo prioritario en la rampa que conduce —mediante la implicación necesaria de las leyes fisicoquímicas universales— de la evolución química a la biológica: las necesarias condiciones ambientales, el agua seleccionando lo hidrofílico y lo hidrofóbico, la formación prebiótica de los monómeros desde lo inorgánico, los primeros biopolímeros y la selección funcional de las primeras estructuras que condujeron a la formación de la primera célula... Es decir, una genuina coherencia entre lo inorgánico y lo vivo, no plantear la vida como un acontecimiento de probabilidad cercana a cero, un acierto único en la ruleta cósmica.

La selección natural de la información biológica cualitativa se produce por interacción directa entre los organismos y sus medios, en la que sobreviven los individuos más aptos para realizar sus funciones vitales; depende de las interacciones físicas, químicas y fisiológicas que, dentro del ámbito de sus leyes, se imponen necesariamente. Por su parte, la selección natural sobre la información biológica cuantitativa no depende de las interacciones directas entre las especies y sus medios. Aquí no hay coevolución adaptativa, como podríamos ver en la cualitativa entre gacelas y guepardos, donde los progresos en astucia y velocidad de las primeras exigen lo mismo en los segundos. En las leyes de la regulación numérica de los componentes de un sistema biológico predomina la contingencia, y podemos detectar efectos a distancia entre las especies, lo que no obsta para que existan eslabones intermedios: como ya vimos en el Serengeti, la irrupción o desaparición del virus de la peste bovina puede afectar en mayor o menor medida a las jirafas, entre otras muchas cosas. Ahora, la pregunta es: ¿qué relaciones indirectas de causa efecto ocurren a nivel molecular y celular que puedan ocasionar graves desequilibrios en el ecosistema interno del organismo pluricelular? Evidentemente, este razonamiento está relacionado con las enfermedades de plantas y animales, incluidos, naturalmente, los humanos. Este planteamiento ecológico del organismo y la enfermedad implicaría desentrañar los eslabones intermedios entre los más evidentes, como ocurría en el Serengeti con los ñúes, la hierba, los incendios y los árboles, que estaban entre el virus de la peste bovina y las jirafas. Aunque asegura publicaciones y subvenciones, el actual enfoque genocéntrico, además focalizado en el estudio de genes individuales, no ayuda mucho a este empeño.

La información conformacional de las proteínas es la base de la plasticidad fenotípica

Volviendo al alosterismo de Monod, mi afirmación de que, con este descubrimiento, lo que él realmente vislumbró fue el primer secreto de la vida se fundamenta en la coherencia del modelo proteocéntrico sobre el origen, la naturaleza y la evolución de la vida que expongo en este libro. Como hemos visto en capítulos anteriores, en mi interpretación de los datos biológicos la información conformacional de las proteínas (y también la de algunas moléculas de ARN) sería prioritaria o precedente a la secuencial del ADN, la que Monod confirmó como primer secreto de la vida con su apuesta por la invariancia de esta molécula genética sobre la funcionalidad de las proteínas. En mi modelo, con la información conformacional —esencia del alosterismo— comenzaría la evolución prebiótica y la vida. Es muy probable que no directamente con las muy especializadas proteínas alostéricas que actúan en las células evolucionadas, sino con la información conformacional conjunta de la triada proteica formada por conformones (priones funcionales), proteínas intrínsecamente desordenadas (IDP) y chaperones (proteínas de choque térmico, HSP). En mi interpretación estas proteínas canalizan los esbozos de las rutas metabólicas y la herencia mineral previas hacia las propias de la vida. Este tránsito entre la información prebiótica inorgánica y la ya biótica se hace mediante la selección natural de proteinoides que experimentan con los mecanismos y propiedades rudimentarias que actualmente vemos desarrollados en los tres tipos de proteínas citadas. Se iniciaría, así, la rampa evolutiva de la información y herencia conformacional pregenéticas que conduciría al despliegue de las funciones vitales, subrayando inicialmente en ellas los procesos relacionados con el metabolismo y la replicación. La herencia conformacional tiene una especial importancia en la coevolución de las proteínas con el ARN y la selección de los mecanismos que permitieron la formación de un primer código pregenético conformacional, previo al secuencial. Recordemos que este código primitivo se sustenta sobre la relación conformacional biunívoca de una proteína (una aminoacil-ARNt sintetasa) con un ARNt y con un aminoácido específicos. Solo hay 20 de estas enzimas sintetasas (una por aminoácido) y los 20 ARNt correspondientes son reconocidos por su bucle D, no por el anticodón. Por lo tanto, este código no es degenerado, como si lo es el secuencial, donde hay varios ARNt específicos de un aminoácido (todos con un único bucle D), pero con tripletes anticodones distintos y complementarios de sus correspondientes codones en el ARNm. Estos hechos se interpretan mejor dando prioridad a la información biológica conformacional de las proteínas sobre la secuencial del ARNm y ADN. Además, entre otras razones, dado que las proteínas sintetasas constituyen los únicos actores en esta escena prebiótica que no presentan degeneración alguna en su relación biunívoca, podemos argumentar la prioridad o precedencia de su información conformacional sobre la del ARNt. Es lógico pensar que primero se unieran los aminoácidos a moléculas de ARNt en el seno de las sintetasas y que, posteriormente, este complejo utilizara —sin propósito previo alguno— largas cadenas de ARN lineal como plantilla para la síntesis de polipéptidos, quizá interaccionando mediante complementariedad de bases con una o dos, antes de fijar el código secuencial de tripletes en la evolución.

Pero, además del metabolismo y la replicación, la información conformacional también puede reclamar la prioridad sobre la secuencial del ADN en lo relativo a la función de relación del organismo con el entorno. En esta toma de noticia, las proteínas están en vanguardia en las membranas de las células que actúan como receptores de estímulos del exterior, y la información conformacional tiene un papel de primer orden en la recepción y transducción de señales moleculares ambientales al interior celular. Lo mismo podríamos decir de la regulación epigenética, *sensu lato*, donde la información conformacional produce cambios estructurales en los cromosomas y en otros dominios de información biológica estructural (DIBE).

Desde las etapas prebióticas del origen de la vida, las primeras cadenas de reacciones metabólicas estarían a cargo de proteínas desordenadas poco específicas. Podemos imaginar que, de forma contingente, el producto final de una cadena interaccionara con las distintas enzimas de esta... produciendo distintos efectos. Es muy probable que algunos de estos fuesen más beneficiosos que otros para la funcionalidad de la célula. Entre ellos, podríamos destacar, para la economía celular, el resultante de la interrupción de la ruta metabólica por la acumulación excesiva de su producto final. Se trataría de un fenómeno de inhibición por realimentación mediado por alosterismo, donde el producto final interacciona con la primera enzima (de naturaleza alostérica) de la cadena, provocando en ella un cambio conformacional que impide la unión con su sustrato y, por tanto, la desactiva. Con la posterior conquista del código genético, estos fenómenos alostéricos adquieren una dimensión de regulación epigenética, pudiendo actuar sobre la inducción enzimática mediante la inactivación por cambio conformacional de proteínas alostéricas represoras de la expresión génica.

Desde el ámbito de la evolución prebiótica y a lo largo de toda la evolución, mi modelo proteocéntrico plantea cómo la selección funcional de las interacciones moleculares ha ido fijando dominios de información biológica estructural (DIBE). En los inicios se irían seleccionando los péptidos y polipéptidos que constituyen las unidades o dominios funcionales y estructurales básicos, presentes en todas las proteínas. Estas unidades, de origen prebiótico y pregenético, marcan la precedencia de las proteínas sobre los ácidos nucleicos: primero se seleccionarían los dominios proteicos y, posteriormente, esta información estructural se codificaría en la información secuencial del ARN y ADN en forma de exones, como se ve en el hecho de que todos los cambios genéticos son siempre conservativos con la información funcional y estructural proteica previa, común en todos los seres vivos. Así pues, desde el origen de la vida hasta el Serengeti —pasando por el operón y la adquisición de la consciencia humana, entre otras muchas conquistas—, la selección natural de las interacciones funcionales va integrando información biológica como dominios estructurales (DIBE). A partir de los dominios proteicos prebióticos — los primeros DIBE pregenéticos— y con la posterior relación de código genético, sus correspondientes exones (los DIBE genéticos), todas estas unidades de información biológica estructural se combinan y operan entre los niveles de integración de los seres vivos como información epigenética, constituyendo una urdimbre arborescente. La trama del telar de la vida se teje con ella cuando agentes infecciosos supramoleculares como los virus se enredan entre las ramas de estas unidades funcionales (organismos celulares y pluricelulares) o cuando el crecimiento desordenado del cáncer desafía a la unidad funcional de un organismo. Mientras que en el origen de la vida primaba la necesidad sobre la contingencia, a medida que urdimbre y trama crecían y se entrecruzaban cada vez más, las relaciones contingentes entre las especies y sus medios aumentaban en complejidad y, en consecuencia, también lo hacían todos los factores bióticos y abióticos de la ecosfera.

El origen del lenguaje

En coherencia con lo expuesto hasta ahora, el aumento de la complejidad del medio con el que interactúan las especies lleva aparejado el consiguiente incremento de la información biológica estructural, tanto la cualitativa como la cuantitativa. En lo referente a la cualitativa, que implica una mayor interacción directa con el medio específico, encontramos un magnífico ejemplo en el origen y desarrollo del lenguaje humano en paralelo a la evolución del cerebro. La pregunta aquí es: ¿cómo puede explicarse el proceso de formación de nuevas áreas de conexiones neuronales, que preside la evolución del cerebro humano, bajo la presión selectiva que implica la adquisición del lenguaje? Algunos autores buscan la respuesta en mecanismos físicos desconocidos o en una exaltación del azar genético, otros en la complejidad del comportamiento frente al medio como orientador de las presiones de selección. Yo me adhiero a estos últimos, aunque, como ya he expuesto repetidas veces en este libro, considero que el medio no es solo selector, sino también y primeramente, moldeador. En este sentido, es curioso que Monod —el descubridor del alosterismo—, fascinado por la genética y la naciente biología molecular —con su flamante dogma central—, se decante de forma absoluta —en el apartado «Origen de los anticuerpos» de su libro *El azar y la necesidad*— por las teorías selectivas —como la teoría de la selección clonal de Burnet— frente a la del molde antigénico de Landsteiner y Pauling. Aquí Monod apuesta por

> *la inagotable riqueza de la fuente de azar donde bebe la selección [...] en esta ruleta genética especializada y ultrarrápida [...] intervienen tanto recombinaciones como mutaciones, produciéndose unas y otras en cualquier caso al azar, con ignorancia total de la estructura del antígeno. Este, por el contrario, desempeña el papel de selector [...] (Monod, 1981).*

No obstante, en el siguiente apartado («El comportamiento como orientador de las presiones de selección») le otorga al medio específico un papel algo más activo en sus interacciones con el organismo:

> *Organismos diferentes que viven en el mismo «nicho» ecológico, tienen con las condiciones externas (incluyendo los demás organismos), interacciones muy diferentes y específicas. Estas interacciones específicas, en parte «escogidas» por el mismo organismo, son las que determinan la naturaleza y la orientación de la presión de selección que soporta. Digamos que las «condiciones iniciales» de selección que encuentra una mutación nueva comprenden a la vez, y de forma indisoluble, el medio exterior y el conjunto de las es-*

tructuras y performances del aparato teleonómico (Monod, 1981).

Monod considera, además, que tanto la participación de las *performances* teleonómicas como la autonomía del organismo frente al medio aumentan con la complejidad del nivel de organización:

> *... esta participación se puede considerar, sin duda, decisiva en los organismos superiores, cuya supervivencia y reproducción dependen ante todo de su comportamiento.*
>
> *[...]*
>
> *El hecho de que, en la evolución de algunos grupos, se observe una tendencia general, sostenida durante millones de años, al desarrollo aparentemente orientado de ciertos órganos, atestigua que la elección inicial de un cierto tipo de comportamiento (ante la agresión de un predador, por ejemplo) compromete a la especie en la vía de un perfeccionamiento continuo de las estructuras y performances que son el soporte de este comportamiento (Monod, 1981).*

En este razonamiento, Monod rememora a Lamarck y su idea de la herencia de los caracteres adquiridos mediante la tensión que el comportamiento ejerce sobre la plasticidad fenotípica:

> *Hipótesis hoy en día inaceptable, desde luego, pero que muestra que la pura selección, que opera sobre los elementos del comportamiento, culmina en el resultado que Lamarck quería expresar: el estrecho emparejamiento de las adaptaciones anatómicas y de las performances específicas (Monod, 1981).*

Quiero volver a resaltar la diferente consideración que Monod tiene acerca de la plasticidad fenotípica en los niveles superiores respecto al nivel supramolecular de las proteínas globulares, aún más llamativa cuando fue él el que descubrió el fenómeno del alosterismo, el segundo secreto de la vida, como él mismo lo denominó. Aun teniendo en cuenta que el fenotipo de las proteínas está informativamente más cerca de los genes que, por ejemplo, el de las jirafas —con su largo cuello incluido—, también debemos considerar que, en rigor interpretativo, la información genotípica usada para la formación de un polipéptido es meramente secuencial y que, mediante la relación de código genético, se traduce en la secuencia de aminoácidos de este, y punto. La realidad dista mucho del rígido determinismo del DCBM, que reza: una secuencia de ADN, una única estructura y función proteica. Partiendo de esta invariancia secuencial como base, todas las posibilidades de información conformacional de los polipéptidos (fundamentalmente, de los más desordenados) depende de las condiciones fisicoquímicas ambientales y, sobre todo, de las interacciones con sus ligandos moleculares. Hay margen, pues, para la plasticidad fenotípica de las proteínas; en unas —como los priones-conformones, los chaperones y las IDP— más que en otras con estructuras más ordenadas. En mi modelo de la información biológica —en sus vertientes pregenética, genética y epigenética—, la plasticidad fenotípica de las proteínas es coherente con la interpretación de los principales datos y hechos de la biología, que modifica y extiende los conceptos de herencia y selección natural al conjunto de la ecosfera. Como ya he expuesto a lo largo de este libro, partiendo de las leyes de la evolución fisicoquímica, la selección funcional de las interacciones moleculares va generando estructuras en los distintos niveles de integración biológicos —los agentes y organismos de cada nivel, pero también los DIBE—. Así, en mi modelo la función es prioritaria a la estructura, aunque la información biológica se deposita en esta última, pero no solo en los organismos de las especies, sino también en la permanente relación con sus medios y ambientes específicos: genuina información estructural en la ecosfera, establecida de forma dinámica entre los factores bióticos y abióticos pertinentes a cada una. De esta manera, la herencia —que no es sino la información biológica que pasa de una generación a la siguiente— trasciende la idea actual de información exclusivamente genética (estructura primaria, secuencial, del ADN) para abarcar también toda la información estructural pregenética y epigenética de los organismos y, además, la información estructural de las interacciones entre estos y su medioambiente. En este sentido, como ya hemos repetido, la selección natural abarca la continua sucesión de ajustes posibles en el equilibrio dinámico entre los factores bióticos y abióticos de la ecosfera, en permanente interacción.

Pero volviendo al problema de las presiones de selección en la evolución de las especies, veremos cómo lo entiende Monod en el caso concreto de la evolución humana asociada a la aparición del lenguaje. En primer lugar, él está de acuerdo con los lingüistas del momento en señalar este proceso como un acontecimiento único, pero discrepa de los que marcan una discontinuidad absoluta en la evolución biológica, totalmente independiente del variado sistema de llamadas y avisos que emplean los grandes simios. En este sentido, plantea el problema del tránsito entre estos y el *Homo sapiens* como evolución inicialmente biológica, pero que da paso **a otra evolución, creadora de un nuevo reino, el de la cultura, de las ideas, del conocimiento.** En este proceso, partiendo de las capacidades cerebrales de los grandes simios para registrar, asociar y transformar las informaciones del medio, pasamos al cerebro humano con nuevas conexiones neuronales asociadas al lenguaje. No obstante, Arsuaga y Martínez (1998) comentan que algunos paleoneurólogos proponen que el origen y desarrollo de ciertas áreas del cerebro humano estarían asociadas con otras actividades como, por ejemplo, la talla de la piedra.

En la explicación de los procesos sucesivos de hominización y humanización suele aparecer Chomsky y su gramática generativa, que nos sitúa ante un cuello de botella en la aparición de nuestra especie. Monod subraya de la aportación de este notable lingüista el hecho de que no se conozcan lenguas primitivas:

Según Chomsky, además, la estructura profunda, la «forma» de todas las lenguas humanas sería la misma. Las extraordinarias performances que la lengua representa y autoriza a la vez, están evidentemente asociadas al considerable desarrollo del sistema nervioso central en el Homo sapiens; desarrollo que constituye, además, su rasgo anatómico más distintivo (Monod, 1981).

Esta unidad de origen biológico de nuestra especie contrasta con la enorme diversidad cultural de la humanidad. Es la diferencia entre la evolución biológica, de adquisición funcional y estructural de la consciencia humana, y la cultural, de los distintos grupos humanos, que crea los correspondientes contenidos de la consciencia.

De esta línea de razonamiento, Monod concluye:

La hipótesis que me parece más verosímil es que aparecida muy pronto en nuestra raza, la comunicación simbólica más rudimentaria, por las posibilidades radicalmente nuevas que ofrecía, constituyó una de esas «elecciones» iniciales que comprometen el porvenir de la especie creando una presión de selección nueva; esta selección debía favorecer el desarrollo de la misma performance lingüística y, por consiguiente, la del órgano que la produce: el cerebro (Monod, 1981).

Además, relaciona este proceso de hominización con la adopción de la postura erecta y la liberación de las extremidades anteriores. Igualmente, destaca que la adquisición del lenguaje en el niño es un proceso universal, cronológicamente idéntico para todas las lenguas: «Resulta difícil no ver en ello el reflejo de un proceso embriológico, epigenético, en el curso del cual se desarrollan las estructuras neurales subyacentes a las performances lingüísticas» (Monod, 1981).

Aunque en los años 70 el uso del término epigenético no tenía el alcance del actual, aquí Monod podría haber mencionado la ley biogenética de Haeckel —«la ontogenia recapitula la filogenia»—, que hoy se entiende mejor a la luz de los avances en el conocimiento de la biología del desarrollo. Pero, no obstante la consideración lamarckiana a la epigenética y al comportamiento como orientador de las presiones de selección, en último término Monod define la naturaleza humana en términos genéticos:

> ... la capacidad lingüística que se revela en el curso del desarrollo epigenético del cerebro forma parte actualmente de la «naturaleza humana» definida ella misma en el seno del genoma en el lenguaje radicalmente diferente del código genético. ¿Milagro? Ciertamente, puesto que en última instancia se trata de un producto del azar (Monod, 1981).

Otro autor, especialista en la moderna genética del desarrollo, que aborda la evolución humana asociada al lenguaje es Javier Sampedro. En su libro *Deconstruyendo a Darwin* (2002) critica el gradualismo como factor determinante de la evolución por selección natural y, en su lugar, propone la **evolución modular** como «fuente natural de progreso en biología». Sin renunciar totalmente al gradualismo darwiniano como explicación de «las adaptaciones que las especies muestran a su particular entorno», considera «los grandes acontecimientos creativos de la evolución biológica» como ejemplos de **evolucionabilidad**:

> Lo que quiero decir es que los grandes pasos de la evolución, los incrementos de complejidad, las exploraciones de nuevos espacios de diseño, no consisten en una mera acumulación de ínfimas variaciones fijadas por selección natural en la inmensidad del tiempo [...] son acontecimientos sin-

gulares, relativamente súbitos, sin evidencias de transición gradual, y han ocurrido una sola vez en la historia de la Tierra (Sampedro, 2002).

Al igual que hacía Monod —cuando intentaba aplicar la idea del **comportamiento como orientador de las presiones de selección** para entender el origen del lenguaje, asociado a la evolución del cerebro—, Sampedro también invoca al «apestado» Lamarck y al polémico Chomsky, pero lo hace acompañado de otros investigadores, como el psicólogo James Mark Baldwin y los neurocientíficos Gerald Edelman y Giulio Tononi. Estos últimos aportan una renovada teoría de la consciencia animal que nos permite recrear el tránsito del cerebro de los grandes simios al de los humanos. Ellos creen que la consciencia humana consiste en una sucesión de escenas unitarias e indivisibles formadas mediante una red de interacciones mutuas y simultáneas de las distintas regiones especializadas de la corteza cerebral. Estas interconexiones se refuerzan cuando formamos conceptos al coincidir sus elementos en una escena, tanto en la experiencia como en la imaginación o la memoria. El camino que hay que reconstruir es el que va desde la consciencia primaria de los grandes simios antropoides —con cerebros capaces de formar escenas mentales, pero sin lenguaje— a la consciencia humana. Igualmente, hay que plantearse el tránsito en la evolución desde la consciencia primordial de los animales más elementales hasta la de nuestros antepasados primates. Aquí es donde Sampedro —a diferencia del acontecimiento único y modular del origen del lenguaje— no ve problema alguno para describir un proceso de evolución gradual:

La consciencia primaria, por tanto, puede surgir gradualmente por selección natural a partir de animales de comportamiento rígido y mecánico. Este acontecimiento evolutivo no necesitaría una invención neurológica muy radical: bastaría con que la selección natural favoreciera durante millones de años el aumento, todo lo gradual que se quiera, del número de conexiones que intercambian los especialistas del córtex (Sampedro, 2002).

Ya hemos llegado a la consciencia primaria de nuestros parientes primates, ahora falta explicar el gran salto a la consciencia humana. Según Edelman:

> *La consciencia primaria —la capacidad de generar una escena mental en la que una gran cantidad de información diversa se integra con el objetivo de organizar el comportamiento presente e inmediato— se da en animales con estructuras cerebrales similares a las nuestras. Esos animales parecen capaces de construir una escena mental, pero, a diferencia de nosotros, tienen unas capacidades semánticas o simbólicas muy limitadas, y carecen de verdadero lenguaje. (Edelman y Tononi, 2002).*

Por su parte, Sampedro intenta explicar este salto a partir de la teoría de la consciencia primaria de los dos neurocientíficos, «los conceptos y sus conexiones ya existían antes que las palabras»: «Las primeras palabras no inventaron conceptos: se limitaron a describir los conceptos anteriores al lenguaje, sobre todo los más comunes o importantes: los conceptos generados por la consciencia primaria de un mono» (Sampedro, 2002).

Pero ¿cómo explicamos el salto de la consciencia primaria de nuestros antepasados (monos antropoides) a la consciencia humana, con un cerebro mucho más desarrollado? Sampedro lo ve así:

> *Quizá un Australopithecus pudiera aprender por imitación a asociar unos cuantos gruñidos con otros tantos estados conscientes (conceptos) visuales o emocionales. [...] Pero lo que va de ahí al órgano del lenguaje innato demostrado por Chomsky parece aún un abismo insalvable. Ese órgano debe estar hecho de redes de neuronas con una arquitectura espe-*

cial innata, es decir, diseñada por los genes durante el desa-
rrollo del cerebro. ¿Qué tiene que ver que el Australopithecus
pueda aprender unos cuantos gruñidos con la posterior evolu-
ción de los genes que saben hacer una arquitectura neuronal
innata del lenguaje? ¡Qué bien nos vendría Lamarck aquí!
Si el resultado del esfuerzo de un homínido por mejorar sus
gruñidos a lo largo de su vida pudiera imprimirse en los
genes de su hijo, dispondríamos de un poderosísimo mecanis-
mo para la evolución del lenguaje [...] Pero el lamarckismo
está prohibido, ¿no? (Sampedro, 2002).

Sampedro recurre al denominado **efecto Baldwin**, que consiste en que **lo aprendido se hace instinto:**

... cuando un cerebro es capaz de aprender algo, el resulta-
do de ese aprendizaje acaba, generaciones después, formando
una estructura innata en el cerebro del recién nacido. [...]

En términos neuronales, aprender algo no es más que
reforzar ciertas conexiones sinápticas y debilitar otras. Y un
dispositivo innato del cerebro no es más que una serie de co-
nexiones sinápticas reforzadas o debilitadas desde el naci-
miento, sin que medie aprendizaje alguno (o sin que medie
mucho) (Sampedro, 2002).

En este punto, Sampedro opta por el carácter preadaptativo
de la mutación:

Antes de que existieran coches..., la variabilidad genéti-
ca natural producía niños que tenían parte de este trabajo
hecho de nacimiento: algunas de esas conexiones sinápticas
reforzadas ya estaban ahí sin necesidad de ningún aprendi-
zaje, por la más pura y simple casualidad darwiniana: (1)
los genes cambian al azar, (2) los genes afectan a las conexio-
nes sinápticas y, por tanto, (3) la población tiene una gama
continua y aleatoria de conexiones reforzadas innatas. [...]
Los genes, y las arquitecturas neuronales innatas fabricadas

por ellos, permanecerían variando aleatoriamente una gene-
ración tras otra, sin que ninguna fuerza selectiva favoreciera
una variante sobre las demás y acabara transformando la
composición genética de la población (Sampedro, 2002).

Vemos que en coherencia con este enfoque acerca de la evolución del cerebro y de la mente humana mediante un rápido
proceso de adaptación al medio, Sampedro —al igual que
Monod— también elude la plasticidad fenotípica frente a un
medio moldeador, y se centra en su papel exclusivamente selector
de la variabilidad genética al azar, aunque, en vez de limitarse solo
al gradualismo de las mutaciones puntuales, apuesta por la evolución de módulos genéticos:

> *Los acontecimientos singulares de la evolución suelen ir*
> *acompañados de sucesos modulares en los genomas que los*
> *experimentan: incorporaciones de genomas completos, dupli-*
> *caciones de sistemas integrados preexistentes, reutilizaciones*
> *de estrategias complejas cuya eficacia ya había sido probada*
> *con anterioridad (Sampedro, 2002).*

En el desarrollo del concepto de evolución modular, Sampedro se encuentra con algunos problemas; uno de los principales
es el relativo al origen de la primera célula:

> *El surgimiento de la célula eucariota no hizo desaparecer*
> *a las bacterias —a los módulos— que la constituyeron: los*
> *descendientes de esos módulos siguen hoy mismo nadando*
> *por ahí. La evolución de Urbilateria no hizo desaparecer a*
> *los metazoos de simetría radial que aportaron a Urbilateria*
> *sus módulos, formados por un gen selector y una batería cohe-*
> *rente de genes downstream. Si la primera bacteria se formó*
> *por evolución modular, es decir, por la agregación o duplica-*
> *ción de subsistemas coherentes más o menos autónomos, yo*
> *esperaría encontrar rastros actuales de esos subsistemas, o al*
> *menos una combinación de ellos que fuera diferente de la*

omnipresente solución que dio lugar a todos los seres vivos que existen en la Tierra, incluido el código genético universal en este planeta. ¿Dónde están esos rastros del pasado modular de la primera célula? No los hay, que sepamos (Sampedro, 2002).

No voy a abordar de nuevo el interesante problema que aquí plantea Sampedro —en muchas páginas del libro explico mi interpretación sobre el origen de la vida y la eucariogénesis—, tan solo recordar que en el modelo proteocéntrico los primeros módulos se corresponden con las unidades estructurales básicas o dominios de las proteínas y, con la posterior conquista del código genético, sus correspondientes exones —ambas estructuras constituyen el inicio de los DIBE a nivel supramolecular—. Igualmente, en este modelo la primera célula sería protocariota —tendría una naturaleza básicamente eucariota— y de ella surgirían, mediante una actividad de exocitosis vesicular semejante a la de los actuales exosomas, células acariotas (arqueas y bacterias) y los virus. Además, en este modelo hay una producción continua de dominios de información biológica estructural (DIBE), en vez de casos singulares de evolución modular, y no hay problemas con ningún resto de las etapas prebióticas del origen de la vida.

En relación con estos dominios informativos, voy a retroceder a la reflexión de Sampedro sobre Lamarck y el efecto Baldwin. En su libro *Deconstruyendo a Darwin*, frecuentemente identifica la genuina teoría evolucionista del naturalista británico con el neodarwinismo de la teoría sintética. Como ya hemos visto en anteriores capítulos, Darwin propuso una teoría de la herencia compatible con el enfoque lamarckiano: la pangénesis. Las gémulas —propuestas por Darwin como mecanismo conector de la peripecia somática con las células sexuales— tienen un representante real en los exosomas y, además, tenemos la plasticidad fenotípica como precedente y orientadora de las mutaciones genéticas. Por otra parte, también es imprecisa la afirmación de que el mecanismo propuesto por Baldwin sea exclusivo de los animales con cerebro, la relación entre aprendizaje e instinto no es más que una particularidad epigenética de la más general entre ontogenia y filogenia. Aquí estamos de nuevo ante el dilema de la prioridad entre estructura y función: ¿qué fue primero, la estructura acertada o la función resultante de la interacción necesaria seleccionada? Por una parte, tenemos el proceso gradual de selección de la consciencia primaria, que aparece en distintos animales con mayor o menor complejidad, pero, por otro lado, tenemos el salto evolutivo del surgimiento del lenguaje humano, realizado en muy poco tiempo. ¿Cuál es el motor de este proceso? ¿Las mutaciones genéticas o el repentino e inagotable incremento de las interacciones entre los homínidos? De acuerdo con Goethe, «en el principio fue la acción».

Eric R. Kandel (Premio Nobel de Fisiología o Medicina en el año 2000), en su magnífico libro *La nueva biología de la mente*, nos dice que Descartes se equivocaba al pensar que «la mente está separada del cuerpo y funciona con independencia de él». Al separar la mente del cerebro, Descartes tenía un planteamiento dualista, como lo tenía Alfred Wallace —el codescubridor de la selección natural—, que también pensaba lo mismo, pero no así Charles Darwin, que tenía un pensamiento materialista monista: la mente es un producto del cerebro, es decir, de la materia en evolución organizada en forma de cerebro. Otro aspecto importante que debemos tener en cuenta es que la mente no emana del cerebro sin más, respondiendo a algún tipo de programa genético. Denominamos mente a una serie de procesos que resultan de la toma activa de noticias del mundo exterior por el organismo animal, del procesamiento por el cerebro de los datos percibidos, de las acciones de respuesta y de la experiencia encadenada en dicho proceso.

Así, la mente surge de la interacción, y de la estructura resultante, entre el organismo animal y su entorno, mediados por el cerebro. Nuestra mente —en sus diferentes manifestaciones: aprendizaje, memoria, conciencia, pensamiento...— resulta de la plasticidad funcional y estructural del cerebro del organismo humano en interacción con su medio. De esta manera, la fisiología y la anatomía cerebral experimentan modificaciones que recorren, de abajo arriba, cambios conformacionales en las proteínas implicadas en las redes de interacciones moleculares intra e intercelulares, cambios morfológicos en las neuronas y en las células de la glía y cambios en la red de comunicaciones entre neuronas, mediante el establecimiento y reforzamiento de uniones muy precisas entre ellas, denominadas sinapsis. Así pues, estas se modifican como resultado adaptativo de las interacciones del organismo frente a su medio. En el límite negativo de la fisiología, la patología cerebral también se caracteriza por exhibir cambios significativos en estos tres niveles de organización: supramolecular, celular y de organismo pluricelular.

Debemos subrayar que la mente no es solo un producto del cerebro aislado, sino que resulta de la permanente interacción entre el cerebro y el medio, en continuo cambio. En este sentido, y ante la complejidad de uno de los productos más especiales de la mente, la conciencia, resulta pertinente citar la conocida frase de K. Marx: «No es la conciencia del hombre la que determina las condiciones materiales de su existencia, sino estas últimas las que determinan su conciencia».

El inmunólogo C. Janeway Jr. parafrasea esta cita para describir la esencia adaptativa del sistema inmunitario, a saber: la selección de un repertorio linfocitario que permita, por una parte, discriminar entre lo propio y lo no propio y, por otra, que este pueda adquirir una memoria específica frente a lo ajeno manteniendo una tolerancia frente a lo propio. Así, según Janeway:

«No es el repertorio de receptores T heredado genéticamente el que determina las interacciones de los linfocitos; sino, por el contrario, las interacciones linfocitarias (selección positiva y negativa en el timo) las que determinan el repertorio de linfocitos».

Quiero resaltar —además del paralelismo entre el sistema inmunitario y nervioso— el hecho de que aquí la selección natural no responde al criterio de la reproducción diferencial por las limitaciones de alimento, sino más bien a mecanismos reguladores como los que hemos visto para la homeostasis, el control de la división celular o del metabolismo... Pero quizá lo más sorprendente sea encontrar la esencia de las frases citadas en Lamarck:

> No son los órganos, es decir, la naturaleza y forma de las partes del cuerpo del animal, lo que ha dado lugar a sus hábitos y facultades especiales, sino que son, por el contrario, sus hábitos, su modo de vida y su entorno lo que ha controlado en el curso del tiempo la forma de su cuerpo, el número y estado de sus órganos y, finalmente, las facultades que posee (Lamarck, 2017).

Sin entrar en la crítica de otros aspectos de Lamarck, aquí deja claro, en una relación de causa efecto, la prioridad de la función sobre la estructura, y la importancia del medio en el proceso de plasticidad somática adaptativa.

En el caso del origen, la naturaleza y la evolución del lenguaje, estamos ante un ejemplo de evolución rápida, impulsada por la complejidad creciente de un incipiente medio social y basada en la exaltación de la plasticidad fenotípica de los tres niveles de agente vivo implicados: el esfuerzo por utilizar las manos y la palabra, mediante el que se tiende a universalizar socialmente el medio humano (nivel animal); el refuerzo de las conexiones sinápticas neuronales (nivel celular) y la plasticidad conformacional adaptativa de las proteínas implicadas en el proceso, que sirve de guía selectiva a las mutaciones y recombinaciones genéticas y a las modificaciones epigenéticas (nivel supramolecular). Igualmente, y en coherencia con lo anterior, se pone de manifiesto el cambio rápido y la acumulación de los tres tipos de información biológica: pregenética, basada en la plasticidad fenotípica en los tres niveles; genética, basada en los cambios en la información secuencial —seleccionados coherentemente por la información pregenética— y la epigenética de índole estructural. Hay que tener en cuenta que en el desarrollo del cerebro están implicados el mismo tipo de genes selectores (con sus correspondientes cadenas de genes *downstream*) que los que portan información para otras zonas del organismo; pero esto no quiere decir que ninguno de estos genes, denominados selectores, tenga una misión reguladora o diseñadora, solo actúan como plantillas secuenciales para la síntesis de proteínas implicadas en procesos fisiológicos de regulación o diseño. De hecho, los genes selectores están implicados en un esquema regulador similar al del operón lactosa y, además, son idénticos e intercambiables entre especies como, por ejemplo, la mosca de la fruta y los humanos.

Para desbrozar el problema de la plasticidad fenotípica en los tres niveles de integración animal, conviene contemplar la evolución del cerebro desde los animales más primitivos. En esta mirada panorámica son muy importantes las investigaciones con la babosa marina *Aplysia* de Kandel, acerca de los refuerzos en las interconexiones neuronales implicadas en el aprendizaje y la memoria.

La trama molecular del aprendizaje y la memoria: del gen al medio

Hemos visto que la mente es un producto del cerebro, pero no algo que emana de un cerebro aislado como resultado directo de algún programa genético, sino como resultado de la dinámica cerebral que media la interacción entre el organismo animal y su medio. En esta dinámica —como en cualquier otra interacción entre el organismo y el entorno— intervienen los niveles de integración supramolecular, celular y animal, los cuales, en interacción continua con sus respectivos medios, exaltan la plasticidad fenotípica en los dominios informativos pregenético, genético y epigenético. En el modelo proteocéntrico propuesto, dentro del dominio de información conformacional pregenética tenemos las características esenciales o constitutivas de las proteínas, tanto en lo relativo a la plasticidad proteica específica de estructuras desordenadas frente a ligandos diversos como en la propagación de conformaciones por medio de proteínas tipo prión. Por su parte, la información epigenética, *sensu lato*, se corresponde con la exaltación de la plasticidad estructural, bajo los niveles celular y pluricelular, y el manejo modular de los genes, por las proteínas, que mantenga el conveniente equilibrio, en cada caso, entre invariancia y diversidad proteica.

En coherencia con el modelo propuesto, debemos preguntarnos: ¿cómo se forma, se almacena y se recupera la memoria en el cerebro? Los neurobiólogos constatan que actualmente existe un vacío abismal entre el conocimiento de regiones claves del cerebro asociadas a determinadas funciones y el conocimiento de los potenciales mecanismos moleculares que intentan explicarlas. A este respecto, una importante fuente de conocimiento podría generarse desde la correlación de las diferencias genéticas (generalmente pocas) y, sobre todo, epigenéticas de los grandes tipos animales con las anatómicas cerebrales de los mismos tipos, a lo largo de la filogenia. No obstante, se sabe que muchas moléculas iguales están implicadas en los dos principales tipos de memoria, declarativa y no declarativa; y en especies muy variadas, como la babosa marina, la mosca de la fruta y algunos roedores. Así pues, parece que la maquinaria molecular para la memoria ha sido ampliamente conservada en la evolución. Santiago Ramón y Cajal proponía que la memoria debe implicar el fortalecimiento o refuerzo de las conexiones neuronales. Y en los trabajos de Eric Kandel con la babosa marina *Aplysia* se observa que la experiencia modifica las sinapsis y permite la adaptación a los cambios ambientales, resaltando, una vez más, que la función es prioritaria a la estructura y le da coherencia. Igualmente, las lesiones y las enfermedades también modifican las conexiones neuronales (Kandel, 2019).

La memoria explícita o declarativa supone la capacidad consciente de recordar hechos y acontecimientos. Está relacionada con la región medial del lóbulo temporal, que incluye el hipocampo. Por su parte, la memoria implícita o no declarativa tiene que ver con habilidades motoras ejecutadas automáticamente —andar, montar en bicicleta, usar la gramática, etcétera— de forma inconsciente. Está relacionada con regiones del cerebro que responden a estímulos, como la amígdala, cerebelo y los ganglios basales. La unidad funcional y estructural más elemental implicada en la memoria implícita es el arco reflejo asociado a un acto reflejo y constituye la base del aprendizaje asociativo —descubierto por Ivan Pavlov— relacionado con los estímulos condicionados. Para Pavlov, el aprendizaje implicaba una asociación entre los estímulos externos y el comportamiento. Queda claro, pues, que el aprendizaje y la memoria se sostienen, en parte, en el medio, y no solo como toma de noticia consciente de lo que ocurre a nuestro alrededor, sino también como reflejo condicionado inconsciente. La trama de la memoria no es solo cerebral, y mucho menos la expresión de un programa genético.

Kandel subraya que la memoria no es una función unitaria, distintos tipos de memoria se procesan de forma diferente y se almacenan en distintas regiones del cerebro. Pero tanto la memoria explícita como la implícita se pueden almacenar a corto plazo, durante unos minutos, o a largo plazo, durante días, semanas e incluso más tiempo. La memoria a corto plazo implica modificaciones químicas que fortalecen las sinapsis. La memoria a largo plazo requiere síntesis de proteínas diversas —entre otras, priones— y, probablemente, la construcción de nuevas sinápsis. La potenciación a largo plazo (LTP) es un tipo de refuerzo sináptico en el hipocampo, y hay un amplio consenso en considerar este mecanismo como una de las probables bases fisiológicas de la memoria. Además de los priones, algunas proteínas —que también destacan por su plasticidad e información conformacional—, pertenecientes a la familia de las denominadas proteínas intrínsecamente desordenadas o desestructuradas (IDP o IUP), también participan en la adquisición de memoria a largo plazo, como, por ejemplo, TAD (CREB *transactivator domain*), que actúa sobre un grupo de proteínas —conocido como CREB (cAMP *response element binding protein*)—, que resultan esenciales para la activación de la expresión génica necesaria para la conversión de la memoria a corto plazo en memoria a largo plazo. En este sentido, también se han relacionado determinados neuropéptidos con la diversidad de las células cerebrales y con la diversidad de las sinapsis. Por otra parte, y contradiciendo la creencia de la ausencia de neurogénesis en el cerebro adulto, el hipocampo es una fuente de nuevas neuronas a lo largo de la vida del animal.

En esta panorámica del conocimiento actual sobre el aprendizaje y la memoria animal, antes de abordar directamente los mecanismos moleculares específicamente neurológicos, puede ser conveniente plantear: ¿cuáles son los mecanismos moleculares generales de la adaptación biológica al medio? Para ello, y dentro del marco general del modelo proteocéntrico propuesto, debemos intentar entender cómo se genera la información conformacional en las proteínas, esto es, ¿cómo se produce la dinámica conformacional de las proteínas en la interacción funcional con sus ligandos? Además, como acabamos de ver, los mecanismos moleculares básicos, implicados en la memoria, están muy conservados a lo largo de la evolución; e incluso me atrevería a proponer que, en lo esencial, estos mecanismos adaptativos responden a una misma lógica desde las etapas prebióticas del origen de la vida, que vamos a recapitular.

En este momento, debió seleccionarse el juego entre dos tipos de estructuras dentro de los polipéptidos proteinoides que se formaron al azar en la sopa primordial, a saber: las estructuras hidrofílicas desordenadas, con su capacidad de unión por ajuste inducido a diferentes ligandos moleculares, y las estructuras hidrofóbicas compactas, con su capacidad para empaquetarse con otras estructuras proteicas propagando sus conformaciones. Las hidrofílicas, que son más desordenadas y plásticas, pueden cambiar a un tipo de estructura más ordenada bajo la acción de las hidrofóbicas compactas, tanto las de la propia proteína como las de otra. Esto es lo que ocurre con los priones-conformones, que pueden propagar su conformación β a otras proteínas; transformando, así, las conformaciones α, de proteínas de secuencia igual o similar, a β. Los conformones actuarían como selectores y propagadores de proteinoides termales desestructurados y poco específicos, merced a un código conformacional. Así, durante la etapa de evolución química prebiótica los proteinoides pregenéticos y desestructurados debieron moldearse y seleccionarse por interacción directa con el medio, y con el concurso de proteinoides de tipo prión (conformones) —caracterizados por su capacidad para propagar sus conformaciones— lograr establecer una línea de evolución conformacional adaptativa.

Los priones-conformones y las proteínas de choque térmico (HSP), entre las que se encuentran los chaperones y las chaperoninas, son proteínas que despliegan una gran cantidad de información conformacional. Aunque disponen de porciones, mayores o menores, de estructura desordenada que les permite cierta plasticidad en sus interacciones con otras moléculas. Su modo de actuación se apoya fuertemente en sus respectivos núcleos hidrofóbicos, ejerciendo un papel opuesto sobre otras proteínas: los priones-conformones inducen el cambio conformacional y las HSP contribuyen a mantener la conformación correcta, como, por ejemplo, los chaperones en el plegamiento y acompañamiento de los polipéptidos recién sintetizados.

Se conocen múltiples procesos biológicos donde los priones-conformones actúan junto a las HSP seleccionando y propagando información conformacional. Así, la proteína de choque térmico Hsp90, además de chaperón, puede actuar también como acumulador o condensador molecular (*capacitor*), que le permite mantener ocultas las posibles conformaciones proteicas de una determinada cantidad de mutaciones del genoma, mediante la conservación de las estructuras previas a las mutaciones. En situaciones de estrés celular abandona su función de conservación conformacional y libera bruscamente los fenotipos proteicos acordes a las mutaciones. Estos fenómenos proporcionan el primer mecanismo molecular plausible para que una célula responda a su ambiente con un cambio fenotípico heredable. Igualmente, algunas proteínas priónicas asistidas por chaperones pueden adoptar dos isoformas, una de las cuales puede ser capaz de propagar y amplificar su malformación actuando como un molde sobre las isoformas normales.

En este sentido, mecanismos similares de estabilización de la isoforma formadora de oligómeros dentro de proteínas de tipo prión-conformón, en la mosca de la fruta, pueden estar implicados en la memoria a largo plazo (LTP). La acumulación de estas isoformas podría ayudar a formar o estabilizar la memoria a largo plazo, mediante la creación de grupos de proteínas de larga vida en las sinapsis.

Igualmente, se han identificado en plantas alrededor de unas 500 proteínas candidatas a presentar un comportamiento priónico, que están implicadas en fenómenos de adaptación al ambiente a largo plazo. Generan, así, un tipo de memoria conformacional de las condiciones ambientales, transmisible de generación en generación.

En los últimos años del siglo XX , se ha visto que muchas proteínas de eucariotas exhiben una porción mayor o menor de estructura desordenada, son las denominadas proteínas intrínsecamente desordenadas o desestructuradas (IDP o IUP) que pueden adquirir una estructura terciaria estable cuando se unen de forma poco específica a diversos ligandos, que van desde pequeñas a grandes moléculas, como, por ejemplo, otras proteínas o ácidos nucleicos. Así, se supedita la estructura a las posibles funciones previas (la interacción con uno de varios ligandos posibles) o a procesos adaptativos frente a cambios ambientales, produciendo una información biológica conformacional. Esta también puede establecerse —en coherencia con un medioambiente mantenido— como un tipo de herencia conformacional. Conviene subrayar la importancia funcional de las IDP, ya que intervienen como reguladoras en procesos celulares clave, tales como transcripción, traducción, transducción de señales y ciclo celular; así como en muchos procesos de adaptación molecular.

Las IDP no presentan un núcleo (*core*) hidrofóbico y en ellas, además, predominan los aminoácidos hidrofílicos sobre los hidrofóbicos, lo que facilita la unión con diferentes ligandos, mediante ajuste inducido, en entornos acuosos. Las IDP reconocen a su ligando en un proceso de coplegamiento o plegamiento sinérgico. Este proceso presentaría una analogía estructural con los intermediarios de plegamiento de las proteínas globulares, que van desde el estado desplegado de ovillo al azar al plegamiento globular, pasando por el glóbulo prefundido y fundido (*molten globule*). Por todo ello, es posible que su funcionalidad en la célula precise del concurso de otras proteínas (como las HSP-chaperones y los conformones) que poseen tanto alguna región desestructurada como un potente núcleo hidrofóbico (*core*), que les proporciona estabilidad y capacidad de modificar a otras proteínas. Esta acción conjunta de los tres tipos de proteínas puede estar implicada en los principales procesos celulares y etapas biológicas, desde el origen de la vida, es decir: en la ontogenia, en la filogenia y en la fisiología celular. En la etapa prebiótica (anterior al código genético), pudo establecerse una relación de coevolución molecular entre los conformones y los proteinoides desordenados primitivos. El posible fruto de esa relación sería la selección pregenética de las características propias o esenciales de los dominios funcionales y estructurales de las principales familias proteicas (los primeros DIBE). Estos se definen tanto por sus núcleos hidrofóbicos —que determinan sus conformaciones de empaquetamiento— como por sus periferias hidrofílicas, que determinan fundamentalmente la especificidad, esto es, la capacidad de unión a ligandos específicos. Por poner un ejemplo, que ya hemos visto anteriormente, en la superfamilia de las inmunoglobulinas todos los anticuerpos tienen la misma estructura básica en sus dominios, pero los dominios variables portan unos lazos hipervariables que constituyen las tres regiones determinantes de la complementariedad (CDR 1, 2 y 3), y estas sufren cambios en el transcurso de la respuesta primaria a la secundaria frente al antígeno, de los que resulta una maduración de la afinidad. Se pasa, así, de un mecanismo de ajuste inducido a otro de llave-cerradura.

Este mecanismo pregenético de información y herencia conformacional de las proteínas coevolucionó, en la etapa prebiótica, con la información conformacional del ARN, y como resultado de esta coevolución se formó el código genético. Así, en este modelo proteocéntrico, la primera célula tendría una naturaleza esencialmente eucariota, básicamente una arquea similar a un núcleo, con un metabolismo elemental limitado a la producción de proteínas y una fisiología centrada en el tránsito de información externa, de la membrana celular al núcleo —rutas de transducción de señales— y de respuesta adaptativa interna, del núcleo a la membrana celular. En el inicio y en el final de ambas rutas informativas debe estar presente la triada formada por IDP, HSP-chaperones y conformones. En este sentido, parece que tanto los priones-conformones como las IDP están solo, o principalmente, presentes en los eucariotas, lo que reforzaría esta hipótesis. Además, este flujo de información entre el primordio de célula eucariota (que denomino protocariota) y el medio externo, iría reforzado por una continua y contingente producción de vesículas de exocitosis semejantes a los actuales exosomas —cargadas, al azar, de proteínas y ácidos nucleicos— que, sin propósito alguno, colonizarían el medio exterior, e interiorizarían y seleccionarían partes de su «metabolismo mineral abiótico». Muchas de estas vesículas estarían abocadas a volver, por endocitosis, a las células protocariotas.

De esta manera, se iría haciendo, lentamente y de forma exógena, el metabolismo energético. Así, en este modelo proteocéntrico —con este continuo baile de exocitosis y endocitosis— se formarían tanto los eucariotas como todos los acariotas —entidades sin núcleo definido—: el resto de las arqueas, las bacterias y los virus. En este sentido, resulta interesante el que las regiones desestructuradas —características de eucariotas— no tengan actividad enzimática. Las enzimas específicas pudieron formarse, en la etapa genética, aumentando paulatinamente la afinidad desde reconocimientos de ajuste inducido a mecanismos del tipo llave-cerradura. Además, en el interior de las vesículas de exocitosis, tanto el material genético como las proteínas resultantes —ambos producidos de forma contingente, y necesaria, por la maquinaria nuclear que había iniciado su andadura— pueden seleccionarse, sin problemas de coherencia funcional, en su encuentro con el premetabolismo mineral exterior. Algunas de estas vesículas alcanzarían la vida libre como acariotas y otras volverían por endocitosis a la célula protocariota, proporcionando, así, los nutrientes necesarios. En algunos casos, se podrían establecer relaciones de endosimbiosis, integrando de esa forma el metabolismo exógeno conquistado. Es muy probable que se estableciese una línea evolutiva de endosimbiosis que, en vez de ser un hecho puntual, puede continuar actualmente en determinados ambientes. Así, el inicio del metabolismo energético eucariota sería por integración funcional, en una línea evolutiva de endosimbiosis sucesivas, de un metabolismo acariota exógeno.

Por otra parte, en apoyo de este modelo de adaptación pregenética —basado en la plasticidad conformacional de IDP, HSP-chaperones y conformones— está que las IDP suelen estar en el centro de redes proteícas que conectan rutas reguladoras y de señalización celular. Esto resulta coherente con la hipótesis planteada que las situaría —junto con los otros dos elementos de la triada— en el comienzo y en el fin de las rutas informativas, de la membrana al núcleo, y viceversa. En este modelo general de la adaptación de las proteínas al medio —como hemos visto en la maduración de los anticuerpos—, las proteínas más plásticas estarían en los extremos de las rutas (principio y final) y las menos plásticas hacia el centro. Lógicamente, en el caso de que las rutas se entrelacen formando redes, el punto de conexión coincide con los extremos previos. El crecimiento, la evolución de estas rutas, sería orgánico (por intususcepción) desde los extremos hacia el centro, mediante duplicación génica y la consiguiente modificación mejorada del gen de la proteína anterior por selección conformacional. Es posible que, en general, se vaya pasando desde los extremos, más plásticos, hacia el centro, más específico, cambiando reconocimientos del tipo ajuste inducido por otros tipo llave-cerradura, con aumento de la afinidad. Igualmente, muchas rutas de transducción de señales son idénticas en su parte central y solo varían en el inicio y en el final, con proteínas más plásticas, sobre todo, en las que se sitúan en la membrana celular enfrentándose con los cambios del medio exterior. El cambio genético —por el que se puede pasar de la plasticidad proteica del ajuste inducido al reconocimiento tipo llave-cerradura— no puede ser tan rápido en la evolución en general como lo es en la producción de anticuerpos. Además de que el sistema inmunitario posee un sistema muy sofisticado y singular de generación de diversidad para el reconocimiento antigénico, los anticuerpos son proteínas que circulan libremente por los humores del organismo, y en las que los cambios que afectan a sus regiones hipervariables solo están implicados en la unión al antígeno, y no a su integración en complejos multiproteicos.

La evolución del común de las proteínas es más lenta y coherente con la funcionalidad general del sistema en el que estén integradas. En este sentido, ante las nuevas exigencias funcionales, las proteínas tensionarán su plasticidad conformacional al máximo —y, con la participación de las HSP-chaperones, incluso evitaran la manifestación fenotípica de algunas mutaciones favorables a esa nueva tendencia estructural— hasta que, en algún momento de estrés importante, las HSP-chaperones liberen los fenotipos proteicos —productos de las mutaciones acumuladas— que, así, serán seleccionados por la coherencia funcional del conjunto. Por otra parte, las IDP intervienen en muchas funciones de evidente implicación epigenética: metilaciones, acetilaciones, glicosilaciones, fosforilaciones, factores de transcripción, regulación de la transcripción y traducción, histonas, aminoacil-ARNt sintetasas, ensamblaje de grandes complejos proteicos, ribosoma, citoesqueleto, etc. Los polipéptidos desestructurados actúan como chaperones y proteínas HSP, y también forman parte de esta familia de proteínas, lo cual confirmaría la relación funcional ancestral de las HSP-chaperones con las IDP y priones-conformones, por lo que es probable que las HSP-chaperones surgieran como una familia proteica con características funcionales y estructurales intermedias entre las otras dos.

Las IDP parecen ser más ubicuas en la fisiología celular que los conformones. Al contrario de lo que suele ser el razonamiento habitual, esto no implica necesariamente una antigüedad mayor de las IDP, sino que las propiedades de las IDP constituyen la esencia de la especificidad proteica y de la adaptación al medio, sobre la base de la plasticidad de unión a múltiples ligandos. Esta plasticidad de unión descansa sobre los abundantes residuos hidrofílicos de estas proteínas. Por su parte, los conformones tendrían un papel fundamental en el origen de la vida como selectores y propagadores de información conformacional, merced a su núcleo hidrofóbico. Este papel es fundamental en el establecimiento de las principales familias proteicas, definidas por su conformación de plegamiento. Las IDP estarían implicadas en el establecimiento de las diferentes funciones específicas de estas familias.

En cualquier caso, convendría realizar una jerarquía de las proteínas por su ubicación, plasticidad y funcionalidad; es decir, habría que establecer una filogenia funcional-estructural de los principales sistemas y subsistemas de la célula eucariota, teniendo en cuenta las proteínas más plásticas y multifuncionales primero y las más específicas después, en el supuesto de que las proteínas más plásticas estarán en el inicio funcional de cada sistema en la ontogénesis, en la filogénesis y en la fisiología. Así, en las células, las proteínas más plásticas estarán en la membrana —en interacción con el medio—, y las rutas que llevan información hacia el núcleo —segundos mensajeros y transducción de señales; rutas epigenéticas...— estarán automatizadas y serán universales. Solo variará la entrada de información del exterior y la llegada de información al efector final de la ruta interior.

¿Contingencia o teleología?

En algunos capítulos de este libro, hemos visto la diferente forma de enfrentarse al problema de la teleología que tienen personajes legendarios como Jacob y Monod: dos científicos unidos por el trabajo experimental —que les valió el Premio Nobel—, pero también ambos con ideología marxista e implicados en una dura y arriesgada lucha en la resistencia francesa contra la invasión nazi. Siempre me ha sorprendido que en sus dos principales libros (ambos de 1970, y citados en la bibliografía de este texto) no se mencionen en sus respectivas interpretaciones sobre la filosofía de la naturaleza viva. Son curiosas las derivas intelectuales, pero Jacob con una terminología menos alambicada que la de Monod, aun centrado en el programa genético, se abre a ciertas consideraciones frente al reduccionismo molecular: la evolución chapucera a partir de estructuras previas, el papel del medioambiente, la integración creciente y la contingencia. Respecto a este concepto, en la última página de su libro *La lógica de lo viviente*, nos dice:

> *La unidad de explicación se sustenta hoy en la contingencia. En los organismos, sin embargo, los efectos del azar se compensan inmediatamente por las necesidades de la adaptación, de la reproducción, de la selección natural,*

lo que conduce a una paradoja. En el mundo inanimado puede predecirse estadísticamente con precisión el azar de los sucesos. En los seres vivos, por el contrario, indisolublemente ligados a una historia que desconocemos en sus detalles, las desviaciones introducidas por la selección natural impiden toda predicción. ¿Cómo puede preverse la aparición y expansión de ciertas formas vivas y no otras? ¿Cómo predecir el final precipitado de los grandes reptiles de la era secundaria y el triunfo inminente de los mamíferos? (Jacob, 2014).

Mientras escribía este libro —y dándole vueltas a prioridades y antónimos— me asaltaba con frecuencia la paradoja acerca del carácter necesario de la vida —como nivel de integración material en determinados rincones del universo que reúnan ciertas condiciones (probabilidad uno)— frente a la posibilidad contingente, altamente improbable (probabilidad casi cero), pero real, de cada ser vivo de los que poblamos la Tierra en algún momento, con una configuración de información material única. Poco a poco, esta paradoja fue adquiriendo importancia porque en ella cristalizaba el meollo del problema relativo al origen, naturaleza y evolución de la vida. En mi mente aparecían dos escenarios posibles con el mismo final: la realidad que conocemos. Ambas escenas partían de los estados iniciales del *big bang* —un universo naciente de altísima temperatura y densidad material que, según se iba enfriando, propiciaba las interacciones entre partículas con integración creciente— y, como en una película acelerada, desde ese minúsculo plasma primordial estallaba una tormenta de luces y formas hasta aparecer el universo actual, con nuestro sistema solar y la vida en la Tierra. Pero ¿cómo ha sido el proceso de evolución cósmica para llegar a esta realidad? ¿Qué modelo evolutivo nos permitiría entender mejor el proceso del surgimiento de la vida terrestre?

En el paradigma actual, magistralmente plasmado en el libro de Monod *El azar y la necesidad*, el juego del azar conduce a un acierto en la ruleta cósmica —lo que lógicamente —incluso, podríamos decir, teleológicamente— supone una existencia previa y una fórmula o clave informativa que acertar—, seguido de una información secuencial, o mensaje invariante que nos lleva a unas estructuras y *performances* teleonómicas, consideradas más un logro o ejecución conseguida que una función. Estas estructuras y *performances* acertadas logran satisfacer las necesidades vitales, también finalistas. Aquí la prioridad o precedencia es: invariancia reproductiva, estructuras y *performances* teleonómicas.

Por el contrario, en el **modelo de la necesidad y la contingencia**, aquí expuesto, la evolución cósmica aparece como resultado de las incesantes interacciones de la materia y la energía que se inician en el *big bang* y, en algunos rincones, dibujan la vida como una estela. Aquí, la necesidad es primero imperativa —atendiendo a la causalidad de las interacciones materiales, según las leyes naturales implicadas— y luego funcional, por la selección medioambiental contingente de las estructuras informativas que resultan de las interacciones. Estas estructuras propenden a la integración y combinación formando organismos y dominios de información biológica estructural (DIBE). En este modelo el orden de prioridad es: necesidad imperativa, selección contingente funcional, dominios de información biológica estructural.

Si, como suele afirmarse, lo contrario de lo contingente es lo necesario, ¿sería la teleología, en su consideración de finalidad necesaria universal, lo contrario de la contingencia? Como ya vimos en el apartado «En el principio fue la acción» del capítulo 8, los dos modelos aquí expuestos pueden ilustrarse con un experimento mental. Al igual que hicimos cuando intentamos visualizar la explosión de materia desde el *big bang* hasta la realidad actual, imaginemos una escena a partir de nuestros monos ancestrales, y con ellos intentemos recrear dos posibles maneras de llegar a escribir todos los libros producidos por la humanidad. Teniendo como referencia lo escrito en el capítulo 8, recordemos que en el modelo del azar dispondríamos de muchos monos aporreando teclas de ordenadores para producir «escritos»... Los monos pueden seguir escribiendo en el mismo ordenador sobre el mismo escrito, o en otros ordenadores con nuevos «textos»... Es difícil calcular cuánto tiempo necesitarían los monos en conseguirlo. Por el contrario, el modelo de la contingencia es el de la evolución de los homínidos a los humanos, con la adquisición del lenguaje y la consiguiente cerebralización, la conquista del medio humano social y la evolución cultural con todos los avances en la comunicación escrita... y todas las contingencias históricas que han llevado a Homero, Cervantes, Darwin... y a todos y cada uno de los autores que han escrito el acervo de libros atesorados por la humanidad, en muy poco tiempo, sin determinismo ni propósito alguno. Todos los escritores y sus obras, pero también todos los humanos y sus particulares historias, aún más, todos los seres vivos que han existido en el planeta Tierra son contingentes: posibles, pero no necesarios; tan posibles e innecesarios como los que resultarían de otras infinitas combinaciones de genes e interacciones desde el origen de la vida... cada individuo con una probabilidad cero de existir en un planeta donde las condiciones fisicoquímicas conceden una probabilidad uno a la vida.

En el cosmos infinito se pueden dar todas las contingencias posibles, pero no todas a la vez.

Bibliografía

Arsuaga, Juan Luis y Martínez, Ignacio (1998). *La especie elegida.* Temas de Hoy. Madrid.

Bernal, John Desmond (1979). *La ciencia en la historia.* Nueva Imagen. México.

Briones, Carlos; Fernández Soto, Carlos y Bermúdez de Castro, José María (2015). *Orígenes. El universo, la vida, los humanos.* Crítica. Barcelona.

Carroll, Sean B. (2018). *Las leyes del Serengeti.* Debate. Barcelona.

Chalmers, Alan F. (1989). *¿Qué es esa cosa llamada ciencia?* Siglo XXI. Madrid.

Colombo M.; Raposo G. y Théry C. (2014). «Biogenesis, secretion and intercellular interactions of exosomes and other extracellular vesicles». *Annu Rev Cell Dev Biol* 30: 255-289.

Cordón, Faustino (1954). *Inmunidad y automultiplicación proteica.* Revista de Occidente. Madrid.

Darwin, Charles (1980). *El origen de las especies.* Bruguera. Barcelona.

Darwin, Charles (2004). *El origen del hombre.* Edaf. Madrid.

Darwin, Charles (2008). *Autobiografía.* Laetoli. Pamplona.

Darwin, Charles (1985). *Viaje de un naturalista*. Salvat Editores, Gráficas Estella. Navarra.

Edelman, Gerald M. y Giulio Tononi (2002). *El universo de la conciencia*. Crítica. Barcelona.

Eldredge, Niles (2009). *Darwin. El descubrimiento del árbol de la vida*. Katz Editores. Buenos Aires-Madrid.

Fernández, A. y Lynch, M. (2011). «Non-adaptative origins of interactome complexity». *Nature*, 474 (7352): 502-505.

Gould, Stephen Jay (2010). *Desde Darwin. Reflexiones sobre historia natural*. Crítica. Barcelona.

Gould, Stephen Jay (2001). *Las piedras falaces de Marrakech*. Crítica. Barcelona.

Gould, Stephen Jay (2004). *La estructura de la teoría de la evolución*. 1.ª ed. en castellano. Tusquets. Barcelona.

Gould, S. J. y Lewontin, R. C. (1979). «The Spandrels of San Marco and the Panglossian Paradigm: A Critique of the Adaptationist Programme». *Proceedings of the Royal Society B: Biological Sciences* 205 (1161): 581-598.

Gould, S. J. y Vrba, E. S. (1982). «Exaptation — a missing term in the science of form». *Paleobiology* 8 (1): 4-15.

García Rodriguez, Anaís (2018). ¿Me conoces? Soy un exosoma. UAM Ediciones. Madrid.

Halfmann, R. y Lindquist, S. (2010). «Epigenetics in the extreme: prions and the inheritance of environmentally acquired traits». *Science* 330 (6004): 629-632.

Heredia Doval, Daniel (2014). *Redes, sistemas y evolución. Hacia una nueva Biología* (Vol. I y II). BioCoRe Editorial. Madrid.

Jacob, F. (1977). «Evolution and tinkering». *Science* 196: 1161-1166.

Jacob, François (2014). *La lógica de lo viviente. Una historia de la herencia..* Tusquets, col. Metatemas. Barcelona.

Jerne, N. K. (1955). «The natural-selection theory of antibody formation». *PNAS* 41 (11): 849-857.

Jerne, N. K. (1974). «Towards a network theory of the immune system». *Annales d'immunologie* (Paris). 125C (1-2): 373-389.

Kandel, Eric Richard (2019). *La nueva biología de la mente*. Paidós, col. Contextos. Barcelona.

Kuhn, Thomas S. (1989). *¿Qué son las revoluciones científicas? y otros ensayos*. Paidós Ibérica. Barcelona.

Lamarck, Jean-Baptiste (2017). *Filosofía Zoológica*. La Oveja Roja. Madrid.

Landsteiner, Karl (1962). *The specificity of serological reactions*. Dover Publications. Nueva York.

Lewontin, Richard Charles (2000). *Genes, organismo y ambiente*. Gedisa. Barcelona.

Maddox, John (1999). *Lo que queda por descubrir*. Debate. Madrid.

Mayr, Ernst (1992). *Una larga controversia: Darwin y el darwinismo*. Crítica. Barcelona.

Mayr, Ernst (2016). *Así es la biología*. Debate. Barcelona.

Melo, S. A.; Sugimoto, H.; O'Connell J. T. *et al.* (2014). «Cancer exosomes perform cell-independent microRNA biogénesis and promote tumorigenesis». *Cancer Cell*, Nov 10; 26 (5): 707-721.

Monod, Jacques (1981). *El azar y la necesidad. Ensayo sobre la filosofía natural de la biología moderna*. Tusquets. Barcelona.

Ogayar, A. (1991). «Presentación antigénica y puzle conformacional. Una hipótesis (I y II)». *Inmunología* 10 (1): 19-23 y (3): 97-103.

Ogayar, A. y Sánchez-Pérez, M. (1998). «Prions: an evolutionary perspective». *International Microbiology* 1 (3): 183-190.

Ogayar, A. Blog: http://estructuraeinformacionbiologica.blogspot.com/

Ordóñez, Javier; Navarro, Víctor y Sánchez Ron, José Manuel (2015). *Historia de la ciencia*. Espasa. Barcelona.

Parker, E. T. et al. (2011) «Primordial synthesis of amines and amino acids in a 1958 Miller H2S-rich spark discharge experiment». PNAS 108 (14): 5526-5531.

Parra, V. E. (2021). «Separación entre forma y función biológica». *Epistemología e Historia de la Ciencia* 5 (2): 82-104.

Prusiner, S. B. (1982). «Novel proteinaceus infectious particles cause scrapie». *Science* 216: 136-144.

Reeves, Hubert; de Rosnay, Joël; Coppens Yves y Simonnet, Dominique (2006). *La historia más bella del mundo*. Anagrama, col. Argumentos. Barcelona.

Rodríguez, Fermín (2023). *Determinismo y contingencia. Una perspectiva evolucionista*. Catarata. Madrid.

Ruse, Michael (2001). *El misterio de los misterios*. Tusquets. Barcelona.

Sampedro, Javier (2002). *Deconstruyendo a Darwin*. Crítica. Barcelona.

Sandín, Máximo (1995). *Lamarck y los mensajeros*. Istmo. Madrid.

Schrödinger, Erwin. (2005). *Qué es la vida*. Textos de Biofísica. Facultad de Farmacia. Universidad de Salamanca.

Shorter, J. y Lindquist, S. (2005). «Prions as adaptative conduits of memory and inheritance». *Nature Reviews Genetics* 6, (6): 435-450.

Solís, Carlos y Sellés, Manuel (2015). *Historia de la ciencia*. Espasa. Barcelona.

Tompa, P. (2002). «Intrinsically unstructured proteins». *Trends in Biochemical Sciences* 27 (10): 527-533.

Uversky, Vladimir N. (2014). *Intrinsically disordered proteins*. Springer.